普通高等教育"十四五"规划教材

化 学 史 话

（第二版）

侯纯明　编著

U0255085

中国石化出版社

内 容 提 要

本书以化学史上著名人物为线索，通过讲述每个人所取得的成就、成长历程和成功经验，以史为镜，以人为镜，重点突出知识性、趣味性和启迪性，深入浅出讲解化学发展的历史。全书分为4章，第1章中国化学，介绍了中国古代的陶瓷、造纸、印刷术、火药、炼丹术、医药等，以及一些优秀的中国民族实业家、化学家的故事。第2章世界近代化学，介绍了世界近代化学史上风云人物的动人故事，领略这些化学家拨开重重迷雾建立新理论、发现新元素、提出新方法时的无限风光。第3章世界现代化学（上），介绍了20世纪上半叶世界化学发展中有特殊影响的化学家的创造发明，缅怀他们的成果和智慧。第4章世界现代化学（下），介绍20世纪下半叶以来科学技术之迅猛发展，分享了优秀化学家智慧的结晶，体验了他们科学的光辉。

本书与众不同，以通俗易懂方式讲解在人们看来索然无味的化学历史，力图为读者打开一个全新的视野。本书既可以作为大学生公共选修课进行素质教育的教材，也可作为中学化学教育的参考书，或为喜爱科学的人们提供科普读物。

图书在版编目（CIP）数据

化学史话／侯纯明编著．—2版．—北京：中国石化出版社，2022.8
普通高等教育"十四五"规划教材
ISBN 978-7-5114-6739-3

Ⅰ.①化… Ⅱ.①侯… Ⅲ.①化学史-世界-高等学校-教材 Ⅳ.①O6-091

中国版本图书馆 CIP 数据核字（2022）第 104646 号

中国石化出版社出版发行

地址：北京市东城区安定门外大街 58 号
邮编：100011　电话：（010）57512500
发行部电话：（010）57512575
http://www.sinopec-press.com
E-mail：press@sinopec.com
北京科信印刷有限公司印刷
全国各地新华书店经销

＊

850×1168 毫米 32 开本 13.25 印张 328 千字
2022 年 8 月第 2 版　2022 年 8 月第 1 次印刷
定价：40.00 元

再版前言

《化学史话》自 2012 年首次出版以来，经国内一些大学的使用，受到好评，已重印多次。很感激读者对这本书的厚爱，在这里真诚感谢使用这本教材的老师和同学们，是你们的鼎力支持让我有了更加努力的勇气和动力。

年轮流转，时光飞逝，10 年就这么过去了！10 年间社会在不断发展，时代在不断进步，化学无论在理论上，还是在方法上都取得了很大的进展。任何一本教材都有其局限性，都必须与时俱进，紧跟该领域的研究与发展，才能真正促进教育水平的提升。编者和中国石化出版社均感到《化学史话》有修订再版的必要，为此对部分内容进行了更新和完善。

此次再版，保持并继承了第一版的整体布局和特色，基本框架没有改变，但根据近年来化学的发展情况，修改了一些不准确、不严谨和过时的内容；按照新理论和新知识，对 2012 年以后化学发展中的人物和事件进行了补充和完善；并对未来的化学发展进行了展望。更新后的内容无论是时间还是人物的选择都站在了目前化学发展的前沿，并体现了中国化学发展的日新月异。

修订过程中，周华锋、徐婧参与了其中的工作，在此表示感谢。

编写过程中虽经努力，但限于学术水平粗浅，可能仍然存在诸多不足，期盼使用本教材的师生、读者批评指正。

谨作此序以恭读者。

侯纯明
2022 年 8 月

前　言

　　化学是当代科学技术和人类物质文明迅猛发展的基础科学，是一门中心、实用和创造性的学科。化学的中心地位在于它的核心知识已经应用于自然科学的各个方面，与其他学科相结合，构成了人类认识世界、改造自然的强大力量。化学的主要任务是创造新物质，因此化学在改善人类生活方面是最有效、最实用的学科之一。人类当代面临的一系列重大挑战，如食品、健康、人口控制、环境、资源等问题的解决，都离不开化学。

　　本书面向当代青年学生，既可以作为大学生公共选修课进行素质教育的教材，也可作为中学化学教育的参考书。每一章中通过化学家的生平事迹，介绍化学某一时期重大发现的经历；通过了解化学史上雄伟悲壮的重大事件，使学生树立正确的自然观和科学观。通过了解为化学史发展做出重大贡献的化学家的事迹和智慧成果，学习他们勤于观察、善于思考、重视科学实验的精神；学习他们分析问题、解决问题的正确思想方法；学习他们在困难面前百折不挠的坚强毅力；学习他们在科学道路上坦荡无私、互助友爱的科学品质。正是这一个个精彩的人生，汇聚成时代的强者，推动着历史车轮不断前行。

　　参加本书编写的有薛晶文、宋鑫，在编著过程中承蒙张涛的支持和帮助，在此一并表示衷心感谢！

　　书中参阅了大量有关书籍和网上相关文章，从中摘取了部分内容，获益匪浅，在此向这些作者深表谢意！由于水平有限，书中不妥之处在所难免，恳请读者批评指正。

侯纯明

2012 年 1 月

目 录

第1章

中 国 化 学

　　我国古代化学工艺长时间处于世界领先地位，发展水平远远高于西方。大家都知道，中国古代四大发明指南针、火药、印刷术和造纸，对人类发展的历史产生过巨大的影响。印刷术和造纸影响了整个世界的文学；火药影响了整个世界的战术；指南针影响了整个世界的航海术。1400 年的时候，中国的技术是超过西方的。但是进入近代社会以后（大约 17 世纪），当西方从神学统治的黑暗中冲出，在资本主义的道路上迅猛发展，取得了一系列辉煌的化学成就，构建起近代化学体系之际，中国这个泱泱大国化学的发展却没落了，由兴盛而转入了衰落，逐渐被西方国家远远地抛在后面。

　　成就辉煌的中国古代化学工艺为什么没有能发展成为近代化学？这是自近代以来的中国人一直在思索、探求并试图解决的一个问题。中国的经济是一种自然经济，自然经济以农业为本，经济上的自给自足使得人们与外界接触少，对新生事物的接受能力差，目光短浅，极易不思进取。注重实用而不去探究其原委，对化学的发展没有紧迫感，从而使化学的发展缺乏内在动力。

1

20 世纪 30 年代前，一批中国人去往欧美各国留学，并开始从事化学研究，在某些领域崭露头角。1920 年，在哥伦比亚大学获博士学位的侯德榜协助民族实业家范旭东在天津创办我国第一座制碱企业——永利碱厂。1923 年，民族实业家吴蕴初在上海近郊建立了天厨味精厂，1929 年又创办了生产烧碱、盐酸和漂白粉的天原化工厂。以此为契机，中国近代民族化学工业开始崛起。

新中国成立后，科学研究受到党和政府的重视，国家明确提出了"理论联系实际"的科学发展方针，使我国化学研究工作得到迅速发展，改变了以往基础薄弱、水平落后的局面，逐步形成了适应我国社会主义建设发展的新体系，建立了一支具有相当水平的化学科研队伍，在一些领域逐步接近和达到世界先进水平。一大批学有专长的化学工作者走出实验室，投身到经济开发的前线，开办了大批科技实业，有力地推动了国民经济的发展，增强了化学发展的后劲。化学科研工作在基础理论和应用技术方面取得了一定的成绩，并为农业、轻工、食品、纺织、能源、材料、医药等工业，以及计算机、激光、遗传工程等尖端技术的发展作出了重大贡献，在高分子化学、环境化学、核化学、航空航天等方面，也呈现了迅速发展的兴旺景象。我们有理由相信，中国的化学将再度辉煌！

第1节 火 与 能 源

化学的历史渊源非常古老，可以说从人类学会使用火，就开始了最早的化学实践活动。

想必大家都还记得以前经常演的一些动画片，一群野人追赶一只逃跑的小白兔，突然天空中电闪雷鸣，原本被追赶的小白兔不幸被雷击中，变成了香喷喷的烤兔，于是远古人们就知道肉还是熟的好吃，学会了用火烤肉。这大概就是火的来历。自从有了火，祖先们才一步一步走上文明的道路。

图1-1　钻木取火

当然不能指望着天天打雷，远古人取得火的办法主要有两种：一种是人们把坚硬而锐利的木头，在另一块硬木头上使劲地钻，钻出火星来，就是我们今天所说的"钻木取火"（图1-1）；也有的用碎石敲敲打打，敲出火来。人们渐渐学会用火烧东西吃，并且想法子把火种保存下来，使它常年不灭。

一般认为人类学会用火（图1-2）是化学史的开端。人类生活在运动变化的自然界中，其中有许多现象都是化学现象。在众多的化学现象中，物质燃烧所产生的火是最引人注目的现象。人类在长期的观察实践中逐渐认识了火，并有意地控制利用它。

图1-2　火

学会用火是人类最早也是最伟大的化学实践，它使人类获得了一种改造自然的手段。在原子能出现之前，物质的燃烧一直是人们获取能量的基本途径，是人为地使天然物质发生变化、制备新材料，来满足人类生活需要的有效办法。

人类在使用火的过程中，除了用它烧烤食物、抗拒严寒、取得光明、抵御野兽袭击外，还逐步掌握了它的一些习性和作用：发现泥土在火的作用下变得坚硬牢固后，便发明了原始陶器；发现某些石头在猛烈的炭火作用下会产生出闪亮坚韧的金属，便有意识地利用烈火、木炭和陶器来加工矿石，冶炼金属。陶器的发明使人类有了储水器、储粮器皿和煮制食物的炊具；金属石块并用的工具则推动了农业的发展，这就为酿造工艺的发生和发展创造了条件。因此，陶瓷工艺、冶金工艺和酿造工艺就成为最早兴起的化学工艺。此外，人类还受到疾病的威胁，在原始社会时期，对疾病的起因还没有正确理解，因此治病是靠巫术和巫医，但后来人们从饮食的实践和偶然的尝试中逐步取得和积累了利用天然物质作为医药的经验，并进一步用火加工某些矿物炼制医药。其后，人们为了追求长生不死的奇方，又兴起了炼丹术。在这些活动中进行了大量的化学实验，积累了很多化学知识，并产生了早期的化学观念，为近代化学的产生做了准备。中国古代化学的历史就是通过这些实用化学工艺的产生和发展而形成的。

后来人们发现了一种能燃烧的石头——煤。远在3000多年前，我们的祖先就已开始采煤，并用这种"黑石"来取暖、烧水、煮饭。在汉唐时代，就已经建立了手工煤炭业，煤在冶铸金属方面得到了广泛的应用。

元朝时，从意大利来到中国的马可·波罗看到中国用煤的盛况，感觉非常新鲜。他回国后写的《马可·波罗游记》中描述：

"中国有一种'黑石头'，像木材一样可以燃烧，火力比木材强，晚上燃着了直到第二天早上也不熄灭，价钱比木材还便宜。"

于是欧洲人把煤当作奇闻来传颂。到了16世纪欧洲人才开始使用煤，比中国晚200多年。

沈括是北宋进士，杭州钱塘人，我国历史上一位卓越的科学家，晚年退居江苏镇江梦溪园。他写的《梦溪笔谈》一书是世界科技史上一本重要著作，反映了我国北宋时期自然科学达到的高度。为了纪念他，1979年国际上曾以沈括的名字命名了一颗新星。沈括在《梦溪笔谈》这本书中最早记载了石油的用途，并预言：

"此物后必大行于世。"

沈括第一个提出了"石油"这个科学的命名，后来世界各国也基本上采用了"石油"这一名称，沿用至今。

对于人类来说，煤、石油、天然气是三大天然能源。但是随着资源的日益枯竭，人类可以利用的煤、石油、天然气越来越少，因此，太阳能、风能、潮汐能、氢能等绿色能源的开发正在进行，也是当今绿色化学的主要研究内容。

可燃冰是一种新能源。可燃冰的学名为"天然气水合物"，是天然气在0℃、30大气压作用下结晶而成的"冰块"。"冰块"里甲烷占80%~99%，可直接点燃，燃烧后几乎不产生任何残渣，污染比煤、石油、天然气都要小得多。西方科学家称其为"21世纪新能源"。1立方米可燃冰能转化为164立方米的天然气和0.8立方米的水。科学家估计，海底可燃冰分布的范围约4000万平方公里，占海洋总面积的10%，海底可燃冰的储量够人类使用1000年。

据估计，全世界石油总储量在2700亿~6500亿吨之间。按照目前的消耗速度，再有50~60年，世界的石油资源将消耗殆尽。可燃冰的发现，让陷入能源危机的人类看到一条新的出路。

但人类要开采埋藏于深海的可燃冰，尚面临许多问题。有学者认为，在导致全球气候变暖方面，甲烷所起的作用比二氧化碳要大10~20倍。而可燃冰矿藏哪怕受到最小的破坏，都足以导致甲烷气体的大量泄漏。另外，陆缘海边的可燃冰开采起来十分困难，一旦出现井喷事故，就会造成海啸、海底滑坡、海水毒化等灾害。可见可燃冰在作为未来新能源的同时，也是一种危险的能源。可燃冰的开发利用就像一柄"双刃剑"，需要小心对待。

当化石燃料危机以及由此带来的环境危机越来越成为关系国计民生和人类未来的重要问题的时候，一个全新的"氢能经济"的蓝图正在逐步形成。氢能是一种完全清洁的新能源和可再生能源。它是利用化石燃料、核能和可再生能源等来生产氢气，氢气可直接用作燃料，也可通过燃料电池进行电化学反应直接转换成电能，用于发电及交通运输等，还可用作各种能源的中间载体。氢作为燃料用于交通运输、热能和动力生产中时，具有高效率、高效益的特点，而且氢反应的产物是水和热，是真正意义上的清洁能源和可持续能源，这对能源可持续性利用、环境保护、降低空气污染与大气温室效应将产生革命性的影响。

氢是一种无色的气体。燃烧 1 克氢能释放出 142 千焦耳的热量，是汽油发热量的 3 倍。氢的重量特别轻，它比汽油、天然气、煤油都轻得多，因而携带、运送方便，是航天、航空等高速飞行交通工具最合适的燃料。氢在氧气里能够燃烧，火焰的温度可高达 2500℃，因而人们常用氢气切割或者焊接钢铁材料。

在大自然中，氢的分布很广泛。水就是氢的大"仓库"，其中含有 11% 的氢。泥土里约有 1.5% 的氢；石油、煤炭、天然气、动植物体内等都含有氢。氢的主体是以化合物水的形式存在，而地球表面约 70% 被水所覆盖，可以说氢是"取之不尽、用之不竭"的能源。如果能用合适的方法从水中制取氢，那么氢也将是一种价格相当便宜的能源。

氢气在一定压力和温度下很容易变成液体，因而将它用铁罐车、公路拖车或者轮船运输都很方便。液态的氢既可用作汽车、飞机的燃料，也可用作火箭、导弹的燃料。美国飞往月球的"阿波罗"号宇宙飞船和我国发射人造卫星的长征运载火箭，都是用液态氢作燃料。

现在世界上氢的年产量约为 3600 万吨，其中绝大部分是从石油、煤炭和天然气中制取，要消耗本来就很紧缺的矿物燃料；另有4%的氢是用电解水的方法制取，但消耗的电能太多，很不划算。因此，人们正在积极探索研究制氢新方法。

随着太阳能研究和利用的发展，人们已开始利用阳光分解水来制取氢气。在水中放入催化剂，在阳光照射下，催化剂便能激发光化学反应，把水分解成氢和氧。例如，二氧化钛和某些含钌的化合物，就是较适用的光水解催化剂。人们预计，一旦当更有效的催化剂问世时，制氢就成为可能，到那时，人们只要在汽车、飞机等油箱中装满水，再加入光水解催化剂，那么，在阳光照射下，水便能不断分解出氢，成为发动机的能源。

科学家们还发现，一些微生物也能在阳光作用下制取氢。人们利用在光合作用下可以释放氢的微生物，通过氢化酶诱发电子，把水里的氢离子结合起来，生成氢气。现在，人们正在设法培养能高效产氢的这类微生物，以适应开发利用新能源的需要。

对于制取氢气，有人提出了一个大胆的设想：将来建造一些为电解水制取氢气的专用核电站。譬如，建造一些人工海岛，把核电站建在这些海岛上，电解用水和冷却用水均取自海水。由于海岛远离居民区，所以既安全，又经济。制取的氢和氧，用铺设在水下的通气管道输至陆地，以便持续利用。

国际普遍上认为氢能将是21世纪中后期最理想的能源，也是人类长远的战略能源。寻找和开发利用清洁高效可再生能源，走能源与环境和经济发展良性循环的路子，是解决未来能源问题的主要出路。人类需要深谋远虑地策划和谨慎地考虑如何更好地利用新能源，也需要发展能源新技术，为自己和子孙后代创造一个能源丰富、环境优美的地球家园。

第2节 陶瓷与文化

图1-3 出土的陶器

陶瓷是陶器和瓷器的总称。中国人早在约公元前8000年（新石器时代）就发明了陶器（图1-3）。陶器是用黏土成型晾干后，用火烧出来的，是泥与火的结晶。陶器的发明是人类文明的重要进程，是人类第一次利用天然物，按照自己的意志创造出来的一种崭新的东西。它揭开了人类利用自然、改造自然、与自然做斗争的新的一页，具有重大的历史意义，是人类生产发展史上的一个重要里程碑。

瓷器是从陶器发展演变而成的，原始瓷器起源于3000多年前。东汉出现了青釉瓷器，南北朝期间则出现了白釉瓷器，隋唐时代发展成青瓷、白瓷等以单色釉为主的两大瓷系，并产生刻花、划花、印花、贴花、剔花、透雕镂孔等瓷器花纹装饰技巧，瓷的白度已经接近现代高级细瓷的标准。

宋代瓷器，在胎质、釉料和制作技术等方面，又有了新的提高，烧瓷技术达到完全成熟的程度，是我国瓷器发展的一个重要阶段。宋代闻名中外的名窑很多，包括景德镇窑以及被称为宋代五大名窑的"汝、官、哥、钧、定"等。其中景德镇窑的产品质薄色润，光致精美，白度和透光度高，被推为宋瓷的代表作品之一。

陶瓷不仅仅只用于观赏、使用，还反映了广泛的社会生活、自然、文化、习俗、观念。它是一种立体的民族文化载体，或者说是一种静止的民族文化舞蹈。一件件作品，无论题材如何，风格如何，都像一个个音符，在跳动着，在弹奏着，合成陶瓷文化的旋律。这些旋律，有的激越，有的深沉，有的热情，有的理智，有的色彩缤纷，有的本色自然，构成一部无与伦比的中国陶瓷文化大型交响乐。

秦始皇陵陪葬坑中的兵马俑(图1-4)，多用陶冶烧制而成。秦兵马俑，那刚毅肃然的将军，那牵缰提弓、凝神待命的骑士，那披坚执锐、横眉怒目的步兵，那持弓待发、目光正视前方的射手，以及那横空出世的战马，共同组成的方阵，张扬着力量，张扬着神勇，令人回想起那硝烟四起的金戈铁马的战国时代，想象着秦国军队那种风卷残云、吞吐日月、横扫大江南北的军威。

图1-4　秦始皇陵兵马俑

它尽管是一个军阵，但它却反映了那个时代的主旋律，形象地记录着那个时期的历史。秦始皇兵马俑被世界誉为"八大奇迹"之一。

到了汉代经济得到恢复，社会各方面都得到发展，呈现出与秦代不同的时代特征。陶塑的内容和艺术风格，也随之发生了变化，无论是人物还是动物，都不像秦代陶塑那样注重写实，力求形态的逼真和细节的刻画，而是注重从总体上把握对象的精神内涵。"唐三彩"所表现的那种激昂慷慨、瑰丽多姿、恢宏雄俊的格调，正是唐代那种国威远播、辉煌壮丽、热情焕发的时代之音的生动再现。宋代陶瓷艺术俊丽清新，明清时期的陶瓷艺术斑斓柔美。这些绚丽多彩的名贵瓷器，通过各种渠道，沿着"丝绸之路"，行于九域，施及外洋，为传播中华文化艺术，经贸交往，发挥了积极的推动作用，对世界文化的丰富和发展作出了重大贡献。

所以，中国陶瓷，就是一部形象的中国民族文化史。今天，我国著名的陶瓷产地有江苏宜兴、江西景德镇、河北唐山、广东佛山和潮州等地。

陶瓷，一个既微小又博大的灵物。说其微小，那是她浸透在每个人的生存与生活之中；说其博大，那是她映射出人类历史与文明生生不息的进程。"china"，既意为"陶瓷"，又是我们伟大祖国的世界性称谓。

第3节　蔡伦与造纸

纸未发明以前，我国使用的书写材料，主要有甲骨、竹简和绢帛等。

甲骨的来源有限，刻字、携带、保管都不方便，因此，人们用得越来越少。

简有竹简、木简之分；由于一枚简只能写很少字，一篇文章要用许多简，人们就把简串起来使用，叫"策"或"册"。这时，已经有了笔墨，记事方法较刻骨大有进步，但简的分量却也不轻，使用起来仍然不便。

图1-5　蔡伦

绢帛是蚕丝制成的丝织品，虽然书写、携带都很方便，但量少价贵，普通人根本用不起。

东汉蔡伦(图1-5)改进了造纸术。

他用树皮、麻头及布、渔网等植物原料，经过挫、捣、抄、烘等工艺制造的纸，是现代纸的渊源。自从造纸术发明之后，纸张便以新的姿态进入社会文化生活之中，并逐步在中国大地传播开来，以后又传布到世界各地。

关于蔡伦发明造纸术有这样的传说：蔡伦是桂阳人，于东汉明帝刘庄永平十八年，进京城洛阳的皇宫里当了太监。平时，蔡伦看皇上每日批阅大量简牍帛书，劳神费力，就时时想着能制造一种更简便廉价的书写材料，让天下的文书都变得轻便，易于使用。

有一天，蔡伦带着几名小太监出城游玩，只见溪水清澈，两岸树茂草丰、鸟语花香，景色十分宜人。正赏景间，忽见溪水中积聚了一簇枯枝，上面挂浮着一层薄薄的白色絮状物，不由眼睛一亮，蹲下身去，用树枝挑起仔细看，只见这东西扯扯挂挂，犹如丝绵。蔡伦想到制作丝绵时，茧丝漂洗完后，总有一些残絮遗留在篾席上。篾席晾干后，那上面就附着一层由残絮交织成的薄片，揭下来，写字十分方便。蔡伦忽然想，溪中这东西和那残絮十分相似，也不知是什么。他立即命令小太监找来河旁农夫询问。

农夫说："这是涨河时冲下来的树皮、烂麻，扭一块儿了，又冲又泡，又沤又晒，就成了这烂絮！"

蔡伦望去，满眼绿色，脸上漾起笑意。几天后，蔡伦率领几名皇室作坊中的技工来到这里，利用丰富的水源和树木，开始了试制（图1-6）。剥树皮、捣碎、泡烂，再加入沤松的麻缕，制成稀浆，用竹篾捞出薄薄一层晾干，揭下，便造出了最初的纸。一试用，发现容易破烂，又将破布、破渔网捣碎，将制丝时遗留的残絮，掺进浆中，再制成的纸便不容易扯破了。为了加快制纸进度，蔡伦又指挥大家盖起了烘焙房，湿纸上墙烘干，不仅干得快，且纸张平整，大家心里乐开了花。

图1-6 蔡伦率领技工试验造纸

蔡伦挑选出尚好的纸张，进献给皇帝。皇帝试用后龙颜大悦，当天就到造纸作坊，查看了造纸过程，回宫后重赏蔡伦，并诏告天下，推广造纸技术。

不管传说如何，但是造纸术的发明大大提高了纸张质量，扩大了纸的原料来源，降低了纸的成本，为文化的传播创造了有利的条件。

晋代开始，我国书画名家辈出，大大促进了书画用纸的发展。如东晋书法家王羲之，在他父子时期，书画用纸质量大有提高。南北朝的书写纸、抄经纸为麻和楮树皮制造，纸面敷用淀粉与白色矿物涂料并进行研光。

隋代统一南北后，唐、宋继承与发展了数百年造纸的成就，并开辟了唐、宋手工造纸的全盛时期：唐代书画与佛教盛行，使纸的需求剧增，造纸的原料扩大，用到藤和桑皮等。北宋时安徽已采用日晒夜收的办法，漂白麻纤维制成的纸，光滑莹白，耐久性好。南宋时我国南方已盛产竹纸，王安石、苏东坡等都喜欢用竹纸写字，认为竹纸墨色鲜亮，笔锋明快，当时受到许多文人墨客的仿效，从而促进了竹纸的发展。宋代不但盛产竹纸，而且开始用稻、麦草造纸。

到了明代，我国用竹子造纸的技术已臻完善，该时代宋应星著的《天工开物》系统叙述了用竹子造纸的生产过程，并附有生产设备与操作过程的插图。该书译成日、法、英文传入日本与欧洲，是我国系统记述造纸工艺的最早著作。

经过元、明、清数百年岁月，到清代中期，我国手工造纸已相当发达，质量先进，品种繁多，成为中华民族数千年文化发展传播的物质条件。

造纸术的发明，是书写材料的一次革命，它便于携带，取材广泛不拘泥，推动了中国乃至整个世界的文化发展。造纸又是一项重要的化学工艺，纸的发明是中国在人类文化的传播和发展上所做出的一项十分宝贵的贡献，是中国化学史上的一项重大成就，对中国历史也产生了重要的影响。

第4节　毕昇与活字印刷

印刷术是中国古代四大发明之一。它开始于隋朝的雕版印刷，经北宋宋仁宗时的毕昇（图1-7）发展、完善，产生了活字印刷，并由蒙古人传至欧洲，所以后人称毕昇为印刷术的始祖。

印刷术发明之前，文化的传播主要靠手抄的书籍。手抄费时、费事，容易抄错、抄漏，既阻碍了文化的发展，又给文化的传播带来不

图1-7　毕昇

应有的损失。印章和石刻给印刷术提供了直接经验性的启示，用纸在石碑上墨拓的方法，直接为雕版印刷指明了方向。中国的印刷术经过雕版印刷和活字印刷两个阶段的发展，给人类的发展献上了一份厚礼。

雕刻版面需要大量的人工和材料，但雕版完成后一经开印，就显示出效率高、印刷量大的优越性。我们现在所能看到的最早的雕版印刷实物是在敦煌发现的印刷于公元 868 年的唐代雕版印刷《金刚经》，印制工艺非常精美。雕版印刷一版能印几百部甚至几千部书，对文化的传播起了很大的作用，但是刻版费时、费工，大部分的书往往要花费几年的时间，存放版片又要占用很大的地方，而且常会因变形、虫蛀、腐蚀而损坏。印量少而不需要重印的书，版片就成了废物。

是毕昇发明了活字印刷术。据记载，毕昇是杭州一家印书作坊的刻字工人，他的工作，是要把一个个汉字雕在木版上。这种雕版印刷有很多缺点，因为只要整版上有一个字刻错，或者书印完了，这一个整版也就报废了。在日复一日的劳作中，毕昇萌发了改进雕版印刷方法的念头。

一次，受制陶工匠的启发，他把一个个单字刻在用泥巴做的四方块上，然后烧成一个个小瓷砖。每到印书的时候，就把有用的字一行一行排在铁板上，用铁框箍紧。但印的时间稍长一点，字块就松动了，这样印出来的字，有的看不清楚，有的甚至就没有印出来。一些人嘲笑毕昇，说他太狂妄。

毕昇没有退却，他又在铁框上放一些松脂、蜡等黏合材料，把铁框加热，趁热用平板把放在铁框里的活字压平。冷却后，平整的活字就牢固地固定在铁框里。书印完后，再将铁板烤热，把活字一个个取下来，留做以后用。

活字制版(图 1-8)正好避免了雕版的不足，只要事先准备好足够的单个活字，就可随时拼版，大大地加快了制版时间。

活字版印完后，可以拆版，活字可重复使用，且活字比雕版占有的空间小，容易存储和保管。这样活字的优越性就表现出来了。

图1-8　活字制版

2000年前作为印刷的物质基础之一的油墨便已出现。国际间公认中国是古代文明中最先使用油墨的国家，早在西汉时期就开始使用油墨。这种墨可以在竹帛上写字传递信息。公元1000年左右，毕昇发明活字印刷后，活字版印书也有很大发展，线装书开始广泛应用。

印刷油墨属于化学原料及化学制品范畴，油墨是印刷过程中用于形成文字信息的介质，因此油墨在印刷中作用非同小可，它直接决定印刷品上文字或图像的色彩、清晰度等。油墨应具有鲜艳的颜色、良好的印刷适应性，合适的干燥速度和黏度。此外，还应具有一定的耐酸、碱、水、光、热等方面的应用指标，这些都需要进行细致的化学研究。

印刷术的发明有利于节约用于印刷的人力、物力、财力；方便编排和修改；有利于版本的统一；有利于文化的传播与留存，也有利于知识与技术的推广。中国的印刷术是人类近代文明的先导，为知识的广泛传播、交流创造了条件。

第5节　炼丹术与炼金术

社会发展到一定的阶段，生产力有了较大提高的时候，统治阶级对物质享受的要求也越来越高，皇帝和贵族自然而然地产生了两种奢望：第一是希望掌握更多的财富，供他们享乐；第二，当他们有了巨大的财富以后，总希望永远享用下去，于是，便有了长生不老的愿望。例如，秦始皇统一中国以后，便迫不及待地寻求长生不老药，还召集了一大批炼丹家日日夜夜为他炼制丹砂（图1-9）——一种长生不老药。

图 1-9　炼丹

黄金是财富的象征，炼金家想要点石成金，即用人工方法制造金银。他们认为，可以通过某种手段把铜、铅、锡、铁等贱金属转变为金、银等贵金属。于是，炼金家就把铜、铅、锡、铁熔化成一种合金，然后把它放入硫化钙溶液中浸泡。于是，在合金表面便形成了一层硫化锡，它的颜色酷似黄金。现在，金黄色的硫化锡被称为金粉，可用作古建筑等的金色涂料。这样，炼金家主观地认为"黄金"已经炼成了。实际上，这种仅从表面颜色而不是从本质来判断物质变化的方法，是自欺欺人。他们从未达到过"点石成金"的目的。

虔诚的炼丹家和炼金家的目的虽然没有达到，但是他们辛勤的劳动并没有完全白费。他们长年累月置身于毒气、烟尘笼罩着的简陋"化学实验室"中，为化学学科的建立积累了相当丰富的经验和失败的教训，甚至总结出一些化学反应的规律。例如中国炼丹家葛洪从炼丹实践中提出：

"丹砂（硫化汞）烧之成水银，积变（把硫和水银二者放在一起）又还成丹砂。"

这是一种化学变化规律的总结，即"物质之间可以用人工的方法互相转变"。炼丹家和炼金家夜以继日地在做这些最原始的化学实验，必定需要大批实验器具，于是，他们发明了蒸馏器、熔化炉、加热锅、烧杯及过滤装置等。他们还根据当时的需要，制造出很多化学药剂，其中很多都是今天常用的酸、碱和盐。为了把试验的方法和经过记录下来，他们还创造了许多技术名词，写下了许多著作。正是这些理论、化学实验方法、化学仪器以及炼丹、炼金著作，开挖了化学科学的先河。从这些史实可见，炼丹家和炼金家对化学的兴起和发展是有功绩的，后世之人决不能因为他们"追求长生不老和点石成金"而嘲笑他们，应该把他们敬为开拓化学科学的先驱。在英语中化学家（chemist）与炼金家（alchemist）两个名词极为相近，其真正的含义是"化学源于炼金术"。

第6节　酿造与染色

酿造和染色是中国古老的化学工艺。因为这两种工艺跟人们日常生活中的衣、食有密切的关系，也是社会文化的反映，所以在4000多年前就发展起来。

原始社会末期，由于农业和手工业开始分工，生产有了发展，社会逐渐出现贫富不同的阶级。一部分上层的富有者就利用谷物酿酒作为享乐之用，或者作为祭品向天地和祖先求福。

17

图 1-10　古代酿酒技术

中国古代酿酒技术（图1-10）不断发展，酒曲的品种逐渐增多。蒸馏酒始自宋代，到明代已很普遍，同时积累了专门的酿酒化学知识。酿酒的过程是一项古老而又复杂的微生物化学过程，它实际上是利用微生物在某种特定条件下，将含淀粉或糖分的物质转化为含酒精等多种化学成分的物质。

酒是一种由发酵所得的食品，是由一种叫酵母菌的微生物分解糖类产生。酵母菌是一种分布极其广泛的菌类，在广阔的原野中，尤其在一些含糖分较高的水果中，这种酵母菌更容易繁衍滋长。关于酒的起源有一种猿猴造酒说：

据传山林中野生的水果，是猿猴的重要食物，猿猴在水果成熟的季节，收贮大量水果于"石洼中"，堆积的水果受到自然界中酵母菌的作用而发酵，在石洼中将一种被后人称为"酒"的液体析出，因此，猿猴在不自觉中"造"出酒来。根据不同时代人的记载，都证明在猿猴的聚居处，常常有类似"酒"的东西发现。由此也可推论酒的起源应当由水果发酵开始，因为它比粮谷发酵容易得多。

唐人李肇所撰《国史补》一书，对人类如何捕捉聪明伶俐的猿猴，有一段极精彩的记载：

猿猴是十分机敏的动物，它们深居于深山野林中，出没无常，很难捉到，经过细致的观察，人们发现猿猴"嗜酒"。于是，人们便在猿猴出没的地方，摆上香甜浓郁的美酒。猿猴闻香而至，先是在酒缸旁流连不前，接着便小心翼翼地蘸酒吮尝。时间一久，终因经受不住美酒的诱惑，而畅饮起来，直到酩酊大醉而被人捉住。这种捕捉猿猴的方法并非中国独有，东南亚一带人和非洲的土著人捕捉猿猴或大猩猩，也都采用类似的方法。

利用发酵作用不仅可以酿酒，还可以酿制醋、酱油等。一般认为汉代时我国已有食醋，最初制法是用麦曲使小麦发酵，生成酒精，再利用醋酸菌的作用将酒精氧化成醋酸。历史上酿醋的方法很多，但从生产方法上讲，基本上可分为两种：一为熏制，另一为发酵。熏制法是将发酵的醋糟在火灶旁熏烤，熏成后，倒入缸，新醋还要经过日晒、露凝、捞水等工序继续发酵和浓缩。发酵法是先将糯米蒸饭，然后经过糖化、酒化，再发酵，最后入缸。我国食醋的两个名品山西老陈醋和镇江香醋可作为这两种制法的代表。

染色工艺在中国的发展也很早。从考古发掘和甲骨文等文献得知，早在六七千年前的新石器时代，我们的祖先就能用赤铁矿粉末将麻布染成红色。居住在青海柴达木盆地诺木洪地区的原始部落，能把毛线染成黄、红、褐、蓝等色，织出带有色彩条纹的毛布。

在商代养蚕造丝已相当发达，因此染丝技术也相应发展。在周代，已把青、黄、赤、白、黑五种颜色作为主要颜色。而且用五种颜色染丝制衣，以区分人们的身份等级。同时把染色工序概括为煮、暴、染几个步骤，并设有"染人"掌染丝帛。染色所用的原料，据文献所载，是经过化学加工而提炼出来的植物性染料。

至秦、汉时期，染色技术进一步发展，成为一种单独的手工业。从1972年长沙马王堆出土的织物中，有彩色印花纱及多次套染的织物，反映出当时的染色已达到较高水平。

唐代的印染（图1-11）更是相当发达，除数量、质量都有所提高外，还出现了一些新的印染工艺，特别是在甘肃敦煌出土的唐代用凸版拓印的对禽纹绢，这是自东汉以后隐没了的凸版

图1-11　印染

印花技术的再现。从出土的唐代纺织品中还发现了若干不见于记载的印染工艺。到了宋代，我国的印染技术已经比较全面，色谱也较齐备。

明清时期，我国的染料应用技术达到相当的水平，染坊也有了很大的发展。乾隆时，有人这样描绘上海的染坊："染工有蓝坊，染天青、淡青、月下白；有红坊，染大红、露桃红；有漂坊，染黄糙为白；有杂色坊，染黄、绿、黑、紫、虾、青、佛面金等。"此外，比较复杂的印花技术也有了发展。至1834年法国的佩罗印花机发明以前，我国一直拥有世界上最发达的手工印染技术。

第7节　李时珍与中医药

李时珍（图1-12）出自医学世家，祖辈三代为医，医术高明，颇有美誉。李时珍在长期医疗实践中，深感原有本草著作之不足，并存在许多错误之处。于是立志重整本草，以益后代，并借用朱熹的《通鉴纲目》之名，定书名为《本草纲目》。1552年着手编写，至1578年其稿始成，前后历时27年。为了写好这部书，李时珍不但在治病的时候注意积累经验，还走遍了产

图1-12　国画《李时珍采药》

药材的名山。白天，他踏青山，攀峻岭，采集草药，制作标本；晚上，他对标本进行分类，整理笔记。几年里，他走了上万里路，访问了千百个医生、老农、渔民和猎人。对好多药材，他都亲口品尝，判断药性和药效。

有一次，李时珍经过一个山村，看到前面围着一大群人。走近一看，只见一个人醉醺醺的，还不时地手舞足蹈。一了解，原来这个人喝了用山茄子泡的药酒。

"山茄子……?"

李时珍望着笑得前俯后仰的醉汉，记下了药名。回到家，他翻遍药书，找到了有关这种草药的记载。可是药书上写得很简单，只说了它的本名叫"曼陀罗"。李时珍决心要找到它，进一步研究它。后来李时珍在采药时找到了曼陀罗，他按山民说的办法，用曼陀罗泡了酒。过了几天，李时珍决定亲口尝一尝，亲身体验一下曼陀罗的功效。他抿了一口，味道很香；又抿一口，舌头发麻了；再抿一口，人昏昏沉沉的，不一会儿竟发出阵阵傻笑，手脚也不停地舞动着；最后，他失去了知觉，摔倒在地。一旁的人都吓坏了，连忙给他灌了解毒的药。过了好一会儿，李时珍醒过来了，大家这才松了一口气。醒来后的李时珍兴奋极了，连忙记下了曼陀罗的产地、形状、习性、生长期，写下了如何泡酒以及制成药后的作用、服法、功效、反应过程等。有人埋怨他太冒险了，他却笑着说："不尝尝，怎么断定它的功效呢？再说，总不能拿病人去做实验吧!"听了他的话，大家更敬佩李时珍了。就这样，又一种可以作为临床麻醉的药物问世了。

《本草纲目》共 16 部 52 卷，约 190 万字。全书收纳诸家本草所收药物 1518 种，增收药物 374 种，合 1892 种；共辑录古代药学家和民间单方 11096 则；书前附药物形态图 1100 余幅。该书系统地总结了我国 16 世纪以前的药物学、医疗学之经验。明代著名文学家王世贞称之为"性理之精蕴，格物之通典，帝王之秘籙，臣民之重宝"，在国外被誉为"东方医药巨典"，达尔文称赞它是"中国古代的百科全书"。《本草纲目》于1596年首次在南京出版，很快就传到日本，以后又传到欧美各国，先后被译成法、德、英、拉丁、俄等十余种文字在国外出版，传遍五大洲。

1593年李时珍逝世，终年76岁。他去世后，即被明朝廷敕封为"文林郎"。1951年，在维也纳举行的世界和平理事会上，被列为古代世界名人。他的大理石雕像屹立在莫斯科大学的长廊上。

中医药在中国古老的大地上已经运用了几千年的历史，经过几千年的临床实践，证实了中国的中医药无论是在治病、防病，还是在养生上，都确实有效。在西医未传入中国之前，我们的祖祖辈辈都用中医来治疗疾病，挽救了无数人的生命。中医对疾病的治疗是宏观的、全面的，但是到了现代，随着西方自然科学和哲学的传入，西方医学的思维方式和研究方法构成了对中医学的挑战。发扬传统、吐故纳新、中西结合、面向当代，成为中国医药发展的方向。

中医药，是"中国传统医药"的简称，是中华民族在长期的生产劳动实践过程中创造的、在中医理论指导下运用药物、针灸、推拿、导引等方法预防和治疗疾病、保障健康的一门科学，涵盖了基础理论、诊断、药物、方剂、针灸、推拿和临床各科。作为中国传统科技文化的重要组成部分，中医药在基础理论、临床实践、职业道德、技术方法等各方面都深受中国传统文化的影响，从而形成了自己独特的学术和专业特点。

中医药是中国传统文化的重要组成部分，也具有巨大使用价值和发展前景。长期以来，中医药为人民群众的医疗保健做出了重要的贡献，同时，又因为其独特的理论和技术体系、浓厚的文化和哲学气息而受世人瞩目。其在现代仍然具有巨大使用价值，由于它在中国古代和现代科学技术文化史上的独特地位，人们逐渐意识到，中医药不仅有完整的理论体系和丰富的临床经验，而且有着深刻的文化内涵，它不仅是一门自然科学，同时也具有显著的人文科学特征。

2020年，为了抗击新冠肺炎疫情，中医药广泛参与新冠肺炎治疗、介入诊疗全过程，发挥了前所未有的积极作用，成为抗疫"中国方法"的重要组成部分。同时也体现出了我国中医药高质量供给不够、人才总量不足等问题，为此国家发文《关于加快中医药特色发展的若干政策措施》，来更好发挥中医药特色和优势，推动中医药和西医药相互补充、协调发展。中医药的春天又来了！

第8节　孙思邈与火药

火药（图1-13）是我国古代四大发明之一。它是我国劳动人民在1000多年前发明的，它的发明是人类通向文明社会的一个里程碑，在化学的发展史上占有重要的地位。

人类最早使用的火药是黑火药。黑火药是硫黄、硝石、炭的混合物，由于它呈黑褐色，所以人们称它为黑火药。黑火药配方前两项在汉代中国第一部药物学典籍《神农本草经》里都被列为重要的药材，也就是说火药本身开始被归入药类。明代李时珍的《本草纲目》中说：火药

图1-13　火药

能治疮癣、杀虫、辟湿气和瘟疫。

火药的发明是人们长期炼丹、制药实践的结果，随着炼丹术的出现，一群炼丹家诞生了。这些炼丹家们把自己关在深山老林中，一门心思忙着炼丹。当然，炼制仙丹是件永远也不可能完成的任务，但是在炼丹过程中，炼丹家发现了两个有趣的现象：一是硫黄的可燃性非常高，二是硝石具有化金石的功能。硫黄和硝石都是制造火药的重要原料，正是这两项的发现，为后来火药的发明奠定了基础。

直到唐朝初年，著名的药学家孙思邈在他写的《丹经》中记载了一种叫"内伏硫黄法"的炼丹方法，书中这样写道："把硫黄和硝石的粉末放在锅里，再加上点着火的皂角子，就会产生焰火。"

后来经过考证，这是至今为止最早的一个有文字记载的火药配方，距今大约1300多年。

图 1-14　孙思邈

孙思邈（图 1-14），出生于西魏时代，生于 581 年，卒于 682 年，是个百岁老人。孙思邈 7 岁时读书，就能"日诵千言"。到了 20 岁，就能侃侃而谈老子、庄子的学说，并对佛家的经典著作十分精通，被人称为"圣童"。但他认为走仕途、做高官太过世故，不能随意，多次辞谢了朝廷的封赐。隋文帝让他做国子博士，他称病不做。唐太宗即位后，召他入京，见他 50 多岁的人竟能容貌气色、身形步态皆如同少年一般，十分感叹，便说：

"像神仙的人物原来世上竟是有的。"

想授予他爵位，但被孙思邈拒绝。高宗继位后，又邀他做谏议大夫，他也未答应。

孙思邈二十岁即为乡邻治病，他对医学有深刻的研究，对民间验方十分重视，一生致力于医学临床研究，对内、外、妇、儿、五官、针灸各科都很精通，有二十四项成果开创了我国医药学史上的先河，特别是论述医德思想、倡导妇科、儿科、针灸穴位等都是先人未有。一生致力于药物研究，曾上峨眉山、终南山，下江州，隐居太白山等地，边行医，边采集中药，边临床试验，他为祖国的中医发展建立了不可磨灭的功德。孙思邈医德高尚，身体力行，不慕名利，用毕生精力实现了自己的医德思想，是我国医德思想的创始人，被西方称之为"医学论之父"。

到宋朝时黑火药（图1-15）的生产和应用就很熟练了，火药武器也很先进，后由商人将黑火药传入阿拉伯等国家，然后传到希腊和欧洲乃至世界各地。美法各国直到14世纪中叶，才有应用火药和火器的记载。

今天，火药不仅仅用于制造枪炮、礼花，在开山筑路、挖矿修渠

图1-15 黑火药

时都离不开它，所以火药的发明，加快了人类历史演变的进程。

造纸术、指南针、火药和活字印刷术是我国古代的四大发明，它显示了我国古代劳动人民的智慧和才华。尽管火药的发明带有一定的偶然性，但是若从生产实践的角度看，又有一定的必然性。在没有理论指导的远古时代，创造之源无不在于对自然的观察与生产劳动的实践。如今在论及"四大发明"的时候，对我们炎黄子孙来说，其重要性并不在于其发明过程，而是另一种深刻的启示：即为什么近代中国科学技术落后了？

欧洲应用火药落后于中国5~6个世纪，而随着资本主义的发展，新的精锐火炮在欧洲的工厂中被制造出来，装备着威力强大的舰队，扬帆出海，征服新的殖民地。而处于封建社会的中国也在火炮的淫威下打开了大门。

从世界科技发展史来看，我国古代四大发明无疑是世界领先的。然而，近代乃至明清以来，竟然再也没有出现过能惊动于世界的重大发明，这让我们不得不深思，在人类社会漫长的发展历史中，我国何以在近一二百年内被一些后来的国家抛在了后面？要回答这样的问题，只有从社会经济政治、文化和思想的整体进行综合考虑才能得出结论。即近代中国科学技术长期落后的原因是中国封建制度长期束缚所造成的，我国社会长期停滞在封建社会的生产关系上，科学知识和生产技术发展十分缓慢。而近代科学之所以在欧洲产生，其根本原因是新兴资本主义社会制度首先在欧洲确立，法国资产阶级革命和化学革命同时产生并非偶然。

我国封建社会中，哲学落后，思想保守，不重视实验，技术不开放。尽管中国科学技术的落后有其十分复杂的社会原因，但是我国在教育制度上的种种弊端也是一个十分重要的原因。封建社会的科举制度是一副无形的枷锁，制约和扼杀了受教育者的创新意识和创新精神。同样，当代社会的应试教育也有很大弊病。创新是一个民族进步的灵魂，是国家兴旺发达的不竭动力！

四大发明使中华民族傲立于世界民族之林，这每一步都渗透了中华民族的创新精神。在21世纪的今天，中华民族的伟大复兴同样依赖于创新精神。而教育在培养民族创新精神和培养创造性人才方面，肩负着特殊的使命。为此，教育必须加大改革力度，加快发展步伐，建立教育创新体系。教学也只有依据学科特点，找出创新教育突破口，培养学生的创新精神，才能

化学史话

为我国 21 世纪的经济腾飞和民族复兴提供人才支持和知识贡献。

第 9 节　徐寿与中国近代化学

1818 年 2 月 26 日，徐寿（图1-16）生于无锡一个中等地主家庭，5 岁时父亲病故，靠母亲抚养长大，17 岁时母亲又去世。其时正值 1840 年鸦片战争和太平天国运动，社会变革使其对科学产生了兴趣，这种志向促使他的学习更为主动和努力。

当时，我国还没有进行科学教育的学校，也没有专门从事科学研究的机构，徐寿学习近代科学知识的唯一方法是自学。1855 年《博物新编》出版，徐

图 1-16　徐寿

寿以此为蓝本，进行学习与实验，初识化学。徐寿甚至独自设计了一些实验，表现出他的创造能力。坚持不懈地自学，实验与理论相结合的学习方法，终于使他成为远近闻名掌握近代科学知识的学者。

1861 年，曾国藩在安庆开设了以研制兵器为主要内容的军械所，他以"博学多通"的荐语征聘了徐寿和他的儿子徐建寅，以及包括华蘅芳在内的其他一些学者。根据书本提供的知识和对外国轮船的实地观察，徐寿等人经过 3 年多的努力，终于独立设计制造出以蒸汽为动力的木质轮船"黄鹄号"——这是我国造船史上第一艘自己设计制造的机动轮船。

为了造船需要，徐寿在此期间亲自翻译了关于蒸汽机的专

著《汽机发初》，这是徐寿翻译的第一本科技书籍，它标志着徐寿从事翻译工作的开始。1866年底，李鸿章、曾国藩要在上海筹建主要从事军工生产的江南机器制造总局，徐寿因其出众的才识，被派到上海办理此事。徐寿到任后不久，根据自己的认识，提出了办好江南制造局的四项建议：

"一、译书；二、采煤炼铁；三、自造枪炮；四、操练轮船水师。"

把译书放在首位是因为徐寿认为，要办好这四件事，首先必须学习西方先进的科学技术，译书不仅能使更多的人学习系统的科学技术知识，还能探求科学技术中的真谛，即科学的方法、科学的精神。正因为他热爱科学，相信科学，在当时封建迷信盛行的社会里，他却成为一个无神论者。但徐寿也没有像当时一些研究西学的人，跟着传教士信奉外来的基督教，这在当时的确是难能可贵的。

为了组织好译书工作，1868年，徐寿在江南机器制造总局内专门设立了翻译馆，除了招聘包括傅兰雅、伟烈亚力等几位西方学者外，还召集了华蘅芳、季风苍、王德钧、赵元益及儿子徐建寅等略懂西学的人才。在制造局内，徐寿还有多项关于船炮枪弹的发明，如自制硝化棉和雷汞，这在当时的确是很高明的。他还参加过一些厂矿企业的筹建规划，这些工作使他的名气更大。许多官僚都争相以高官厚禄来邀请他去主持他们自己操办的企业，但是徐寿都婉言谢绝了，他决心把自己的全部精力都投入到译书和传播科技知识的工作中去。

直到1884年逝世，徐寿共译书17部105本，共约287万余字。其中，译著的化学书籍和工艺书籍有13部，反映了他的主要贡献。徐寿所译的《化学鉴原》《化学鉴原续编》《化学鉴原补编》《化学求质》《化学求数》《物体遇热改易记》《中西化学材料名目表》，加上徐建寅翻译的《化学分原》，合称"化学大成"，将当时西方近代无机化学、有机化学、定性分析、定量分析、物理化学以及化学实验仪器和方法做了比较系统的介绍。

在徐寿生活的年代，我国不仅没有外文字典，甚至连阿拉伯数字也没用上。要把西方科学技术的术语用中文表达出来是一项开创性的工作，做起来实在是困难重重。徐寿译书开始时大多是根据西文的较新版本，由傅兰雅(图1-17)口述，徐寿笔译，即傅兰雅把书中原意讲出来，继而是徐寿理解口述的内容，用适当的汉语表达出来。

图1-17 英国传教士傅兰雅

西方的文字和我国的方块汉字在造字原则上有极大的不同，几乎全部的化学术语和大部分化学元素的名称在汉语里没有现成的名称，这是徐寿在译书中遇到的最大困难，为此徐寿花费了不少心血，对金、银、铜、铁、锡、硫、碳及氧气、氢气、氯气、氮气等大家已较熟悉的元素，他沿用前制，根据它们的主要性质来命名。对于其他元素，徐寿巧妙地应用了取西文第一音节而造新字的原则来命名，如钠、钾、钙、镍等。徐寿采用的这种命名方法后来被我国化学界接受，一直沿用至今，这是徐寿对化学的一大贡献。

傅兰雅是一位英国的传教士，曾当过上海英华学堂的校长。为推广西方的科技知识，傅兰雅在1874年与英国驻上海领事麦华陀磋商在上海建立了一个科普教育机构——格致书院。按照傅兰雅的建议，格致书院提倡科学，不宣传宗教，并推举徐寿等为董事。这是我国第一所教授科学技术知识的场所，于1879年正式招收学生，开设矿物、电务、测绘、工程、汽机、制造等科目。同时，定期举办科学讲座，讲课时配有实验表演，收到较好的教学效果，为我国兴办近代科学教育起了很好的示范作用。

在洋务运动中，英国人傅兰雅口译各种科学著作达113种，他以传教士传教布道一样的热忱和献身精神，向中国人介绍、宣传科技知识，以至被传教士们称为"传科学之教的教士"。他把他最好的年华献给了中国。

在格致书院开办的1876年，徐寿创办发行了我国第一种科学技术期刊《格致汇编》。刊物始为月刊，后改为季刊，实际出版了7年，介绍了不少西方科学技术知识，对近代科学技术的传播起到了重要作用。可以说徐寿是中国近代化学的启蒙者，是一位值得我们尊敬的人。

第10节　侯德榜与制碱法

图1-18　侯德榜

侯德榜（图1-18）1890年8月9日出生在福建省闽侯县一个农民家庭，家境清贫，他只念了两年私塾便没钱读下去。侯德榜在祖父的教育下一边读书，一边跟着父亲到田里劳动，拔草时背书，走路时背书。特别是他在用水车车水时，双肘往横木上一趴，脚下踩着水轮，两手拿着书念，有时也把书挂在横木上背起书来。一天一天就这样过去，侯德榜的双肘磨起了茧子。祖父给这种读书方法起了一个名字，叫"挂书攻读"。从此"挂书攻读"成了传遍闽侯的佳话，一直到现在还非常流行。

侯德榜的姑姑开了一间药铺，见侄子很有出息，就供他读书。他靠这种"挂车攻读"的精神和姑姑的资助，1903年考入福州英华书院。英华书院是个教会学校，在这所学校里他对数理化产生了浓厚的兴趣，同时也看到了中国人在自己的土地上被侵略者欺凌的情形。他心想：外国人欺凌中国人，靠的是他们的新式武器，靠的是他们的科学技术。自己要学好科学，以后要科学救国。

他1907年考入上海闽皖铁路学堂，1911年考入北京清华留美预备学堂。期间，他学习非常刻苦，上课从不放过老师讲的每一句话，课下全力复习。第一学期考试结束，他10门功课每门都是100分，轰动了清华留美预备学堂，毕业时，美国几所著名大学争先恐后地抢着要他。从1913年开始，侯德榜先后在美国麻省理工学院、哥伦比亚大学学习，寒窗8年，获博士学位时已经30出头。

纯碱，学名碳酸钠（Na_2CO_3），是生产玻璃、搪瓷、纸张等许多工业品、食品和日常生活不可缺少的基本化工原料。1862年比利时人索尔维发明氨碱法后，这种生产方法长期被西方几大公司控制，他们于1873年成立了索尔维公会，封锁技术，垄断纯碱市场。1917年第一次世界大战期间，因交通中断导致纯碱奇缺，靠进口维生的中国民族化学工业面临灭顶之灾。

爱国实业家范旭东在天津塘沽办永利制碱公司，请外国技师，但建厂失败。范旭东认识到，要搞好一个现代化的化工厂，没有可靠的专家来主持技术工作肯定不行。经人推荐，范旭东选中了在美国攻读博士的侯德榜。1921年初，他写信并派专人送到美国，坦诚抒怀，邀请侯德榜"学成回国，共同创办中国的制碱工业"。纯碱工业的重要性、问题的紧迫性以及范旭东工业救国的抱负、胆识和热情，深深打动了侯德榜。他把邀请视为报效祖国的良机，毅然相许。

在制碱技术和市场被外国公司严密垄断的情况下，侯德榜带领广大员工长期艰苦努力，解决了一系列技术难题，制碱厂于1924年正式投产。刚开始生产出的纯碱呈暗红色（正常的颜色是白色），经化学分析原来是管道、反应塔等腐蚀产生的少量铁锈（Fe_2O_3）所致。后经硫化钠处理，使之成为硫化亚铁后就不影响产品，从而找到了利用适量硫化物对确保白色纯碱的作用机理与操作办法。几经周折，侯德榜和他的同事们陆续解决了各个工序的问题。

1926年6月，侯德榜终于彻底掌握了氨碱法制碱的全部技术秘密，而且有所创新，有所改进，从而使这座亚洲第一碱厂成功地生产出了"红三角"牌优质纯碱。1926年8月美国费城的万国博览会上，中国的"红三角"牌纯碱荣获金质奖章，而索尔维厂生产的纯碱在1867年巴黎世界博览会上只获铜质奖章。从此，侯德榜他们的产品畅销国内，出口日本，远销东南亚。

1934年，永利公司为了"再展化工一翼"，决定建设兼产合成氨、硝酸、硫酸、硫酸铵的南京永利宁厂，任命侯德榜为厂长兼总工程师，全面负责筹建。侯德榜深知筹建这个联合企业的复杂性，且生产中涉及高温高压、易燃易爆、强腐蚀、催化反应等高难度技术，是当时化工高新技术之最；而当时国内基础薄弱，公司财力有限，工作难度极大。他很担心"万一功亏一篑，使国人从此不敢再谈化学工业，则吾等成为中国之罪人矣！"但仍抱着"只知责任所在，拼命为之而已"的决心，知难而上。

侯德榜按照"优质、快速、廉价、爱国"的原则，决定从国外引进关键技术，招标委托部分重要的设计，选购设备，选聘外国专家。结果，仅用30个月，就于1937年1月建成了这座重化工联合企业，一次试车成功，正常投产，生产出优质的硫酸铵和硝酸，技术上达到了当时的国际水平。它给以后引进技术，多快好省地建设工厂提供了好经验。这个厂，连同永利碱厂一起，奠定了我国基本化学工业的基础，也培养出了一大批化工科技人才。

1938年，永利公司在川西五通桥筹建永利川厂，范旭东任命侯德榜为永利川厂厂长兼总工程师。此时，遇到四川井盐成本太高、不适于沿用氨碱法的新问题。侯德榜特于1939年率队赴德国考察，准备购买察安法专利。在德、意、日已结成法西斯轴心的政治背景下，他们一行在旅途和工作中遭遇重重困难。谈判中，对手先以高价勒索，后又提出："用察安法生产的产品，不准向满洲国出售。"公然否定东三省是我国领土！

对这种丧权辱国的条件，侯德榜十分气愤，当即据理批驳，中止谈判，撤离德国。侯德榜发奋自行研究新的制碱方法，提出联产纯碱和氯化铵提高食盐利用率的新方案。他领导一大批科研设计人员经过艰苦努力，于1939年底小试成功。

1941年，他们研究出融合察安法与索尔维法两种方法，制碱流程与合成氨流程两种流程于一炉，联产纯碱与氯化铵化肥的新工艺。1943年3月，永利川厂厂务会议决定将新法命名为"侯氏制碱法"。1943年11月，永利川厂试车成功。遗憾的是，由于战争和政局混乱，物资运转困难，这套装置只运行了2个月就被迫停产。

1945年8月，日本侵略者投降不久，范旭东逝世，侯德榜继任总经理，全面领导永利化学工业公司的工作。1955年起，侯德榜受聘为中国科学院学部委员，1958年，侯德榜任化学工业部副部长，当选为中国科学技术协会副主席。1959年底，侯德榜出版《制碱工学》，这是他从事制碱工业近40年经验的总结，全书将"侯氏制碱法"系统地奉献给了读者，在国内外学术界引起强烈反响。

侯德榜十分重视实践，强调要在实践中学习，掌握第一手材料。他倡导"寓创于学"，既强调认真学习，又强调不盲从照搬，要在融会贯通的基础上，结合具体情况改进、创新。他坚持科学态度，严谨认真，遇到疑难问题，总是锲而不舍，一丝不苟地查找原因，核验数据，直到搞清问题，解决问题。在学术讨论中，坚持民主，鼓励争论，从不以领导或权威自居，强加于人。总是以平等的一员参加，又勇于直抒己见，鼓励和引导深入争论，直到取得基本共识。他认为，这不仅有益于解决技术问题，而且有利于相互取长补短，共同提高。

侯德榜是中国化学工业史上一位杰出的科学家（图1-19、图1-20），他为祖国的化学事业奋斗终生，托起了中国现代化学工业的大厦。从他的一生中我们可以得出如下的启示：

图1-19　中国科学院建院50周
年时，刊出的侯德榜像

图1-20　《中国现代科学家》
这套邮票中，第二组
是化学工业家——侯德榜

第一，侯德榜在化学工业领域取得的令人瞩目的成就，体现在选择目标上。他选择了最具竞争性和挑战性的课题，并不失时机地做出制碱技术的重大创新。他敢于竞争、敢于迎接挑战，具有伟大的民族精神、自强不息的奋斗精神。他始终把振兴民族工业放在首位，在这种为国争光的精神指导下，经过坚韧不拔的努力，最终做出侯氏制碱法的发明是必然的。

第二，侯德榜独立思考，锐意创新精神特别值得我们学习。从侯氏制碱法的发明过程我们可以看到，侯德榜的创新精神表现在对索尔维制碱法进行探索的过程中，能吸收合理的成分，对不合理的、陈旧的方法进行质疑、革新、超越，善于独立思考，提出自己的新思想、新方案，并锐意创新，乐于接受新事物，把制氨法和制碱法放在同一个方案中思考，终于创造了联合制碱法。

第三，深厚的爱国主义情怀。整个侯氏制碱法的发明过程和侯德榜光辉的一生都浸润着浓浓的爱国情怀。无论是不做日本人的走狗，或是拒绝购买带有丧权辱国条件的技术，都是令人敬仰的。

1973 年 11 月，侯德榜已重病缠身，自知恐将不久于人世。他用病得颤抖的手给周恩来总理写信："……德榜年迈，体弱多病，恐亦不久于人世。一生蒙党和国家栽培，送外国留学，至今无以为报。拟于百岁之后，将家中所存国内较少有的参考书籍贡献给国家。"这是他最后仅有的家产，也是他最后留给我们攀登科技高峰的一块阶石。我们今天回顾侯氏制碱法的发明过程，更是在瞻仰侯德榜先生树立的伟大爱国主义丰碑。

第11节　范旭东与中国化学工业

图1-21　范旭东

在中华人民共和国成立后不久的一次谈话中，毛泽东曾说："中国实业界有四个人不能忘记，搞重工业的张之洞，搞化学工业的范旭东，搞交通运输的卢作孚和搞纺织工业的张謇。"作为中国化学工业的奠基人，范旭东（图1-21）被称作"中国民族化学工业之父"。

1883年10月24日，范旭东出生于湖南省湘阴县，据说是范仲淹的后裔，父亲是一名私塾先生。范旭东6岁丧父，随母亲和兄长范源濂迁往长沙定居。1900—1910年间，范旭东在日本冈山第六高等学校和京都帝国大学化学系留学。1910年，范旭东从京都帝国大学毕业，并留校担任专科助教。1911年辛亥革命爆发，范旭东满怀爱国热情由日本回国。适逢北洋政府把流通市面铸有"龙洋"图案的银元改铸为袁世凯半身像的银元，范旭东被派到铸币厂负责银元的化验分析。

这是他初次，也是毕生唯一的一次担任官职。按规定每枚银元的重量为7钱2分，纯银（Ag）含量为96%，可是铸币厂偷工减料，从中贪污，擅自降低纯银含量。刚出校门的范旭东热情很高，每日辛勤化验，但没有一次分析结果符合规定标准。他很快发现了这种贪污舞弊问题，并积极向上反映，要求回炉重铸，均未获准。一怒之下，看不惯官场腐败的范旭东只干了两个月就坚决辞了职。

化学史话

1913 年，在时任教育总长的范源濂的帮助下，范旭东获得到欧洲诸国考察的机会。素怀兴办化学工业大志的范旭东以考察盐务为主，兼及制碱工业。在英国、法国、比利时等国考察用索尔维法制碱工厂时，多次碰壁，不准进入现场，仅在英国碱厂参观了锅炉房。这一遭遇对范旭东是莫大的刺激，更加坚定了原来在日本求学时树立的自力更生、奋发图强的创业思想。他历尽艰辛，写下了中国民族化学工业史上诸多第一：

1914 年，创立了中国第一家现代化工业企业——久大精盐公司。1915 年 6 月在塘沽设厂——久大精盐工厂，这是中国第一个精盐工厂，8 月正式投产，产品商标定为"海王"。

1917 年，他又创立永利制碱公司，在天津塘沽创办了亚洲第一座纯碱工厂——永利化学公司碱厂。

1922 年 8 月，范旭东从久大精盐分离出了中国第一家专门的化工科研机构——黄海化学工业研究社，并把久大、永利两公司给他的酬金用作该社的科研经费。

1926 年 8 月，范旭东旗下"红三角"牌纯碱，第一次进入美国费城万国博览会，并获得金奖。

1935 年，黄海化学工业研究社试炼出中国第一块金属铝样品。

1937 年 2 月 5 日，中国首座合成氨工厂——永利南京钮厂生产出中国第一批硫酸铵产品、中国第一包化学肥料，被誉为"远东第一大厂"。

除此之外，1926—1927 年，范旭东又先后在青岛开办永裕盐业公司，在汉口开办信孚盐业运销公司。1930 年又在江苏省连云港开了久大分厂，除设海水制精盐的盐场外，还自办电厂发电。抗日战争期间，范旭东致力于在西南后方开辟新的化学工业基地，支援抗战与国家建设。

可以说，没有范旭东，难有侯德榜的联合制碱法。在当年纯碱生产的调试中，开始生出的产品颜色红黑间杂，质量很差。这时，碱厂已耗资 200 万大洋，债台高筑。同时，外国碱厂企图将永利碱厂扼杀在摇篮中，又想在其用盐免税问题上捣乱，妄图使永利碱厂的成本提高。对此，不少股东感到失望、灰心，不愿继续下去；有的股东要求撤换侯德榜，另聘外国专家主持技术工作。范旭东知难而进，努力说服多数股东勉强同意他提出的"在开车中谋求解决技术问题"的主张。1925 年春，在侯德榜等人的努力下，找出了产品质量问题的病根，不断改进措施，产品颜色开始转白。

范旭东召开董事会，剖析索尔维法制碱技术的先进性与难度，列举日本等国也多年摸索未能成功，而永利碱厂已陆续解决了工艺技术、设备等多方面的问题，不能功亏一篑；还介绍了外国垄断资本一再企图扼杀永利碱厂事业的种种阴谋诡计，要求董事们为维护永利碱厂和民族工业的前途坚持奋斗。他还历数侯德榜多年如一日，以厂为家，查问题，想办法，带领员工做出的业绩，提出："对这样难得的人才，我希望大家像支持我一样支持他的工作。"范旭东这个精辟、气魄雄伟的分析，得到了全体董事的理解和支持。

从此，永利纯碱开始畅销各地，纯碱之名传遍全国。为了和外国公司进行销售竞争，范旭东斗智斗勇，使永利碱厂在争夺纯碱市场中居于有利地位，维护了我国民族工商业的权益。

为了亲自到永利碱厂了解情况，英国碱厂公司总经理通过其驻上海经理约请范旭东在天津会见。范旭东只同意在上海与他相见，还吩咐永利碱厂的同事，如果总经理要求参观碱厂，可以陪同进厂，但只让他看看锅炉房，谢绝参观主要车间，作为 20 多年前他在英国参观碱厂只让看锅炉房的"礼尚往来"。

抗战胜利后，范旭东正准备派人分赴久大、永利、永裕等厂接收原有财产之时，终因操劳过度，积劳成疾，于 1945 年 10 月 2 日，突患急性肝炎，医治无效病逝，终年 62 岁。其死后的哀荣令人羡慕，一时国共显贵、文人、雅士纷纷撰文颂扬。闻此噩耗，正在参加重庆和谈的毛泽东和蒋介石中止会谈，一同前往沙坪坝范旭东的家中吊唁，毛泽东的挽联是："工业先导，功在中华"；蒋介石的挽联是："力行致用"，虽平实，但却最准确地刻画出了范旭东的一生。

第 12 节　吴蕴初与味精

图 1-22　吴蕴初

　　1891 年 9 月 29 日，吴蕴初（图 1-22）生于江苏省嘉定县，10 岁入学，后入上海广方言馆学外语一年，因家贫辍学，回嘉定第一小学当英文教师养家糊口。不久考入上海兵工学堂半工半读学化学，因刻苦好学成为德籍教师杜博赏识的高才生。1911 年毕业，到上海制造局实习一年后，回学堂当助教，同时在杜博所办上海化验室做一些化验工作。1913 年，吴蕴初经杜博举荐到汉阳铁厂任化验师，试制硅砖和锰砖成功，1916 年升任制砖分厂厂长。不久，被汉阳兵工厂聘任为理化和炸药课长。

　　1919 年，燮昌火柴厂在汉口筹办氯酸钾公司，吴蕴初被聘为工程师兼厂长，利用兵工厂的废料以电解法生产氯酸钾。1920 年，吴蕴初回到上海，与他人合办炽昌新牛皮胶厂，任厂长。这期间，日商在上海倾销"味の素"，到处是日商的巨幅广告，引起了他的注意。吴蕴初发出了"为何我们中国不能制造"的感叹，便买了一瓶回去仔细分析研究，发现"味の素"就是单一的谷氨酸钠，1866 年德国人曾从植物蛋白质中提炼过。吴蕴初决定就在自家小亭子里着手试制，试图找到生产谷氨酸钠的方法。

没有现成资料，他四处搜集，并托人在国外寻找文献资料。没有实验设备，他拿出炽昌新牛皮胶厂支付给他的工资，购置了一些简单的化学实验分析设备。他凭着在兵工学堂学得的化学知识和试制耐火砖、火柴、氯酸钾、牛皮胶等积累的化学实践经验，认识到从蛋白质中提炼谷氨酸，关键在于水解过程。他白天上班，夜间埋头做实验，经常通宵达旦工作。试制中，盐酸的酸气和硫化氢的臭气弥漫四溢，邻居意见纷纷。

经过一年多的试验，吴蕴初终于制成了几十克成品，并找到了廉价的、批量生产的方法。1921年春，吴蕴初出技术与人合作生产谷氨酸钠。很快，首批产品问世。吴蕴初将这种产品取名"味精"，并打出"天厨味精，完全国货"的广告，味美、价廉、国货，大得人心，销路一下就打开了，3年后使日本"味の素"在中国失去了80%的市场。他们进一步扩资，于1923年8月成立天厨味精公司。在正式定名为"上海天厨味精厂"的当年，产量达3000吨，获北洋政府农商部发明奖。

1924年，日本首先向北洋政府有关部门提出，吴蕴初的味精工艺是抄袭日本不能算作发明，也不能算作自有专利。这个理由是不成立的——虽然最终产品相同，但是原料不同，工艺不同。日本人是从海藻和鱼类、豆类中提取谷氨酸钠，而吴蕴初是从面粉中提取。更何况日本人对谷氨酸钠的提取工艺严格保密，企图长期垄断世界市场，吴蕴初也根本没有见过日本人严格保密的提取工艺。

因此，在第一回合战胜日本"味の素"后，1925年，吴蕴初按照国际专利标准，将自己的生产工艺公开，在英、美、法等国申请了专利。这也是历史上中国的化学产品第一次在国外申请专利。然而，日本人并不甘心第一次失败。在专利上没搞出名堂后，日本领事馆又向北洋政府农商部起诉，指控天厨味精的"味精"两个字是剽窃日本的"味の素"——因为在日本"味の素"的一个广告语中，有"调味精品"四个字。

由于广告语并不属于保护的范围，而且，"味精"剽窃"调味精品"一说也太牵强。因此，北洋政府官员驳回了日本领事馆的申诉，日本人的伎俩再次失败。在前两个回合战胜日本之后，吴蕴初开始主动发起第三个回合的进攻。按照北洋政府的专利法，吴蕴初的味精专利可以享有 5 年的专利保护。1926 年，吴蕴初主动宣布，放弃自己国内的味精专利，希望全国各地大量仿造生产。

此后，国内各地先后出现了十几个味精品牌，国货味精市场极大繁荣，日本的"味の素"除了在日本关东军占领的我国东北地区外，在中国的其他地区再也难见踪影。同时，吴蕴初的佛手牌味精1926 年获得美国费城世界博览会金奖，至今"佛手"商标仍在使用。佛手牌味精打入了欧洲等海外市场，且日本"味の素"在东南亚的市场也被中国产品取代。

由此，吴蕴初成为闻名遐迩的"味精大王"。然而，日本人还是不甘心，他们利用制造味精的化工原料盐酸（HCl）多年依赖日本进口的不足，使天厨厂的盐酸供应时断时续。对此，吴蕴初深以为疚，促使他燃起自己生产盐酸的念头。1927 年起，他积极收集资料，想创办中国自己的氯碱工厂。1929 年 10 月，吴蕴初终于成立了天原电化厂股份有限公司，取名天原，即为天厨提供原料的意思。

经过一年的艰苦努力，1930 年 11 月 10 日举行了隆重开工典礼，吴蕴初亲自开车。天原电化厂是我国第一家生产盐酸、烧碱和漂白粉等基本化工原料的氯碱工厂，南京国民政府实业部长孔祥熙到会并致辞，称赞吴蕴初"独创此厂，开中国电化工业之新纪元"。同时，为了综合利用，1932 年，吴蕴初成立了天利氮气厂——用天原厂电解车间放空的氢气制合成氨，部分合成氨再制成硝酸，这是我国生产合成氨及硝酸的第一家工厂。

吴蕴初于1934年建成天盛陶器厂，意思为解决盛器，也含有昌盛的意思，生产多种耐酸陶管、瓷板、陶质阀门及鼓风机等，创国产耐酸陶瓷工业之先河，使日本耐酸陶器也退出了中国市场。

至此，天厨、天原、天盛、天利四个轻重化工企业形成了自成一体、实力雄厚的天字号集团。吴蕴初常说："做一个中国人，总要对得起自己的国家。"

为避免天利氮气厂和同时在建的永利公司之间的矛盾激化，吴蕴初与范旭东坦率地通函协商，划定了各自的经营范围：永利在长江以北，天利在长江以南，从而形成了所谓"南吴北范"的格局。1937年后，为保存民族工业，吴蕴初积极组织内迁，于1939年建成了香港天厨味精厂、重庆天原化工厂。

这几个工厂在四川建成投产，不仅在大后方填补了产品的空白，解决了工农业生产和人民生活的需要，为支援抗日战争作出了积极的贡献，而且在工业经济落后的大西南播下了化学工业的种子，对后来大西南化学工业的发展发挥了重要作用。

吴蕴初于1948年底出国。上海解放时，他在美国，听到上海天原等厂一切正常，十分欣慰。不久，他收到钱昌照来信邀他回国，分外高兴。1949年10月，吴蕴初到达北京，受到周总理亲切接见并设便宴招待。一见面，周总理就说："味精大王回来了，欢迎！欢迎！"周总理还说："中国化学工业将会有很大发展，希望吴先生能为化工事业继续努力。"吴蕴初受到极大鼓舞。

同年11月，他返回上海，受到天原电化厂全体员工热烈欢迎。此后，他担任了华东军政委员会委员、上海市人民政府委员、上海市工商联监察委员会副主任委员、中国民主建国会中央委员及上海分会副主任委员、化学原料工业同业会主任委员等职。1953 年 10 月 15 日，著名的化工实业家、我国氯碱工业的创始人吴蕴初在上海病逝，终年 62 岁。

吴蕴初生前非常重视科技事业，积极培养人才。1937 年，吴蕴初捐赠了上海市南昌路的一栋房产作为会所，这对于后来上海市化学化工学会的发展繁荣作出了重要贡献。1931 年起，吴蕴初还出资多次给大学化学系设立奖学金。吴蕴初认为，其财产"取之于社会，应用之于社会。把财产集中起来发展事业，培养化工人才，对国家、对社会才会有好处"。1945 年起，他出资成立"吴蕴初公益基金委员会"，对培养科技人才、促进科技事业的发展发挥了重要作用。

第 13 节　杨承宗与放射化学

杨承宗（图 1-23），放射化学家，1911 年生于江苏省吴江县，1932 年毕业于上海大同大学。是新中国放射化学奠基人，在中国的放射化学研究和技术推进上具有重大贡献。

1946 年杨承宗由法国巴黎大学教授约里奥·居里夫人（居里夫人的女儿）支持，获法国国家科学研究中心经费，到巴黎居里实验室工作。时任法国原子能委员会

图 1-23　杨承宗

委员的约里奥·居里夫人提出用化学离子交换法从大量载体中分离微量放射性元素的课题。杨承宗对常量载体物质的基本化

学性质潜心研究，成功地用离子交换法分离出镤233、锕227等放射性同位素。此方法在当年受到约里奥·居里夫人的重视，这个从大量杂质中分离微量物质的新方法，结合后人发现铀在稀硫酸溶液中可以形成阴离子的特殊性质，现在发展成为全世界从矿石中提取铀工艺的常用方法。1951年，杨承宗通过巴黎大学博士论文《离子交换分离放射性元素的研究》，获博士学位。

1951年6月21日，杨承宗刚刚获得巴黎大学理学博士学位，就接到了中国科学院近代物理所所长钱三强欢迎他回国的信函，同时托人给他带去了一笔钱，请他代购一些仪器设备。对此，杨承宗兴奋得夜不能寐。

就在回国之前，杨承宗曾接到法国国家科学研究中心的聘书，除了说明继续聘任两年外，还特别说明："年薪为555350法郎，另加补贴。"这在当年可是一笔相当可观的收入。但是对杨承宗来说，再没有什么比建设新中国更有吸引力的了。虽然明知回到祖国后，他的工资只是每月值1000斤小米，但他仍婉言谢绝了法国研究机构的聘请。

得到钱三强托人给他带来的美元，杨承宗展开了"疯狂大采购"，恨不得把回国开展原子能研究所需要的仪器、图书统统买回去，为此不惜"挪用私款"，将在法国四五年中省吃俭用积蓄的一笔钱，弥补了公款的不足。同时，通过居里夫妇的帮助，他得到了10克碳酸钡镭的标准源和一台测量辐射用的100进位的计数器，这些都是原子能科学研究的利器，当时是不能随便购买得到的。

离开巴黎后，因为有诺贝尔奖获得者、导师约里奥·居里夫人的关照，"行李"一路免检。他带着这些"违禁品"顺利地登上了归国的轮船"马赛"号。

1951年10月，杨承宗带着十几箱资料和器材，返回祖国。他安排好工作，就去苏州接妻子和儿女。当妻子拿出一大沓欠债单放在他面前时，他愣住了。他没有想到自己在法国时，家中生活竟如此困难。怎么办？他没有向组织索要那笔被他挪用的"私款"，而是把自己心爱的照相机和欧米茄手表变卖了。只是从此之后的近40年里，这位业余摄影爱好者竟再没有钱买一台像样的照相机。

在杨承宗踏上归国的征途之前，当时担任世界保卫和平委员会主席的弗雷德里克·约里奥·居里特地约他进行了一次十分重要的谈话。约里奥·居里说："你回去转告毛泽东，要反对原子弹，你们必须自己拥有原子弹。原子弹不是那么可怕的，原子弹的原理也不是美国人发明的。你们也有自己的科学家。"杨承宗激动不已，将这番话转述给钱三强，钱三强又报告了党和国家领导人。后来人们知道，这个口信对新中国领导人下决心发展自己的核武器起了积极作用。

杨承宗回国后先在中国科学院近代物理所工作，钱三强所长请他担任该所第二研究大组的主任。当时近代物理所人才济济，但精湛于放射化学研究的唯有杨承宗一人，又加之受西方国家的封锁和禁运，缺乏宝贵的技术资料和实验方法，工作非常困难。杨承宗亲自编写放射化学方面的教材，开设"放射化学"和"铀化学"等专业课，为那些从来没有接触过放射化学的新的大学毕业生们系统讲授放射化学专业理论知识和实验技能；后来又在北京大学和清华大学授课，为国家培养了很多的放射化学人才。

身为"洋博士"的杨承宗不仅开创了中国的放射化学研究，在危险工作面前也身先士卒。抗战以前的北平协和医院，为了医疗的需要，曾向美国买了507毫克镭，密封在一个玻璃系统的容器里。可恨的是，这个玻璃系统在抗战时被日本人敲坏了。这种强烈放射性元素发生的气体，即使有很好的密封装置，也很容易泄漏，如果装置破裂，将严重扩散！507毫克镭，它放射的氡气跑出来，污染环境，对人是非常有害的。

谁能伸出神奇之手，来堵住这507毫克镭产生的强烈放射性气体呢？谁有这种能耐，可以把那个十分复杂的玻璃系统修复？更重要的是，谁有这种勇气，敢于冒着危险，冲进这静谧而又毫无声息的杀伤之地？

医院的主管人员心急如焚，杨承宗听说楼上住的是病人，便什么话也没说，带着两个学生和一位玻璃工师傅，前往协和。他推开那间放置镭的地下室房门，一切静悄悄，无声无息。但凭他一个镭学研究者的眼光和敏锐的嗅觉，他清楚地意识到，这里污染严重，危害非常！他应该穿特制的防护服，戴特制的工作帽、手套和口罩，还应穿上胶鞋。但这一切防护用具，这儿都没有；其实，那时别的地方也都没有！需要他以一个毫无装备的身子去"肉搏"！

这是比上刺刀的敌人还要可怕而危险的肉搏！杨承宗没有让年轻没有经验的学生去接触最危险的那个储藏镭的保险柜，他考虑到他们未来的长久工作和生活，决定自己打开保险柜。他思维敏捷，动作迅速，处理果断得当，加水密封，做好要做的一切，一举成功。那复杂的玻璃系统修复好了，镭被牢固地封闭。协和医院的病房安全了。杨承宗看起来也是好好地离去，但是，谁也没有注意，他的右眼已受到超剂量的照射，10年以后，白内障并且视网膜剥离，失明了。他似乎没有过多的抱怨、苦恼，他用那眼睛的代价，换得了许多人的安全和健康。

1961年3月，杨承宗的人事关系从原子能所调到中国科学技术大学。一个星期以后，他又从中国科学技术大学借调到二机部所属第五研究所兼任副所长，主持全所业务工作。杨承宗刚刚到五所时，面对的是苏联停止援助、撤走专家，科研秩序混乱、人心涣散，垃圾、加工后的废矿渣、未破碎的矿石到处堆放，整个所区像一个破旧的工地。在这个"破旧的工地"上怎么可能研究并最终提炼出核燃料来满足第一颗原子弹试爆的需要？杨承宗只好一切从头开始，身为非党员业务副所长却要从鼓励科技人员勇攀高峰、为中国造出自己的原子弹而努力的政治思想工作开始，还要配合所内各级领导设法改善所内员工的物质生活。他整顿所内的科研秩序，并为五所的科学研究工作大量购买图书和增加必需的仪器设备。不久，一批世界先进水平的新分析方法和新有机材料等重大研究成果便不断地从五所产生。五所从一个烂摊子一跃而成为全国一流的研究所，中国的铀工业也从无到有，开创了天然铀工业生产的历史。

这期间他领导全所科技人员，在中国第一批铀水冶厂还没有建成的情况下，因陋就简，自己动手建成一套生产性实验装置。经过两年多的日夜苦战，纯化处理了上百吨各地土法冶炼生产的重铀酸铵，生产出了符合原子弹原材料要求的纯铀化合物 2.5 吨，为中国第一颗原子弹的成功试爆提前 3 个月准备好铀原料物质。二机部下文给研制原子弹有功人员晋级嘉奖，但由于杨承宗的行政关系隶属于中国科学技术大学，不属于二机部，所以尽管他为此立下了汗马功劳，却与嘉奖无缘。

1970 年他奉命随中国科学技术大学下迁合肥，继续化学教学及科研工作。1973 年主持了全国火箭推进剂燃烧机理的学术会议，建立科研协作关系，使科大的火箭固体推进剂燃烧机理研究成果在国内占有重要的一席之地。1977 年他首提的同步辐射加速器在科大立项成功。后来又直接领导利用同步辐射装置的 200MeV 电子直线加速器作中子源和伽马射线源，由此进行光核反应研究制备轻质量、短半衰期、有特殊用途的同位素工作取得成功，为我国的核科学研究开辟了一条新途径。1979 年杨承宗被任命为中国科学技术大学副校长。1980 年，他倡办了全国第一所自费走读大学——合肥联合大学，被推举为首任校长。

2011 年 5 月 27 日，新中国放射化学奠基人杨承宗先生，因病在北京逝世，享年 100 岁。杨承宗先生的爱国情怀、科学作风和奉献精神为青年一代科技和教育工作者树立了光辉的榜样。他虽然离开了，但为我国科技教育事业作出的杰出贡献和矢志报国、淡泊名利、无私奉献的崇高品德，将永远铭记在人们的心中！

第 14 节　邢其毅与结晶牛胰岛素

图 1-24　邢其毅

邢其毅（图 1-24），著名有机化学家，教育家，1911 年 11 月 24 日出生于天津市。1933 年，邢其毅毕业于辅仁大学化学系，后去美国留学，就读于伊利诺伊大学研究院，在有机化学家亚当斯教授指导下从事联苯立体化学研究，1936 年获博士学位。为了扩大视野和博览众家之长，同年夏天他又去德国慕尼黑大学，师从当时著名有机化学家维兰德进行蟾蜍毒素的研究。他在博士后研究工作中完成了芦竹碱的结构研究与合成，这项成果后来成为一个重要的吲哚甲基化方法，在有机合成上得到广泛应用。

对于刚涉足有机化学乐园的年轻的邢其毅来说，在著名的维兰德实验室中工作应当是十分理想和宏图无量的，但日本侵略军把罪恶的铁蹄踏进了中华大地，祖国面临灭亡的危险，这使邢其毅断然作出决定，放弃优越的研究工作条件立即回国，为挽救中华民族危亡而尽自己的一份力量。

抗战胜利后，邢其毅受聘于北京大学，在北京大学化学系

化学史话

任教授，同时兼任前北平研究院化学研究所研究员。1949 年邢其毅和千千万万北京市民一起欢欣鼓舞地迎来了中华人民共和国的诞生，当听到毛主席庄严宣告"中国人民从此站起来了"的时候，邢其毅激动得流下了热泪，他感到多年来梦寐以求的一个富强昌盛的中国就要到来！作为一名爱国科学家，他认为是自己大展宏图的时候了。

邢其毅曾任全国政治协商会议委员会第六、七届委员，中国国际文化交流中心理事，中国科学院学部委员，民盟中央科学委员会副主任等职。他是一位学术造诣颇深、洞察力敏锐的有机化学家。他在 20 世纪 50 年代初就指出，蛋白质和多肽化学必将是未来科学发展的一个新的前沿课题。1951 年，他首先提出进行蝎毒素中多肽成分的研究，并同时开展氨基酸端基标记和接肽方法的研究。

在数十年的科学研究生涯中，他一向重视开发利用我国丰富的天然资源，他主持的重大基金项目，对于发掘天然药物宝库、开发先导药物与新药筛选以及推动中药现代化起了很大的作用。在有机反应机理、分子结构测定方法和立体化学等基础研究领域，也进行了多方面的研究。

他既是造诣深厚的有机化学家，也是享有盛誉的教育家。他数十年潜心教学研究，对我国高等化学教育中教学与科研的关系、理论和实验的关系，都提出过许多看法和建议。同时，他身体力行，几十年耕耘于课堂和实验室。他编著的《有机化学》和《有机化学简明教程》是教育部最早指定的全国高校通用教材。他主持撰写的《基础有机化学》是一部综合反映现代有机化学的教科书，对于高校的有机化学教学具有广泛影响。

蛋白质合成是一个神秘诱人的领域，20 世纪 50 年代前后，世界上许多著名的有机化学家都在注视着这个问题。1955

年，英国的桑格用生物降解和标记方法确定了第一个活性蛋白质——牛胰岛素分子的氨基酸连接顺序。1958 年，中国的几位有机化学家和生物化学家在北京讨论了胰岛素人工合成的可能性问题，邢其毅就是其中之一。他们认为胰岛素人工合成中最关键的问题之一，是对含半胱氨酸片断的接肽方法和端基保护问题。随后，邢其毅等就开展了含半胱氨酸小肽的合成研究。1959 年，在国家科委的组织领导下，由北京大学化学系、中国科学院生物化学研究所和上海有机化学研究所等共同组成一个统一的研究队伍，开始胰岛素合成研究。经过数年的共同努力，人类第一个用人工合成方法得到的活性蛋白质——结晶牛胰岛素，终于在 1965 年降生在中国大地上。结果公布之后，立即引起世界科学界的极大关注，它标志着中国科学家在蛋白质和多肽合成化学领域已经处于世界领先地位。它为我们这个伟大的科学文明古国又赢得了新的荣誉。为此，1982 年国家特发给邢其毅等国家自然科学一等奖，以表彰他们在合成胰岛素工作中的贡献。

胰岛素的人工合成一直是我国科学界的骄傲。它于 1966 年在科学界正式公开报道，这是人类历史上第一次用人工方法合成的蛋白质，是一项伟大的创举。当时，与原子弹试爆成功、人造卫星上天等一起，被誉为新中国成立后为国争光的三大科技成就，标志着新中国成立后不久，中国科学家在某些基础研究和尖端科学研究方面与国际领先水平并驾齐驱。一些科学家认为，这项成就是打开生命奥秘之门的钥匙，它在科学上的重要程度也许将远远超出获得诺贝尔奖；在科学以外，它在政治上、哲学上也有着十分重要的意义。邢其毅一生忠诚爱国，追求真理，光明磊落，是学术界的一代宗师。

第 15 节　傅鹰与表面化学

　　傅鹰（图 1-25），祖籍福建省闽侯县，1902 年 1 月 19 日出生于北京。童年时代受到在外务部供职的父亲的熏陶，深感国家频遭外国列强欺侮，是国家贫弱和清朝廷腐败所致，遂萌发了强国富民的愿望。1919 年他入燕京大学化学系学习，轰轰烈烈的五四运动和《新青年》杂志对他有很大的影响，从此发奋苦读，立志走科学救国的道路。1922 年公费赴美国留学，6 年后，在密执安大学研究院获得科学博士学位，时年 26 岁。

图 1-25　傅鹰

　　傅鹰的博士论文得到好评，美国一家化学公司立即派人以优厚的待遇聘请他去工作，他和同在美国留学的女友张锦商量之后谢绝了，决心回到祖国。

　　傅鹰继在东北大学任教后，又相继到北京协和医学院、青岛大学任教。时值日本侵略军发动吞并东三省的侵略战争，他又辗转到了重庆大学。1935 年，学成归国不久的张锦与傅鹰结为伉俪，也来到重庆大学任教。从 1939 年起，傅鹰夫妇又到福建的厦门大学任教，1941 年，傅鹰担任了该校教务长兼理学院院长。

　　傅鹰回国的 10 多年，深深体会到了国家的贫弱和遭受外强侵略的痛苦，目睹了国民党统治的腐败和民不聊生的惨状。他只能把一腔热血，倾注到试管和烧杯之中，把青春贡献给化学教育事业，并寄希望于未来。厦门大学校长萨本栋很器重傅鹰的学识和为人，在病中推荐他接任校长职务。同一时刻，国民党派陈立夫来到厦门大学，要亲自劝说他加入国民党。而傅鹰却倔强地表示：

"我宁可不当校长，也绝不加入国民党！"

他借口外出招生，对陈立夫避而不见。傅鹰敢于跟国民党顶牛的新闻，在文化教育界一时传为佳话。但他因此再也无法在厦门大学立足，只好于1944年又返回重庆。然而当时重庆大学无法开展研究工作。1944年底，傅鹰夫妇把9岁的儿子傅本立寄养于天津亲戚家中，毅然二次赴美国。傅鹰继续到密执安大学进行研究工作，张锦则应著名生物化学家杜芬友（1955年诺贝尔化学奖获得者）之邀到康奈尔大学任教。

在密执安大学，傅鹰再度和原来的导师、著名胶体科学家巴特尔教授合作，进行表面化学研究，接连发表了许多有创建性的论文，引起了国际化学界同行的注意。

然而，傅鹰无时无刻不在怀念苦难中的祖国和人民。1949年中国人民解放军百万雄师过大江的消息传到美国，傅鹰立即和在纽约的张锦通了电话，双双决定尽快回到祖国。傅鹰的导师巴特尔教授多方挽留，并愿意让他继任研究中心主任的职务。但为祖国尽力的夙愿使他战胜了一切其他考虑，并且感动了巴特尔，得到了他的支持。他们终于在1950年8月下旬获准离美，在旧金山登上了客轮，朝着新生的共和国进发。10月初到达深圳，受到人民政府代表的热情迎接。傅鹰这位"美国两次都留不住的科学家"再次回到了祖国的怀抱。

傅鹰一踏上新生的共和国大地，他那发展祖国科学事业的雄心"像枯木逢春似地复活起来"，到达北京后，立即投身于社会主义建设之中。他满腔热忱，服从分配，先后到北京大学、清华大学任教。当中国石油大学成立时，又愉快地走上新的教育岗位。1954年，再度调回北京大学。

当时，他已是公认的享誉国内外的表面与胶体科学家，但他没有在个人已有的成就和地位上止步不前，而是把帮助祖国发展科学作为严肃的首要任务。他下定决心，填补胶体科学这个空白去为祖国贡献余生。他上书学校和教育部门的领导，以充分的事实和理由，申明胶体科学是利国利民的科学，建议在我国发展这一学科，使之既能为工农业生产服务，又能迅速赶超世界先进水平。他的意见很快得到批准。以他为主任的我国第一个胶体化学教研室和相应的专业，1954年在北京大学建立起来。

傅鹰是最早主张把高等学校办成教学和科研两个中心的学者，批评那种认为"研究是科学院的事，学校只管教学就够了"的意见。他在呼吁学校领导重视和提倡科学研究的同时，积极带领教师和研究生克服困难，认真开展多方位探索。作为造诣很深的学术带头人，他面对国家建设的现实，提出很有见地的观点和具体设想。他组织力量开展国内尚属空白的许多胶体体系进行研究，如高分子溶液的物理化学、缔合胶体的物理化学、分散体的流变学、乳状液与泡沫的稳定性等。由于傅鹰重视理论联系实际，崇尚埋头苦干，在短短的三五年内就取得了丰硕的成果。

傅鹰编著过物理化学、化学热力学、化学动力学、统计力学、无机化学和胶体科学等教材。在编著过程中，他虚心汲取前人的经验，博采众家之长。他常常告诫大家：写教材一不是为名，二不是逐利，唯为教学和他人参考之用，切记认真，马虎不得。

傅鹰执教于化学讲坛整整半个世纪，为国家培养了几代化学人才，堪称桃李满天下。他说过："化学可以给人以知识，化学史更可以给人以智慧。"

第16节　唐敖庆与理论化学

图 1-26　唐敖庆

唐敖庆(图 1-26)1915 年 11 月 18 日出生于江苏宜兴。早在初中学习期间，就显示出是一名有培养前途的优秀少年，深得老师的赏识。但因家境困难，无力升入高中，遂考入无锡师范学校继续学习。这期间，唐敖庆在学业上取得很大长进的同时，在政治上也受到了进步思想的影响。"九一八"事变后，他曾参加赴南京请愿团，并经常阅读进步书刊。为了筹集上大学的费用，他从师范学校毕业后先到小学教书，一年半以后进入江苏省立扬州中学大学补习班学习。1936 年夏，唐敖庆考入北京大学化学系。"七七"事变爆发后，随校南迁，先在长沙临时大学学习，1938 年随校到昆明，在西南联合大学化学系继续学习，1940 年毕业留校任教。

抗日战争胜利后，唐敖庆和李政道、朱光亚、孙本旺等人，以助手身份随同我国知名化学家曾昭抡、数学家华罗庚、物理学家吴大猷于 1946 年赴美考察原子能技术。后来，唐敖庆被推荐留在哥伦比亚大学化学系攻读博士学位。入学后，他同时选修了化学系与数学系的主要课程，顽强地进行学习，为他后来从事的理论化学研究工作打下了坚实而深厚的基础。入学一年后，唐敖庆以优异成绩通过了博士资格考试，并获得荣誉奖学金。1949 年 11 月唐敖庆获得博士学位后，报效新中国的心情再也按捺不住，他谢绝了导师的挽留，冲破阻力，终于在 1950 年初回到了祖国。从此，唐敖庆开始了献身祖国建设的光辉历程。

1950 年 2 月，唐敖庆被聘为北京大学化学系副教授，半年后提升为教授。1952 年全国高等学校院系调整，唐敖庆到长春支援东北高等教育事业，与物理化学家蔡镏生、无机化学家关实之、有机化学家陶慰孙通力合作，率领来自燕京大学、北京大学、清华大学、交通大学、浙江大学、中山大学、复旦大学、金陵大学和东北师范大学等校教师，开创了吉林大学化学系。经过 30 多年的艰苦工作，使吉林大学化学系跻身于国内先进行列，并于 1978 年在该系物质结构研究室的基础上，创建了吉林大学理论化学研究所。现此所已成为享有盛誉的理论化学研究中心。

唐敖庆是中国量子化学的主要开拓者，他数十年如一日，始终及时把握国际学术前沿的新动向，开拓新课题，为赶超国际学术先进水平，取得了一系列的卓越成就，在分子设计和合成新材料方面产生了深远的影响。20 世纪 60 年代初，我国在激光、络合萃取、催化等科学领域开展了大量的实验研究工作，积累了许多资料，急需从理论上总结规律。化学键理论中的重要分支——配位场理论正是上述领域所需要的基础理论，但还很不完善。唐敖庆就立即以这一重大科学前沿课题为研究方向，带领物质结构学术讨论班的骨干成员，以两年多的时间创造性地发展和完善了配位场理论及其研究方法，成功地定义了三维旋转群到分子点群间的耦合系数，建立了一套完整的从连续群到分子点群的不可约张量方法，进一步统一了配位场理论中的各种方案。这项成果丰富和发展了配位场理论，为发展化学工业催化剂和激光发射等科学技术提供了新的理论依据，于 1982 年获国家自然科学奖一等奖。

20 世纪 70 年代初，分子轨道图形理论作为理论化学的一个新的重要分支，引起国际学术界的广泛注意。唐敖庆 1975 年着手于此领域的系统研究，提出和发展了一系列新的数学技巧和模型方法，使这一量子化学形式体系，不论就计算结果还是对有关实验现象的解释，均可表达为分子图形的推理形式，概括性高、含义直观、简便易行，深化了对化学拓扑规律的认识。他还将这一成果，进一步应用到具有重复单元分子体系的研究，得到规律性很好的结果。基于上述贡献，"分子轨道图形理论方法及其应用"研究成果，获得1987年国家自然科学奖一等奖。

唐敖庆后来又和他的合作者们在高分子统计理论研究的基础上，开拓了一个新领域，即高分子固化理论和标度研究。他系统地概括了各类交联和缩聚反应过程中，凝胶前和凝胶后的变化规律，解决了溶胶-凝胶的分配问题，提出了有重要应用价值的各类凝胶条件，特别是从现代标度概念出发，从本质上揭示了溶胶-凝胶相转变过程，深入研究了高分子固化的表征问题。

唐敖庆由于青年时代就患有高度近视，从大学学习开始便练就了惊人的记忆力，所以在备课时，主要靠思维记忆，只写个简单提纲就走上讲坛，讲课深入浅出，富有逻辑性和启发性。他这种独特的讲课风格，在课堂上可以使师生精神高度集中，思维异常活跃，对提高教学效果很起作用。他广博的学识与精湛的讲课艺术，对中青年师资的培育影响深远。

唐敖庆经常教育自己的研究集体，要正确对待科研成果，注意加强科研道德修养。他认为，一项科研成果的取得往往是许多人合作的结果，导师与助手之间，同事与同事之间一定要相互尊重，有贡献的同志一定要尊重别人的劳动；年长的同志要注意培养年轻的同志，把自己的想法告诉他们，将自己考虑的课题交给他们，搞出了成果，年长的同志一定要尊重他们的劳动。

1982年唐敖庆当选为中国化学会第二十一届理事会理事长后，非常重视学会工作，主张化学会要继承和发扬化学界老前辈、老理事长的优良传统，团结全国化学界，为发展祖国的化学事业而共同奋斗。他自己身体力行，为维护学术界的团结，树立优良的学风和会风，为提高我国化学学术水平作出了积极贡献。

1986年初，作为国家科技体制改革的重要决策之一，国务院决定成立国家自然科学基金委员会，唐敖庆被任命为基金委第一任主任。在较短的时间内，他悉心组建领导班子，配备得力干部；根据中央方针、政策，多方面进行调查研究，广泛征求意见，制定了一系列规章制度；提出了"依靠专家、发扬民主、择优支持、公正合理"的评审原则，成功地指导了国家自然科学基金委员会资助项目评审工作的顺利进行，得到科技界的广泛支持。唐敖庆为创建具有我国特色的科学基金制度作出了重要贡献。

唐敖庆以其在培养人才、学术研究方面的卓越业绩，成为蜚声国内外的教育家和科学家。正如1990年4月他对来访的记者所说的那样："我们老一代学者，要花大力量培养青年一代，我之所以担任行政工作以来，没有放弃教学和科研工作，就是因为我觉得培养青年人才是关系到我们国家未来的大事。为了中国科学的未来，为了祖国的昌盛，我愿意耗尽自己的余生。"

第17节　徐光宪与稀土化学

徐光宪（图1-27）是中国科学院院士，著名的化学家和教育家，1951年在美国哥伦比亚大学获得博士学位后回国。他创建了北京大学稀土化学研究中心和稀土材料化学及应用国家重点实验室，曾任亚洲化学联合会主席、中国化学会理事长等。他始终坚持"立足基础研究，

图1-27　徐光宪

面向国家目标"的研究理念，将国家重大需求和学科发展前沿紧密结合，在稀土分离理论及其应用、稀土理论和配位化学、核燃料化学等方面作出了重要的贡献。

1920 年徐光宪生于浙江省绍兴市，自幼勤奋好学，中学时曾获浙江省数理化竞赛优胜奖。由于家境清贫，1936 年初中毕业后考入浙江大学附属高级工业职业学校，1939 年毕业。时值抗日战争，社会动荡不安，其赴昆明参加宜宾—昆明铁路的修建工作，因路费被领班私吞，滞留上海当家庭教师度日。就在这样困难的处境中，他强烈的求知愿望不泯，省吃俭用，积攒学费，挤出时间，考入交通大学学习。他夜晚兼任家庭教师，白天上学，刻苦攻读，于 1944 年 7 月从交通大学化学系毕业，获理学学士学位。由于学习成绩优秀，1946 年 1 月起被交通大学化学系聘为助教。

为了继续深造，他于 1948 年初赴美国留学，在哥伦比亚大学暑期试读班中，成绩名列榜首，被该校录取为研究生并被聘为助教，不仅免交学费，还被正式列入教员名单。当时能得到这一待遇的留学生是极少的。他攻读量子化学，一年后即获得哥伦比亚大学理学硕士学位。他从入学到取得博士学位只用了两年零八个月的时间，这在当时美国一流水平的哥伦比亚大学，是很不容易的。

徐光宪深受导师贝克曼的器重，导师极力挽留他继续留在美国进行科学研究，推荐他去芝加哥大学莫利肯教授处做博士后。当时美国侵朝战争已经爆发，徐光宪认为祖国更需要自己，应当尽快回国。但美国政府极力阻挠留美中国学生返回新中国，1951 年初，美国国会通过有关禁令，待美国总统批准后即正式生效。在这种情况下，徐光宪焦急万分，千方百计设法尽快离开美国，他假借华侨归国探亲的名义，于 1951 年 4 月乘船回到祖国。

徐光宪回国后受聘为北京大学化学系副教授。1957年7月，他被任命为放射化学教研室主任；1958年9月被任命为新成立的原子能系副主任，兼核燃料化学教研室主任；1980年12月发起成立中国稀土学会并当选为副理事长；1981年被任命为国务院学位委员会第一届理学评议组化学组成员。几十年来，徐光宪为国家培养了一大批教学和科研人才，并在物质结构、量子化学、配位化学、萃取化学、稀土科学等领域作出了突出的贡献。

徐光宪很重视教学工作，认为必须让学生牢固掌握科学基本理论和基础知识，为将来献身祖国科技事业打下坚实的基础。他讲课内容丰富，注意启发学生，深入到物质变化的微观层次、运用基本规律分析复杂纷繁的化学现象，以求深刻理解这些现象的微观本质及它们之间的内在联系，进而能预见一些新现象。他很重视教材建设，认为一本好的教材对学生的学习有很大帮助。50年代他根据自己在北京大学几年中使用的物质结构讲义，精心整理，编写成《物质结构》一书，于1959年由高等教育出版社出版，并由高教部规定为全国统编教材。1965年为了适应工科、师范类院校的教学需要，他又编写了一本《物质结构简明教程》，内容丰富，条理清楚，概念表述准确、深刻，深受教师和学生的欢迎，成为在全国使用多年的教材，曾先后五次再版，在物质结构课的教学中发挥了重要作用。该书还在香港被翻印，受到港台读者的欢迎。

中国领导人邓小平1992年南巡到达江西时说过一句名言："中东有石油，中国有稀土。"稀土被人称为"工业维生素"，更被誉为"21世纪的黄金"，由于其具有优良的光、电、磁等物理特性，能与其他材料组成性能各异、品种繁多的新型材料，其最显著的功能就是大幅度提高其他产品的质量和性能。比如大幅度提高用于制造坦克、飞机、导弹的钢材、合金的战术性能。而且，稀土同样是电子、激光、核工业、超导等诸多高科技材料的润滑剂。1972 年，北大化学系接到紧急军工任务——分离稀土元素中性质最相近的"孪生兄弟"镨和钕，徐光宪和同事们接下了这项任务。为此，他奉献了整整三十年的光阴。他所创立并不断改进的稀土"串级萃取理论"及其工艺，令高纯度稀土产品的生产成本下降了四分之三，使中国生产的单一高纯度稀土产品至今占世界产量的九成以上，每年为国家增收数亿元。为此，徐光宪被称作"稀土界的袁隆平"。

徐光宪忠诚党的教育事业，矢志不移，献身科学研究与教育事业。他在生活和工作的进程中遇到过许多困难和挫折，但他从不气馁，而是百折不挠，坚定地向前奋进。他勤奋过人，从不懈怠，正如他自己说的：他的每一项成果都是和刻苦努力联系在一起的。

第 18 节　卢嘉锡与结构化学

卢嘉锡（图 1-28）1915 年 10 月 26 日出生于福建省厦门市。父亲设塾授徒，卢嘉锡幼时随父读书。他天资聪明，父母寄予厚望，渊源家学，诗词颇有根底，并擅长对联。

他 1930 年进入厦门大学化学系，1934 年毕业，同时修毕数学系主要课程。大学期间曾担任校化学会会长，毕业后留校任化学系助教三年。1937 年进伦敦大学学习，并在著名化学家萨格登指导下从事人工放射性研究，两年后获伦敦大学物理化学专业哲学博士学位。1939 年秋，他到美国加州理工学院，随

图 1-28　卢嘉锡

两度获得诺贝尔奖的鲍林(1954年的化学奖和1963年的和平奖)从事结构化学研究。后又在鲍林教授的挽留下继续工作了五年多。在此期间，他发表了一系列学术论文，其中不少成为结构化学方面的经典文献；此外，他还应聘到隶属于美国国防研究委员会第十三局的马里兰州研究室，参加战时军事科学研究，在燃烧与爆炸的研究工作中做出出色的成绩，于1945年获得美国科学研究与发展局颁发的"科学研究与发展成就奖"。

1945年冬，年方30岁的卢嘉锡满怀"科学救国"的热忱回到祖国，受聘到母校厦门大学化学系任教授兼系主任。1950年后，他开始培养研究生。他有一套比较先进的办学经验和教育思想，在他的努力下，厦门大学不再仅因经济系而闻名，同时因化学系的崛起而跻身全国重点大学之列。

1955年，他被选为中国科学院化学学部委员，同年被高等教育部聘为一级教授，是我国当时最年轻的学部委员和一级教授。1958年，他根据组织的决定，到福州参加筹建福州大学和原中国科学院福建分院，后经多次调整而建成中国科学院福建物质结构研究所。1960年任福州大学副校长和福建物质结构研究所所长，从系科布局、课程设置、图书订阅、科研设备购置、师资聘任到组织管理，卢嘉锡都付出了大量心血。

1972年后，卢嘉锡着手恢复福建物质结构研究所的科研队伍和设备，关心和指导该所结构化学、晶体材料、催化及金属腐蚀与防护等学科领域的研究工作，使这个所逐步成为具有明显特色的结构化学综合研究机构，特别是在原子簇化学和晶体材料科学方面成绩斐然，在国际上占有一席之地。

1981年5月，卢嘉锡出任中国科学院院长。他认真贯彻党中央关于科学技术工作的指导方针，领导中国科学院采取了一系列重大改革措施，诸如建立科研课题的同行评议制度；实行择优支持的经费管理办法；创建开放研究所和开放研究室；率先在中国科学院设立青年科学基金；加强与院外的横向联系，组织全国性联合攻关项目；稳定我国基础研究工作等。他还为加强中外科技界的友好交往与合作做了大量工作，为提高我国科技界特别是中国科学院在国际科技界的地位作出了贡献。

结构化学是物理化学的一个重要分支，早在 20 世纪 30 年代末，卢嘉锡就敏锐地意识到：物理化学的第一发展阶段即热力学阶段已臻完善，可能成为第二发展阶段的将是结构化学，他选择了这个学科作为研究的主要方向。

在美国加州理工学院，他参加了过氧化氢分子结构的研究。当时，物质的分子表征通常是以获得合格单晶为前提的，但因很难得到过氧化氢的单晶，以致测定这种简单化合物的分子结构成为当时的难题之一。卢嘉锡巧妙地用尿素过氧化氢加合物，并培养出这种加合物的单晶。有趣的是，在这种单晶中，过氧化氢分子并不因为尿素分子的存在而发生构型上的畸变。接着，他完成了晶体结构测定，证实彭尼萨塞兰对过氧化氢分子结构所作的理论分析。

1943 年，他采用电子衍射法研究了硫氮（S_4N_4）、砷硫（As_4S_4）等化合物的结构，并定出被他称为"摇篮"形的八元环构型。这一研究结果后来被多诺休所进行的晶体结构测定所证实。这些硫氮非过渡元素原子簇化合物在结构上具有的"多中心键"特征，曾引起卢嘉锡极大的兴趣，和他以后对固氮酶活性中心模型的研究有密切的关系。

在结构分析方法上，他提出过一种处理等倾角魏森堡衍射点的极化因子和洛伦兹因子的图解法，成为当时国际上普遍采用的一种较简便的方法，曾被收入《国际晶体学数学用表》。

在教学工作中，他是一位才华横溢而又勤奋严谨的人。他学识渊博且善于表达，讲起课来生动活泼，见解独到，板书格外工整清晰，课堂常常座无虚席，成为厦门大学最受欢迎的教授之一。

卢嘉锡在教学中，注重培养学生的思考能力和解决实际问题的能力。他虽然是一位数学功底很深的化学教授，却经常告诫学生，要学会对事物进行"毛估"。他说："毛估比不估好。"思考问题时要学会先大致估计出结果的数量级，尽量避开繁琐的计算，以便迅速地抓住问题的本质，必要时再仔细计算，这样可以提高解决问题的效率。为了培养具有全面素质的人才，他让学生记住一个奇特而有趣的结构式——C3H3，即 Clear Head（清楚的头脑）、Clever Hands（灵巧的双手）、Clean Habit（洁净的习惯）。

20 世纪 70 年代以后，他在国内最早倡导开展过渡金属原子簇化合物研究，并抓住这一方向进行深入系统的工作。以卢嘉锡为首的研究集体在合成和表征了 200 多种新型簇合物的基础上总结和发现的两个重要规律，即"活性元件组装"和"类芳香性"，受到美、英、日、德、法、苏等几十个国家同行专家的重视，对国际原子簇化学的发展产生了深远影响。

由于卢嘉锡在原子簇化学方面的突出贡献，曾获得 1991 年中国科学院自然科学一等奖和 1993 年国家自然科学二等奖。1988 年，他当选为第七届全国政协副主席，并任中国科学技术协会副主席，中国和平统一促进会会长，中国科学院主席团执行主席。1993 年 3 月当选为第八届全国人民代表大会常务委员会副委员长。

卢嘉锡是一位在国际科学界享有崇高威望的科学家，获得过一系列国际荣誉和学衔：1984 年被选为欧洲文理学院外域院士；1985 年当选为第三世界科学院院士和该院理事会理事；1987 年荣获比利时皇家科学院外籍院士称号，同年接受英国伦敦市立大学授予的理学名誉博士学位；1988 年 10 月被任命为第三世界科学院副院长，是担任这一职务的第一位中国科学家。

世界近代化学

从 1661 年波义耳始创近代化学到 1860 年阿伏加德罗分子论学说确立，近代化学大约发展了两百年，在两百年里化学已经由新生、成长到成熟，形成了一个完善的科学体系。

定量化学时期，是 1775 年前后，拉瓦锡用定量化学实验阐述了燃烧的氧化学说，开创了定量化学。这一时期建立了不少化学基本定律，提出了原子学说，发现了元素周期律，发展了有机结构理论。所有这一切都为现代化学的发展奠定了坚实的基础。现在看来很简单的相对原子质量，贝采里乌斯用了 20 多年的时间进行测定。从贝采里乌斯身上，我们会体会到艰苦劳动的必要；从瑞利身上，我们会懂得科学的严谨；从阿伏加德罗身上，我们会懂得应坚持真理，不能迷信权威；从前仆后继制备氟气的实验中，我们会明白为了科学要勇于献身；而化学家之间的辩论，又会使我们明白研究问题时交流的重要性……

化学家所处的环境、当时化学的发展水平及主要的思想认识，是任何发现都必不可少的客观条件。化学家们在做出重大发现时的思路，所做的一系列实验和所经历的失败；化学家之间的交流与辩论；整个化学发现过程中力求的清晰和条理化，……对于我们来说，这些都是极为生动的教材，对于提高我们的思维能力，开阔科学视野，培养科学精神都大有益处。

化学家对化学事业的执着追求和不惜牺牲生命的精神令人敬佩，他们有崇高的理想、无畏的品质、坚韧的毅力和迷人的智慧，这一切会使我们备受激励。另外，化学家是人不是神，不是生来就是化学家。他们奋发成才的历程，也是意志力量成长的过程，激励我们增强意志和信心。

让我们一道去体验当年化学家所经历的艰难险阻，在近代化学史峰回路转的曲折历程中不倦跋涉，领略他们拨开重重迷雾、建立新理论、发现新元素、提出新方法时的无限风光！

第1节　波义耳与元素

波义耳（Robert Boyle）（图2-1）生活的英国资产阶级革命时期，是近代科学开始出现的时代，也是一个巨人辈出的时代。

就在他诞生的前一年，提出"知识就是力量"著名论断的英国哲学家培根刚刚去世；伟大的物理学家牛顿比波义耳小16岁；近代科学伟人——伽利略、开普勒、笛卡儿都生活在这一时期，在这个时代

图2-1　波义耳

和环境里，各学科思想深深影响着波义耳。

他1627年1月25日生于爱尔兰利兹莫城一个贵族家庭，父亲是伯爵，优裕的家境为他的学习和日后的科学研究提供了较好的物质条件。童年时，波义耳并不显得特别聪明，他很安静，

说话还有点口吃。没有哪样游戏能使他入迷，但是比起他的兄长们，他却是最爱学习的，酷爱读书，经常书不离手，是贵族家庭中的读书狂。8岁时，父亲将波义耳送到伦敦郊区的一所专为贵族子弟办的寄宿学校里学习了3年。

随后，波义耳和哥哥一起在家庭教师陪同下来到当时欧洲教育中心之一的日内瓦学习了两年。在这里，他学了法语、实用数学和艺术等课程。更重要的是，瑞士是宗教改革运动中出现的新教的根据地，反映资产阶级思想的新教教义熏陶了他。1641年，波义耳兄弟又在家庭教师陪同下游历欧洲，年底到达意大利。在旅途中，即使骑在马背上，波义耳仍手不释书。

1644年，他的父亲在一次战役中死去。家庭情况的突变，经济来源的中断，使波义耳回到战乱的英国。回国后，他随姐姐一起迁居到伦敦。在伦敦，他结识了科学教育家哈特利伯，哈特利伯鼓励他学习医学和农业。由于波义耳从小体弱多病，在哈特利伯的鼓励下，他下定决心研究医学。

因为当时的医生都是自己配制药物，所以研究医学也必须研制药物和做实验，这就使波义耳对化学实验产生了浓厚的兴趣。在研究医学的过程中，他翻阅了医药化学家的许多著作。波义耳建造了一个实验室，整日浑身沾满了煤灰和烟，完全沉浸于实验之中。他就是这样开始了自己献身于科学的生活，直到1691年底逝世。

只要对化学知识有所了解的人都会知道"指示剂"这种物质。无论是学校、科研机构，还是工厂的化学实验室，石蕊、酚酞、甲基橙等指示剂以及石蕊试纸、pH试纸等各种试纸，都是这些实验室所必备和常用的。我们学生时代第一次接触的化学实验就是观察石蕊试纸怎样改变颜色。

在16世纪或者更早一点，人们已经认识到某些植物的汁液具有着色的功能，在那个时候，法国人已经用这些植物的汁来染丝织品。也有一些人观察到许多植物的汁液在某种物质的作用下会改变它们的颜色。例如，有人观察到酸可以使某些汁液变成红色，而碱则能够把它们变成绿色或蓝色。但是，因为在那个时候还没有任何人对酸和碱的概念下过确切的定义，所以，这些酸和碱能够使植物的汁液改变颜色的现象并未受到人们的重视。

第一个明确酸碱的定义以及第一个发现指示剂的是波义耳。一天早晨，波义耳正在准备晨间检查时，一个园丁走进工作室，把一盆美丽的深紫色紫罗兰放在一个角落。波义耳非常喜欢这种花，便摘了一支。实验室里正在加热蒸馏制备浓硫酸，波义耳刚把实验室门打开，缕缕浓烟就从玻璃接收器里冒出来。他把紫罗兰放在桌子上，刺激性蒸气慢慢地扩散到桌子周围，当波义耳从桌子上拿起那支紫罗兰时，他惊讶地看到紫罗兰变成了红色。波义耳没有忽略这个奇怪的现象，马上采来各种花进行花草和酸碱相互作用的实验。经过实验，他发现大部分花草受酸或碱的作用都能改变颜色。其中从石蕊中提取的紫色浸液和酸碱作用最有意思：和酸作用能变成红色，和碱作用能变成蓝色。后来波义耳就用这种石蕊浸液把纸浸透，然后再烤干，用以测试溶液的酸碱性，这就是著名的石蕊试纸（图2-2）。石蕊试纸的发明，为科学研究工作带来了很大的方便。

图2-2　石蕊试纸

波义耳还根据实验阐明了气压升降的原理，并发现了气体的体积随压强而改变的规律，后来被称为波义耳定律（图2-3）。

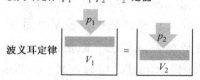

波义耳定律: $p_1 \cdot V_1 = p_2 \cdot V_2 = $ 定值

图2-3 波义耳定律

波义耳的最大贡献是给化学元素提出了科学的定义，把化学确立为科学，成为近代化学的奠基人。在波义耳时代，化学还深深地禁锢在经院哲学之中。这种哲学对化学科学的束缚表现在，化学家把以亚里士多德为首的逍遥派哲学家的观点奉为圣典，认为：冷、热、干、湿是物体的主要性质，这种性质两两结合就形成了土、水、气、火"四元素"。

1661年波义耳综合分析了前人积累的资料，并反复进行科学实验后指出："元素是组成复杂物质和在分解复杂物质时最后得到的那种简单的物质。"第一次为元素确定了科学的概念，建立了元素理论。

现在看来，波义耳的元素概念实质上与单质的概念差不多，元素的定义应是具有相同核电荷数的同一类原子的总称，它摆脱了"四元素说"的桎梏。波义耳当时能批判"四元素说"而提出科学的元素概念是相当的不简单，它是人类认识上一个了不起的突破，使化学有可能真正发展成科学，这是化学发展史上一个划时代的转折。

化学史家都把波义耳的《怀疑派化学家》这本书问世的1661年作为近代化学的开始年代，可见波义耳以及这本著作对化学发展具有重大的影响。波义耳具有科学胆略、远见卓识、破旧立新的创造精神，他善于发现和抓住科学领域里的新问题进行探索和揭示。当时化学还没从自然哲学中分化出来，化学的研究还停留在炼金术和探求长生不老的医药化学以及对当时采矿业中矿石的一些实验描述上。他看到当时其他学科如数学、天文学等，已从科学中分化出来，确立了自己的研究领域，并成为理性的学科，认为化学也是一门重要的自然科学，而不只是一种实用工艺或神秘科学，应该有它的内部规律。

　　科学实验是科学认识活动的直接和重要基础，实验可以把感性认识和理性思维有机地结合起来，成为证明和发展科学知识的有效手段。波义耳一生都非常重视实验，同时也重视对实验的理论分析。他认为，实验材料是理论家用来进行思维加工的，应该用这些材料作研究的依据，从中提出科学的见解，来对历史上发生的事件或现象做出因果性的解释。可见，波义耳重视实验，但并没有忽视理论思维，他从理论上解决了当时化学面临的一系列问题，把化学引向了康庄大道。

第2节　舍勒与氧气

图 2-4　舍勒

　　舍勒（Carl Wilhelm Scheele）（图 2-4）是瑞典著名化学家，氧气的发现人之一，同时对氯化氢、一氧化碳、二氧化碳、二氧化氮等多种气体，都有深入的研究。

　　1742 年 12 月 19 日，舍勒生于瑞典的斯特拉尔松。由于经济上的困难，舍勒只勉强上完小学，年仅 14 岁就到哥德堡的班特利药店当了学徒。药店的老药剂师鲍西是一位好学的长者，他整天手捧书本，孜孜以求，学识渊博，同时，又有高超的实验技巧。鲍西不仅制药，而且还是哥德堡的名医。名师出高徒，鲍西的言传身教，对舍勒产生了极为深刻的影响，在工作之余他勤奋自学，如饥似渴地读了当时流行的制药化学著作，还学习了炼金术和燃素理论的有关著作。他自己动手，制造了许多实验仪器，晚上在自己的房间里做各种各样的实验。一有时间，他就钻进他的实验室忙碌起来。有一天，他在后院做实验，顾客们听到后院传来一声爆鸣，店主和顾客还在惊诧之中，舍勒满脸是灰地跑来，兴奋地拉着店主去看他新合成的化合物，完全忘记了一切。对这样的店员，店主是又爱又气，但也不想辞退他，因为舍勒是这个城市最好的药剂师。

他做了大量艰苦的实验，合成了许多新物质，例如氧气、氯气、焦酒石酸、锰酸盐、尿酸、硫化氢、氯化汞、钼酸、乳酸、乙醚等，至今还在使用的绿色颜料舍勒绿，就是舍勒发明的亚砷酸氢铜($CuHAsO_3$)。如此之多的研究成果在 18 世纪是绝无仅有的，但舍勒只发表了其中的一小部分。直到 1942 年舍勒诞生 200 周年的时候，他的全部实验记录、日记和书信才经整理正式出版，共有 8 卷。其中舍勒与当时不少化学家的通信引人注目，通信中有十分宝贵的想法和实验过程，起到了互相交流和启发的作用。法国化学家拉瓦锡对舍勒十分推崇，使得舍勒在法国的声誉比在瑞典国内还高。

在舍勒与大学教师甘恩的通信中，人们发现，由于舍勒发现了骨灰里有磷，启发甘恩后来证明了骨头里面含有磷。在这之前，人们只知道尿里有磷。

舍勒还发现了氧气的制法（图 2-5），研究了氧气的性质。他发现可燃物在这种气体中燃烧更为剧烈（图 2-6），燃烧后这种气体便消失了，因而他把氧气叫作"火气"。他将他的发现和观点写成《论空气和火的化学》。

图 2-5　氧气的制法　　　　图 2-6　可燃物在
　　　　　　　　　　　　　氧气中会剧烈燃烧

　　1770 年夏季，经贝克曼的鼓励和推荐，舍勒来到乌普萨拉，进入洛克的企业工作，这里有很好的实验条件。不久他又结识了贝克曼的助手、当时已有很高声望的化学家甘恩，并建立起深厚的友谊。舍勒在这里工作了大约 5 年，完成了很多杰出的研究，有许多重大发现。

　　尽管舍勒并没有上多少学，但是他却从未间断读书。在哥德堡期间，舍勒利用晚上时间认真钻研施塔尔等化学家的著作。到马尔摩城后，舍勒又倾其所有从哥本哈根购买大量最新书籍，并反复阅读了这些书籍。通过阅读，舍勒获得很大启发。他曾回忆说："我从前人的著作中学会很多新奇的思想和实验技术。"

　　1775 年 2 月，33 岁的舍勒当选为瑞典科学院院士。由于经常彻夜工作，加上寒冷和有害气体的侵蚀，舍勒得了哮喘。但他依然不顾危险经常品尝各种物质的味道——他要掌握物质各方面的性质。他品尝氢氰酸的时候，还不知道氢氰酸有剧毒。1786 年 5 月，为化学的进步辛劳一生的舍勒不幸去世，终年只有 44 岁。

第3节　拉瓦锡与质量守恒

图 2-7　拉瓦锡

拉瓦锡（A. L. Lavoisier）（图 2-7）是法国著名化学家，近代化学的奠基人之一。他推翻了"燃素说"；发现了"质量守恒定律"；证明了水是氢氧化合物；规范了化学方程表达式；定义了元素和元素分类；确立了化学的定量研究方法。他出版的《化学纲要》《化学基础讲义》被后人奉为现代化学的经典。

拉瓦锡于 1743 年 8 月 26 日生于巴黎一个富裕的律师家庭，从小受到良好的教育。5 岁那年母亲因病去世，从此他在姨妈的照料下生活。11 岁时进入当时巴黎的名牌学校——马沙兰学校。1763 年在索尔蓬纳学院法学系毕业之后，按照家庭的打算继承父业，成为一名律师。

但是，拉瓦锡在大学里已对自然科学产生了浓厚兴趣，主动拜一些著名学者为师，学习数学、天文、植物学、地质矿物学和化学。拉瓦锡的第一篇化学论文是关于石膏成分的研究。他用硫酸和石灰合成了石膏。当他加热石膏时放出了水蒸气，并用天平（图 2-8）仔细测定了不同温度下石膏失去水蒸气的质量。从此，他的老师鲁伊勒就开始使用"结晶水"这个名词了。这次成功使拉瓦锡开始经常使用天平，并总结出了质量

图 2-8　最早的天平

守恒定律。质量守恒定律成为他的信念，成为他进行定量实验、思维和计算的基础。例如，他曾经应用这一思想，把糖转变为酒精的发酵过程表示为下面等式：

$$葡萄糖 = 碳酸(CO_2) + 酒精$$

这正是现代化学方程式的雏形，用等号而不用箭头表示变化过程，表明了他守恒的思想。

1772年秋，拉瓦锡照习惯称量一定质量的白磷使之燃烧，冷却后又称量了燃烧产物 P_2O_5 的质量，发现质量增加了！他又燃烧硫黄，同样发现燃烧产物的质量大于硫黄的质量。他想这一定是什么气体被白磷和硫黄吸收了，于是又做了更细致的实验：将白磷放在水银面上，扣上一个钟罩，钟罩里留有一部分空气。加热水银到40℃时白磷就迅速燃烧，之后水银面上升。拉瓦锡描述道：这表明部分空气被消耗，剩下的空气不能使白磷燃烧，并可使燃烧着的蜡烛熄灭。增加的重量和所消耗的1/5容积的空气重量接近相同。

这说明空气中含有1/5的氧气，其余的气体拉瓦锡将它称为"碳气"。研究了空气的组成后，拉瓦锡总结道："大气中不是全部空气都是可以呼吸的；金属焙烧时，与金属化合的那部分空气是氧气，最适宜呼吸；剩下的部分是一种'碳气'，不能维持动物的呼吸，也不能助燃。"他把燃烧与呼吸统一起来，结束了空气是一种纯净物质的错误见解。

质量守恒定律是定量研究化学变化的依据，在近代化学的发展中产生了深远的影响，一切物质的产生都不可能违背它、改变它，它是自然界物质变化与发展中普遍遵守的基本定律。自波义耳以后，定量方法在化学研究中的运用更加普遍。要进行定量研究就要把数学引入化学，使数学方法和化学研究相结合，研究化合物组成的数量关系，研究化学反应中反应物之间、反应物和生成物之间以及生成物之间的数量关系。通过对这些数量关系的探讨，找出可通用的方程或公式。化学计量学的产生，使人们对化合物和化学反应从定性的了解向定量的认识迈进，质量守恒定律的发现正是定量方法在化学研究中取得的硕果。

图 2-9　拉瓦锡和夫人

从 1778 年起，拉瓦锡逐个取得了化学研究上的重大突破，步入化学家的行列。他才华横溢，精力充沛，逐渐成为科学界乃至政坛的一位新星，还担任了火药与硝石管理局局长（图2-9）。1768 年，拉瓦锡为了谋取科研经费建立实验室，曾贷款五百万法郎入"包税公司"，当包税官。

1793 年 11 月，国民议会下令逮捕"包税公司"所有成员，世界闻名的法国科学院院士拉瓦锡向国民议会求情，没有得到特许，便主动入狱。在入狱到被处死的 7 个月间，他仍痴迷于化学研究，写了多部化学著作，意欲将其贡献给后人。他请求"情愿被剥夺一切，只要让我当一名药剂师"，但遭到新政府的拒绝。

这位伟大的科学家在巴黎被判处死刑。1794 年 5 月 8 日，18 世纪最伟大的科学家之一，现代化学之父拉瓦锡，被法国人民以革命的名义送上了断头台。当他向人民法庭要求宽限几天执刑，以整理他最后的化学实验结果时，得到的回答是 200 多年后仍然令人毛发悚然的断喝："共和国不需要学者！"

把拉瓦锡送上断头台的，是法国革命史上声名显赫的马拉医生。马拉在 1780 年以他对火焰的研究申请法国科学院院士时，得到拉瓦锡的评价是"乏善可陈"。断了科学家辉煌美梦的马拉，在法国大革命中叱咤风云，终于假"革命"之手把宿敌置于死地。

　　1794 年 5 月 8 日那天下午，拉瓦锡和 28 名包税官被执刑。拉瓦锡是第四个被拉上断头台的(图 2-10)。他还有许多事情要做：研究氧气在人体呼吸过程中的化学变化，实验对象装在密闭的丝袋，口鼻接着试管烧瓶，连同分泌的汗水精确称重；他认为呼吸和燃烧有许多相通之处。在断头台上，拉瓦锡亲自做了平生这最后的一个实验！

图 2-10　拉瓦锡被送上断头台

　　死时，拉瓦锡年仅 51 岁！一位杰出的科学家落得这样一个可悲的结局，许多人都对此深感惋惜。随着法国新革命政府的失败，法国为拉瓦锡举行了庄严盛大的追悼会。狂热过后，法国人终于懂得了拉瓦锡的价值。在他死后不到两年，巴黎为他竖起了半身塑像。

　　拉瓦锡是近代化学的奠基人之一，他的名字是同 18 世纪下半叶的化学革命联系在一起的。拉瓦锡的化学革命不仅仅是燃烧理论的变革，而且是整个化学观念的变革。拉瓦锡把研究的目标定在燃素说不能解释的一些现象上。在科学的发现和发明过程中，新思想和新理论总是出现在那些原有理论无法解释或与之有冲突和矛盾的那些方面。拉瓦锡对那些用燃素说无法解释的现象，不是采取拓展，而是用自己的观点认识和思考，透过现象看本质，不受燃素说的束缚，从新的角度思考问题，解释实验现象，最终发现了燃烧氧化理论。

　　回顾拉瓦锡从事化学研究的历史，我们可以清楚地认识到精确的科学测量的重要性，他把系统的、严格的定量方法引入化学实验研究之中，从而使化学研究的基本方法发生了质的飞跃。因此，运用实验思维方法的认识工具作为指导，在科学实验中对实验结果进行创造性的推理，是认识事物的本质规律和推动科学发展的重要途径。

　　拉瓦锡的悲惨结局也让我们思考：如果他在政治上与大革命的洪流相吻合，如果他作为一个伟大的科学家而不成为官禄、权势、金钱的奴隶，那么，也许他在科学上的成就将更加不可估量。

第4节　戴维与多种新元素

图 2-11　戴维

　　如果说人生是一场传奇，那么在无数的化学群星中，最具有传奇经历的化学家莫过于著名的英国化学家戴维（Humphry Davy）（图2-11）。他出身寒微，天资甚高，发奋自学后终于成为爵士而挤入贵族行列，但晚年却客死他乡，留给世人无尽的感叹和遗憾。

1778 年 12 月，戴维出生于英国。他的父亲是一位木雕师，母亲十分勤劳，但他们的生活并不富裕。父母含辛茹苦地养育着戴维和他的四个弟妹，并希望他们受到良好的教育。幼年时他活泼好动、富有激情，爱好讲故事和背诵诗歌，时常还编些歪诗取笑小伙伴和老师。他成绩最好的功课是将古典文学译成当代英语，但即使最喜欢的功课也比不上他对钓鱼、远足的喜爱。有时玩得高兴，他竟忘记了上课。幸好母亲对他的学习非常重视，且很有耐心，使他能较好地完成学业。在这种自由、愉快的童年生活中，小戴维有足够的时间思考、想象，形成了他热情、积极、独立、不盲从、富于创造的个性。他所在的学校是 18 世纪末英国较好的中学，他在这里学到了多方面的知识。

1794 年，戴维的父亲去世。母亲带着五个孩子，日子实在无法维持。戴维作为长子，第一次体会到生活的艰辛，他不得不听从母亲的安排，到一家药店当学徒，也好省一张吃饭的嘴。在那时，学徒与一般干活的伙计不同，学徒是只管饭而没有工钱的，但年少的戴维还不知世事。这天，是月底发放工资的时间，戴维看到别人领了工资，他却分文没有，就伸手向老板要。老板说："让你抓药你还不识药方，让你送药你还认不得门牌，你这双没用的手怎好意思伸出来要钱！"店里师徒、伙计们哄堂大笑，戴维羞愧满面，转身就向自己房里奔去，一进门扑在床上，眼泪唰唰地流了下来。

而外面，刚发了工资的师徒、伙计们正大呼小叫地喝酒猜拳。他从前哪里受过这种羞辱，可是心里一想：现在不比在学校、在家里，再说就是跑回家去，四个弟妹也都是向母亲喊肚子饿，难道我也再去叫母亲为难吗？想到这里，他一翻身揪起自己的衬衣，"刺啦"一声撕下一块，随即又咬破中指在上面写了几句："莫笑我无知，还有男儿气。现在从头学，三年见高低。"写毕，便冲出门去。

外面店员们正闹哄哄向老板敬酒献殷勤，不提防有人"啪"的一声将一块写了几行字的白布压在桌子中央。再一细看，竟是鲜血涂成。大家大吃一惊，忙抬头一看，只见戴维挺身立在桌旁，眼里含着泪水，脸面紧绷，显出十分的倔强。他们这才明白，这少年刚才受辱，自尊心被伤得太重，忙好言相劝拉他入席。不想戴维却说："等到我有资格时再来入席。"说完返身便走。

就从这一天起，戴维发奋读书，他给自己订了自学计划，仅语言一项就有七种。同时，他又利用药房的条件研究化学，开始自学拉瓦锡的《化学纲要》等著作，以弥补自己知识的不足。

那段时间，恰好格勒哥里·瓦特(发明家瓦特的儿子)来此地考察，戴维闻讯后登门求教，格勒哥里·瓦特很喜欢这个聪明、勤奋好学的年轻人，帮他答疑解惑。就这样，在学徒期间，戴维的知识有了很大的长进。不到三年，在这间药铺里戴维已是谁也不敢小看的学问家了。

其实世界上许多人都是有才的，就看他肯不肯学、花了多少时间去学。人生路上适当的打击、挫折也是必需的，否则其潜能不能被自我挖掘。戴维本是有才之人，一朝"浪子回头"用在治学上，自然如干柴见火，终于发出了许多的光和热。

1798 年，格勒哥里·瓦特介绍戴维到布里托尔一所气体疗病研究室当管理员。戴维对这里有更好的学习和实验机会感到满意。不久，研究室的负责人贝多斯教授发现他有精湛的实验技术，是个有前途的人才，就提出愿意资助戴维进大学学医。但这时，戴维已下定决心终生从事化学研究。

戴维加入贝多斯创建的一所气体研究所，研究的第一种气体是一氧化二氮(图 2-12)。按照美国化学家米切尔的观点，一氧化二氮对人体是有害的，当任何人吸入这种气体后就会受到致命的打击。戴维并不盲从米切尔，他反复进行试验，发现一氧化二氮对人体并无害处，人吸入了这种气体后，会产生一种令人陶醉的感觉。

图 2-12　一氧化二氮
也称为"笑气"

在研究一氧化二氮过程中，还发生了一场喜剧。一天戴维制取了一大瓶一氧化二氮放在地板上。这时贝多斯来了，他一走进实验室就夸奖戴维说："看来我请你来是太对了，你的工作我很满意。"

说着他一转身碰到一个大铁三角架，三角架掉了下来，正好砸在装着大量一氧化二氮的瓶子上，瓶子碎了。实验室里充满了这种气体。忽然一向孤僻、冷漠、不苟言笑的贝多斯哈哈

图 2-13　吸入"笑气"后
就会哈哈大笑

大笑起来（图 2-13），随后戴维也大笑起来。两人的笑声震撼了整幢房子。隔壁实验室的助手们全都跑来了，看到他们竟然狂笑成这个样子，大惑不解，以为他们犯了神经病。突然助手们明白了，他们俩一定是气体中毒。的确，当贝多斯稍稍平静下来时说："戴维，您的气体让我笑得要死，咱们快出去透透风吧。"

就是通过这次小喜剧事件，戴维发现了一氧化二氮对人体的刺激作用，所以戴维建议，一氧化二氮可以用在外科手术上。

戴维关于一氧化二氮对人体作用的论著在 1800 年出版，对一氧化二氮的麻醉作用进行了全面的评价，认为它是有历史记录以来最好的麻醉剂。从此，牙科和外科医生开始利用一氧化二氮作麻醉剂（图 2-14）；马戏团的小丑也要在上场之前吸一点

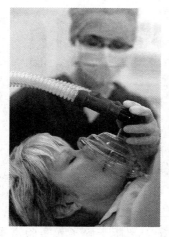

图2-14 一氧化二氮可作麻醉剂

一氧化二氮，因为它对人的面部神经有奇异的作用，使人产生意味不同的狂笑。一氧化二氮被人称为"笑气"而传播开来。

1801年戴维被选入皇家学院，担任学院的讲师。皇家学院的宗旨是传播知识，为大部分人提供技术训练，鼓励新的有用机器的发明和改进，并且举行定期的讲演以宣传上述成果。在戴维任职期间，这种讲演进行得更为频繁。他本人就是一位卓越的演说家，成功地吸引了广大的学生、科学家和科学爱好者，其中也不乏无所事事的公子小姐来附庸风雅。于是，在很短的时间内戴维就成了伦敦的名人，而且在伦敦城里，科学变得更加时髦起来，皇家学院成了英国科学研究中心和讲演科学的重要场所。

戴维把化学元素分成正电性和负电性，只有带不同电性的元素才能化合形成中性物质，这些中性物质又能被电流极化和分解。每种元素都具有或正或负、或强或弱的电性，这决定了它们间的化学亲和力——强正电性的元素与强负电性的元素间的化学亲和力强，故非常容易化合，生成稳定的化合物。后来戴维在密闭的坩埚中电解潮湿的苛性钾，终于得到了银白色的金属。戴维把它投入水中，开始时它在水面上急速转动，发出嘶嘶的声音，然后燃烧放出淡紫色的火焰。他确认自己发现了一种新的金属元素。由于这种金属是从钾草碱中制得的，所以将它定名为钾。后来他又用电解的方法制得了金属钠、镁、钙、锶、钡以及非金属元素硼和硅，成为化学史上发现新元素最多的人。

当我们惊叹于戴维敢于突破权威、尊重事实、富于创新精神时，当皇家学院讲座的听众们为戴维不断的发现折服不已时，戴维的健康却在透支，疯狂地工作使他十分衰弱。一次，他应邀到监狱考察流行的伤寒病，自己却受到了感染，在医院里几经抢救才渐渐恢复。

出院后戴维在家疗养，一天他收到一封信和一本 368 页装帧精细的书，书的封面写着《戴维爵士讲演录》，书中却是手写体，还有许多精美的插图。信中写道："我是印刷厂装订书的学徒，热爱科学，听过您的四次演讲。现将笔记整理呈上，作为圣诞节的礼物。如能蒙您提携，改变我目前的处境，将不胜感激——法拉第。"

戴维看了感慨万千，联想到自己的身世，他马上给法拉第写信，约他一个月后会面。不久，戴维安排法拉第在他的实验室当助理。虽然要做很多清理和洗刷仪器等勤杂工作，法拉第却能耳濡目染戴维和他的助手们有关科学的谈论以及他们的实验过程，他感到很高兴。戴维很快就看出了法拉第的才能，逐渐放手让他多参与实验甚至独立工作。

当时蒸汽机广泛使用，煤炭开采供不应求，矿井的瓦斯爆炸事件频繁。在法拉第的协助下，戴维将矿灯的外面加了一个金属丝网做的外罩，金属丝网导走了矿灯火焰的热量，使可燃气体达不到燃点，瓦斯就不会爆炸了。这种安全矿灯使用了一百多年，拯救了全世界千千万万矿工的生命。矿灯发明之时，正值威灵顿在滑铁卢大败拿破仑后不久。因此，有人把戴维发明安全矿灯与其并称为英国的两大胜利。自此，法拉第这个贫穷的订书工逐渐成为世界著名的科学家，而戴维也步入了科学的顶峰。

1816 年法拉第开始在英国皇家学院举办了一系列的讲演，取得了辉煌的成功。1825 年他接替戴维当了实验室主任。随着法拉第的声誉日高，人们常说："戴维最伟大的发现是发现了法拉第。"

　　在 18~19 世纪的化学发展史上，发现化学元素最多的化学家有两位，一位是瑞典化学家贝采里乌斯，另一位就是戴维。戴维在化学上的贡献是多方面的，而最卓越的成就是对电化学的研究。他用电解法发现了钾、钠、镁、钙、锶、钡等多种金属元素，是电化学的创始人之一。1820 年，他获得了科学界的崇高荣誉，当选为英国皇家学会主席，英王还授予他勋爵称号。

　　戴维在 1820 年当选为英国皇家学会主席以后，皇家学会变得更加生气勃勃，吸引了大量科学家。戴维希望这些同事都要尽力，并希望从英国政府得到最大的支持。他还建议大不列颠博物馆效法巴黎的自然历史博物馆，不仅供大家参观，也要成为研究中心。

　　1826 年戴维因健康原因退出学术研究领域，1829 年卒于瑞士日内瓦，客死他乡，年仅 51 岁。

　　戴维是一位没有读过大学而自学成才的杰出化学家，他的成功留给我们哪些启示呢？

　　第一，成才的道路是广阔的。所谓成才之路，就是人才主体把个人素质与社会实践需要结合起来，实现理想和成才目标，为社会、为人类做出贡献的成长道路。虽然成才的道路很宽广，但归结起来不外乎两条：一条是学院式成才之路，一条是自学成才之路。戴维就是自学式成才的典范。

　　第二，失败是成功之母。无论是什么人，一生顺利且从未尝过失败的滋味，是不可能的。不管你有多伟大，多么不同凡响，只要你是一步一步地走着人生之路，那么就或多或少地会经历失败。戴维说："我的那些最重要的发现都是受到失败的启

化学史话

示而做出的。"宽容失败是催生创新成果的温床，如果我们一味强调成功、惧怕失败，就必然导致思想保守、避难求易，进而心浮气躁。挫折会给人以打击，给人带来损失和痛苦，但也能使人奋起、成熟，从中得到锻炼。戴维从失败之树上摘取了胜利之果，伴随着不断的失败，他得到了成功。所以苦难对于天才是一块垫脚石，对于能干的人是一笔财富，对于弱者是一个万丈深渊。

第三，超强的实验研究能力是他取得伟大成就的重要条件。在进行气体研究时，戴维的容量分析实验技术十分高明，以惊人的速度获得实验结果。他并不盲从，对于重复和证明别人的发现不感兴趣，但在创新上却表现出很大的兴趣和毅力，因而，他可以发现别人不曾发现的那么多新元素，解决别人不曾解决的那么多新问题。这位年轻时就做出了不少惊世之举而成为举世瞩目的化学家，以高明的实验技术和实际行动显示了科学的意义，为提高科学的社会地位做出了突出的成绩。

第5节　法拉第与电解当量

法拉第（Michael Faraday）（图2-15）是英国物理学家、化学家，也是著名的自学成才的科学家。1815年5月到皇家研究所在戴维指导下进行化学研究；1824年1月当选皇家学会会员；1825年2月任皇家研究所实验室主任；1831年，发现了电解当量定律，永远改变了人类文明。

图2-15　法拉第

法拉第于 1791 年出生在英国伦敦附近的一个小村里。他的父亲是个铁匠，体弱多病，收入微薄，仅能勉强维持生活的温饱。但是父亲非常注意对孩子们的教育，要他们勤劳朴实，不贪图金钱地位，做正直的人，这对法拉第的思想和性格产生了很大的影响。

图 2-16　小报童

由于贫困，家里无法供他上学，法拉第幼年时没有受过正规教育，只读了两年小学。12 岁那年，为生计所迫，他上街头当了报童（图 2-16）。第二年，法拉第到伦敦一个订书铺里当学徒。主人让他先试用一年，还要他去跑街送报。他没有别的奢望，感到跑街送报也不错，每天把报纸送给租阅的人，到时再取回来。主人对法拉第办事认真的态度和良好的职业道德颇为赞赏，之后，便订了 7 年合同，安排他负责装订科学书籍。从此，他便当上了订书铺的订书工。

没有进过学校的法拉第，由于在订书铺经常能接触到图书，他发现书里有无尽的知识。这时的法拉第还没有表现出超人的天资，但他非常喜欢书，对于那些根本读不懂的书也能一遍又一遍地读下去。

虽然那些书并不是为他准备的，但是他充分地利用了它们——其实人生的很多机会也是这样，它们并非刻意为谁而准备，主要看谁能抓住机会。法拉第只要一有空闲，就会抓紧时间阅读装订的书籍。主人对一个孩子如此喜欢书感到很奇怪，便对他说："你尽管读吧。你不会因为读懂了书的内容，便成为一个差的订书工的。"小法拉第因此获得了合法的读书权利。

在这期间，法拉第浅尝了当时许多高等文人才能读到的书，一些哲学书籍常常引起他的深思；而一些科学书籍更把他的爱好引到科学轨道上。他很喜欢一本实验化学的书，但要读懂它并不容易。法拉第并没有气馁，读不懂就去做实验。他把每周很少的零用钱节省下来，购买最简单的化学实验仪器，参照书上的内容一个个地做了许多实验。这引起了他对化学的浓厚兴趣，他立志要当一名化学家！

法拉第在装订百科全书时，看到了一篇关于电学方面的论文，尽管内容在现在看来是很肤浅的，可是法拉第这个对电毫无知识的门外汉要读懂它却很困难，但他却硬读下去。他很快地学会了那篇论文里的知识，法拉第开始对电产生了很大的兴趣。

法拉第在读那些书的时候，不盲从地相信书中作者的结论，在可能范围内，他总要亲自做一下实验，认真地研究一番。往往他在白天繁重的订书劳动之后，深夜才能进行实验。有时主人的呼唤，不得不使他的实验中断，但他必须找时间做完才肯罢休。繁重的劳动和贫穷，没有阻挡住法拉第学习上的进步。

1810年春天，法拉第走过一家店铺门口，看见窗户上贴着一张广告：每晚6时将有关于自然哲学方面的讲演。听讲费是每次一先令。收入微薄的法拉第，购买实验仪器已经用去了他全部的零用钱，哪有条件去购买听讲演的入场券呢？他的哥哥了解到弟弟的困难后，拿出钱鼓励他去听讲演。

从此，法拉第多次到那里听讲演。每次听完后，他总要把记录整理清楚，有的地方还设法用图表示出来。对于科学的热情，随着知识的增多越来越高涨，法拉第产生了一个念头，他要到英国皇家学院去听戴维的讲演。

戴维当时已经是伦敦的一位著名讲演家，也是世界上享有盛名的化学家。一个订书工要听这样名人的讲演，似乎有些太不可思议。法拉第不顾这些，他大胆地把自己的想法跟店主人讲了。店主人也许是出于对法拉第这种狂妄心理的好奇，竟然出人意料地答应了他的请求。法拉第马上买了四张入场券，他开始去听戴维的演讲。

此时已经是 1812 年初，法拉第的学徒生涯也该要结束了，他开始思考自己的未来。那时他仍坚持去听戴维的讲演，他把讲演内容记录下来，回来时又重新誊写一遍，凡是他认为可以引申的地方还加以补充，而且他还要亲自做实验，然后再把实验结果记载到笔记本上，并附上必要的图。经常弄得头昏，写到手软，但他仍然坚持读书、学习……。就这样，在 1812 年 2月至 4 月，法拉第记下了厚厚的一本戴维讲演录。

很快，8 年的学徒生涯结束了。如果顺其自然，法拉第会成为伦敦城中的一个书籍装订商，但是法拉第想做一名科学家。下一步该怎么办呢？

与此同时，皇家学院戴维的精彩讲座因为其健康等原因停止了。在失落与迷茫之中，法拉第突发奇想，为什么不和戴维联系一下？终于，在 1812 年的 12 月，他鼓起勇气给戴维写了一封信，并捎上了他精心制作的《戴维爵士讲演录》。奇迹发生了！法拉第得到了戴维爵士的接见，并答应给他争取工作机会。1813 年 3 月，21 岁的法拉第开始在皇家学院担任实验室助理，他的工作包括帮助戴维做实验研究，维护设备和帮助教授们准备讲座稿。虽然这份工作的工资比法拉第当书籍装订商的收入少，但是他觉得自己仿佛在天堂一般。从此，法拉第开始了他的科学生涯。

法拉第由于勤奋好学，工作努力，所以很受戴维器重。1813年10月，他随戴维到欧洲大陆考察，他的公开身份是仆人，但他不计较地位，也毫不自卑，并把这次考察当作学习的好机会。他见到许多著名的科学家，并参加各种学术交流活动，还学会了法语和意大利语，大大开阔了眼界，增长了见识。因此有人说欧洲是法拉第的大学。

1825年6月16日，在英国皇家学会举行的一次学术会议上，法拉第宣读了他关于发现苯的论文，叙述了他是怎样从一种复杂的混合物中分离出这种碳氢化合物的，还介绍了这种化合物的性质和测定组成的方法和结果。当时的法拉第只有34岁。

在1831年，法拉第发现了电解当量定律。一系列电解实验使法拉第意识到电解出的物质量与通过的电流量之间存在着正比关系(图2-17)。

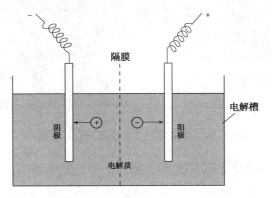

图2-17　电解原理

当电子发现后，人们计算出电解池中通过1mol电子时流过的电量为$9.65×10^4$C（库仑），常数96500 C/mol就被称为法拉第常数，以表达人们对他的崇敬和纪念。

1833年12月，法拉第开始对一系列金属的电化学当量进行测定。除了圣诞节休息一天外，他的全部时间都用在完成这些实验上。他的论文发表在 1834 年 1 月的《皇家学会哲学学报》，在论文中法拉第第一次使用了沿用至今的"阳极""阴极""电解"和"电解质"的专用名词。

　　1867 年 8 月 25 日，这位伟大的科学家安然去世。法拉第一生对人态度和蔼可亲，宽宏大量。他对自己要求严格，有错即改，决不文过饰非。他 33 岁时就被选为英国皇家学会会员，34 岁时升任皇家研究院的实验室主任。1846 年，他由于在电学方面的杰出贡献而获得伦德福奖章和皇家奖章。把两枚奖章授予同一人，这在皇家学会的历史上是十分罕见的。英国曾为纪念法拉第而发行了 20 英镑的纸币(图 2-18)。

图 2-18　英国为纪念法拉第而发行的纸币

　　法拉第出身于贫苦家庭。他从一个穷铁匠的儿子，经过自己的艰苦努力，克服了重重困难，成长为一位为人类作出巨大贡献的科学大师。他坚韧不拔、不断追求科学真理的大无畏精神；一切从客观实践出发，重视科学实验的唯物主义态度；以及不盲目崇拜权威，敢于提出独特见解的创新精神，体现了一个科学家的优秀品格，永远值得我们学习和敬仰！

第6节 卡文迪许与空气组成

历史上许多著名科学家都有自己的鲜明形象，在他们当中，英国化学家卡文迪许（Henry Cavendish）（图2-19）的形象也许有点奇特，但是他献身科学的一生给后人留下的印象却是完美而深刻的。17~18世纪，在欧洲的科学家中，出身中产阶级的为数不少。当时没有专门的科研机构，很多科学家是业余的，他们根据自己的爱好进行一些科学研究，器材、药

图2-19 卡文迪许

品都得花自己的钱。这就要求科学家不仅具备一定的经济条件，更需要一颗奉献给科学的心，卡文迪许恰好具备了这一切。

1731年10月10日，卡文迪许出生于英国一个贵族家庭。父亲是德文郡公爵二世的第五个儿子，母亲是肯特郡公爵的第四个女儿。早年，卡文迪许从叔伯那里承接了大宗遗产。1783年父亲逝世，又给他留下大笔遗产。这样他的资产超过了130万英镑，成为英国巨富之一。尽管家资万贯，他的生活却非常俭朴，他身上穿的永远是几套过时陈旧的绅士服，吃得也很简单，就是在家待客，照样是羊腿一只。这些钱该怎么用，卡文迪许从不考虑。

有一次，经朋友介绍，一老翁前来帮助他整理图书。此翁

穷困可怜，朋友希望卡文迪许给他较丰厚的酬金。哪知老翁工作完后，酬金一事卡文迪许一字未提。事后那朋友告诉卡文迪许，这翁穷困潦倒，请他帮助。卡文迪许惊奇地问："我能帮助他什么？"

朋友说："给他一点生活费用。"

卡文迪许急忙从口袋掏出支票，边写边问："2万英镑够吗？"

朋友吃惊地叫起来："太多，太多了！"可是卡文迪许已经将支票写好。由此可见，钱的概念在卡文迪许的头脑中是很淡薄的。

在当时，贵族的社交生活花天酒地，卡文迪许却从不涉足。他只参加一种聚会，那就是皇家学会的科学家聚会，目的很明确：就是为了增进知识，了解科学动态。当时的目击者是这样描述的：卡文迪许来参加聚会，总是低着头，屈着身，双手搭在背后，悄悄地进入室内。然后脱下帽子，一声不响地找个地方坐下，对别人不加理会。若有人向他打招呼，他会立即面红耳赤，十分羞涩。有一次聚会是一位会员做实验示范，这位会员在讲解中发现，一个穿着旧衣服、面容枯槁的老头紧挨在身边认真听讲，就看了他一眼，老头急忙逃开，躲在他人身后。过一会儿，这老头又悄悄地挤进前面注意地听讲。这奇怪的老头就是卡文迪许。

许多熟人都知道卡文迪许性情孤僻，不喜欢与人交谈，能与卡文迪许交谈的没有几个人。化学家武拉斯顿算是其中一个，他总结了一条经验："与卡文迪许交谈，千万不要看他，而要把头仰起，两眼望着天，就像对空气谈话一样，这样才能听到他的一些见解。"

就是这样，卡文迪许的话不多，沉默寡言，在同龄人中，可能是话说得最少的人。这种怪僻性格的形成与他从小生长的环境有一定关系。他2岁时，母亲病逝，从此他失去了母爱。父亲忙于社交活动，撇下他交由保姆看管，与外界极少往来。直到11岁才被送入一所专收贵族子弟的学校，在学校里他仍然很少与别人交往，这使他显得特别孤独、羞怯。

由于这种古怪的性格，卡文迪许长期深居独处，整天埋头在他科学研究的小天地。他把家里的部分房子进行了改造，一所公馆改为实验室，一处住宅改为公用图书馆，把自家丰富的藏书提供给大家使用。1733年父亲死后，他又将他的实验基地搬到乡下的别墅，将别墅富丽堂皇的装饰全部拆去，大客厅变成实验室，楼上卧室变成观象台。甚至宅前的草地上也竖起一个架子，以便攀上大树去观测星象。

虽然在社交生活中，他沉默寡言，显得很孤僻，但是在科学研究中，他思路开阔，兴趣广泛，显得异常活跃。上至天文气象，下至地质采矿，抽象的数学，具体的冶金工艺，他都进行过探讨。特别在化学研究中，他有极高的造诣，取得许多重要的成果。1766年，卡文迪许发表了他的第一篇论文《论人工空气的实验》，这篇论文主要介绍了他对二氧化碳、氢气的实验研究。

自1766年发表第一篇论文，他开始引起社会的重视，以后又陆续发表了一些富有成果的报告，逐渐引起英国乃至欧洲科学界的震惊。当时有人表示怀疑，为此英国皇家学会曾组织了一个委员会，重复卡文迪许的实验，结果完全证实了卡文迪许卓越的实验技巧和他对科学的诚实态度。

他在1783年研究了空气的组成，做了很多实验，发现普通空气中氮占五分之四，氧占五分之一（图2-20），发表的论文的题目是《空气试验》。也就是这个时候，他发现水是由氢和氧两种元素组成，确定了水的成分，肯定了它不是元素而是化合物。

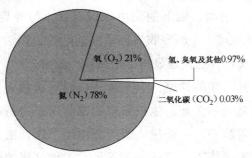

氧（O_2）21%　　氢、臭氧及其他0.97%

氮（N_2）78%　　二氧化碳（CO_2）0.03%

图2-20　空气的组成及其按体积所占的百分比

卡文迪1810年3月10日以79岁高龄与世永别。他一生奇特而完美的科学家形象永远留在人们心中——"有学问人中最富有的，有钱人中最有学问的"；而且，当今天学习空气、水、二氧化碳等化学知识时，我们不能不提到他。回顾卡文迪许的成就，我们可以从他身上学习到以下方面：

第一，少说话多行动、勤于思考的奋斗精神。虽然卡文迪许没有得到任何学位，1753年他因为不赞成剑桥大学的宗教考试，没有取得学位就离开了大学，但从他离开大学以后，每周四从不间断地旁听英国皇家学会报告厅的各种讲座，认真地做笔记，回家后认真思考，并动手做实验加以验证。他常常从实验中发现问题，继而进行更深入的研究，他的许多成就是这样得来的。

第二，不图名、不图利的品质。因为继承巨额遗产，成为当时英国银行里最大的储户，但他一生所过的生活十分朴素，除了给自己建立一个设备一流的实验室外，其他的都原封不动存入了银行。卡文迪许从事科研活动也是不图名、不图利，他的许多论文和实验报告没有急于发表。也许由于慎重，也许由于羞怯，所以在将近50年的科研生涯中，他没有写一本书，这对于促进科学研究的发展是很可惜的。

第三，尊重科学实验的态度。在今天，尊重科学实验尽管已是老生常谈的话题，但是，在很多时候我们并没有在科学实验面前体现出虔诚的态度。例如，学生在实验过程中总是以教材所描述的现象为对照，科学研究者总是希望得到自己预期的结果。然而化学反应是千变万化的，只有尊重科学实验才能有所发现。

为了纪念卡文迪许，他的后代赠款给英国剑桥大学，在1871年建立了一座实验室，这就是著名的卡文迪许实验室（图2-21）。这座实验室在19世纪后期和20世纪初成为世界上最有名的实验室，其中关键性设备都提倡自制。百年以来，由卡文迪许实验室培养的诺贝尔奖获得者已达26人。当你去英国旅游或学习时，你可以到著名的剑桥大学卡文迪许实验室看看！

图2-21　卡文迪许实验室

第7节　道尔顿与原子论

图 2-22　道尔顿

1766 年 9 月 6 日道尔顿（John Dalton）（图 2-22）出生在英国西北部一个贫穷落后的农村。他的父亲是一个手工业者，养活六个子女，家庭十分拮据。道尔顿只读了几年私塾，从十二岁起就边教私塾边种地。十五岁那年他应表兄之邀，到一个城市的寄宿制初中担任助理教员。

在这里，道尔顿努力自学拉丁语、希腊语、法语、数学和自然哲学（相当于理化生物的综合）。据说在这所学校的 12 年中，他读的书比以后 50 年的还多。正是这种勤奋学习，为道尔顿当时的教学和以后的科研奠定了坚实的基础。

从偏远的农村来到这虽不算大的城市，道尔顿感到天地开阔。他十分希望得到博学老师的指点，当他听说学校附近住着一位双目失明的学者时，马上赶去拜访。这位学者名叫豪夫，道尔顿在他的辅导和鼓励下，学到了很多外语和科学知识，并开始对自然界进行观察，搜集动植物标本，特别是每天详细记录气候变化。

为了观察气象，道尔顿经常到山区、林区和湖沼地带，用自制的温度计、气压计观测气象，五十多年如一日坚持记录气象数据，全部观测记录达二十多万条。当时气象学还是一门很薄弱的科学，很少有人进行这方面的研究。1793年道尔顿出版了他的第一部科学著作——《气象观测论文集》，初步总结了他的观测结果，对气象学的发展，起了一定的启蒙作用。这年道尔顿27岁，从此这位初中助理教员引起了科学界的注意和重视。

由于这部论文集的出版，加上那位盲学者豪夫的推荐，道尔顿被曼彻斯特城一所专科学校聘去担任讲师，讲授数学和自然哲学。后来，他还开设了化学课程，从这里开始系统地学习化学知识。在学习中，道尔顿有一种可贵的韧劲，凭着这种韧劲，他最终成为一个大城市里高等学校的教师，生活开始有了保障。曼彻斯特是当时英国蓬勃发展的纺织业中心，交通便利，文化发达。道尔顿在这里很容易接触到新的知识，加速了他在科学上的成长。他经常到那里的公共图书馆借出各种书籍，阅读到深夜。他在给故乡亲友的一封信中曾叙述他那一段时间的学习情况："我的座右铭是：午夜方眠，黎明即起。"

专科学校借道尔顿的名声，却无意培养道尔顿这样好学的青年。道尔顿在这所学校的教学任务很重，又没有实验室，特别是没有从事研究的时间，他感到很烦恼。到了1799年，他毅然辞退了讲师职务。辞职以后，道尔顿租了几间房，建立一个自己的实验室。他一边学习研究，一边招收几位学生，私人授课。虽然收入少了，但他却赢得了时间。除每星期四下午到郊外的草地上打几个小时的曲棍球，作为一星期的娱乐休息外，他的大部分时间都花在实验研究上。在这里，他完成了名著《化学哲学新体系》。

在气象观测和气体性质的研究中，道尔顿认为，物质的微粒结构是存在的，这些质点也许是太小了，即使采用显微镜也无法看到。这时他想起了公元前古希腊哲学家提出的原子假设，于是他选择了"原子"这一名词来称呼这种微粒。那么怎样证实气体原子的存在呢？道尔顿认为，必须测定各种原子的相对质量和不同原子合成新粒子的组成。

他以氢原子量作为基准，利用化学家对一些物质的分析结果，换算出一批原子的相对质量。这就是世界上第一张原子相对质量表，记载在 1803 年 9 月 6 日的日记中，这一天恰好是道尔顿 37 岁的生日，因而更富有意义。1803 年 10 月，在曼彻斯特"文学和哲学学会"上，道尔顿第一次阐述了他关于原子论以及原子量计算的见解，并公布了他的第一张包含有 21 个数据的原子量表。

他根据气体的体积或压强随着温度的升高而增大这一事实，把气体间的排斥力解释为热的作用，并且形象而明确地描述了气体微粒——原子。道尔顿认为同种物质的原子，其形状、大小、质量都是相同的；不同物质的原子，其形状、大小、质量都是不同的。

道尔顿原子学说的建立具有重大的科学意义。首先，它在理论上统一解释了一些化学基本定律和化学实验事实，揭示了质量守恒定律、当量定律、定比定律和倍比定律的内在联系。更重要的是，近代原子学说与化学基本定律的联系，使它成为可以验证的学说，这就使它去掉了哲学外衣，而成为一种科学，因此，很快就得到了重视和接受。其次，道尔顿原子学说的建立，标志着人类对物质结构的认识前进了一大步。它为以后的物理学、化学、生物学的发展奠定了理论基础，特别是促进了化学的迅速发展，开辟了化学全面、系统发展的新时期。

道尔顿完全是靠自学成才的伟大学者。家境贫寒并没有削弱他追求知识和真理的决心。他那惊人的毅力和顽强不息的奋斗精神，至今仍值得我们学习。他在晚年总结自己成功的经验时说："如果说我比其他人获得更大成功的话，那么主要是靠不断勤奋地学习研究得来的。如果有人能够远远地超越其他人，与其说他是天才，不如说他专心致志坚持学习、不达目的誓不罢休的不屈不挠的精神所致。"这正是道尔顿一生治学态度的真实写照，也是他建立不朽功绩的主观原因。

1844 年 7 月 28 日凌晨，道尔顿像婴儿入睡一样安详去世，享年 78 岁。曼彻斯特的市民对道尔顿的逝世感到非常悲痛。当时的市政厅立即作出决定，授予这位科学家以荣誉市民的称号，将他的遗体安放在市政厅，4 万多市民络绎不绝地前去致哀。送葬时，有 100 多辆马车相送，数百人徒步跟随，沿街商店也都停止营业，以示悼念。一位终身未娶、没有后人也没有钱财的普通市民，在死后能获得这种非同寻常的礼遇，可见人们对道尔顿的崇敬。

第 8 节　贝采里乌斯与同分异构

贝采里乌斯(Jons Jakob Berzelius)(图 2-23)是瑞典化学家、伯爵，现代化学命名体系的建立者，硅、硒、钍和铈元素的发现者，与道尔顿和拉瓦锡并称为近代化学之父。

1779 年 8 月 20 日，贝采里乌斯出生在瑞典南部的一个名叫威菲松达的小乡村。他的父母都是农民，在他 4 岁时，父亲因病去世了。6 岁时，母亲带着他和妹妹改嫁给一位牧师。两年后，

图 2-23　贝采里乌斯

贝采里乌斯的母亲患病去世。就这样，年仅 8 岁的贝采里乌斯成为可怜的孤儿。

幸运的是，已经有 5 个儿女的继父对待贝采里乌斯兄妹俩就像亲生儿女一样，对他们进行培养、教育。牧师并不富有，但仍然尽力筹措了相当一笔钱，为 7 个孩子请了一位博学的家庭教师。在家庭教师对孩子们进行教育的同时，牧师还非常注意满足孩子们的求知欲，经常专门为教育的目的带他们去郊游。

　　河边有各种各样的植物，清澈见底的水中，鱼儿在游水吐泡，小虾、小蟹在鹅卵石中钻来碰去。小河边一年四季的景物各不相同，对孩子们来说，沿着小河旅行无疑是一场非常有吸引力的游戏。贝采里乌斯喜欢这种旅行，尤其是继父经常对他观察到的事物加以指点与帮助。渐渐地，他开始全身心地爱上了大自然，有时他躺在河边软软的草地上，仰望着天空中的朵朵白云，仿佛觉得自己是大自然的一部分。贝采里乌斯十分醉心于研究野外的动植物，继父对他关于植物的精到见解感到惊奇。有一次继父说："贝采里乌斯，你有足够的天赋去追随林奈的足迹！"林奈是瑞典植物学家、冒险家，他潜心研究动植物分类学，并创造出统一的生物命名系统，是 18 世纪最杰出的科学家之一。

　　贝采里乌斯中学期间，对于那些繁杂的社会科学课程并不十分努力，但对自然科学课程，他表现出了极大的兴趣，经常搜集各种植物、动物的标本，还喜欢去打猎。在一位刚从西印度群岛做学术旅行回来的博物学教师的指导下，贝采里乌斯开始对动植物进行较为系统的研究。在整个中学阶段，他给老师们留下的印象是：一个天赋好、志向广泛但脾气很急的年轻人。

　　1796 年，他考入乌普萨拉大学医学院。进入大学后，贝采里乌斯申请助学金，因无名额只好去当一年家庭教师，直到接到发助学金通知才回大学念书。虽然家庭教师收入相当微薄，但这种自食其力的生活却培养了他坚强的意志和热爱劳动的品格。为了给来自不同国家的移民孩子上课，贝采里乌斯又开始自学法语、德语和英语，正是这些语言方面的知识在他后来利用多国语言研究各种学术著作中起到了很大的帮助作用。

即使有微薄的助学金，在大学期间贝采里乌斯还是每逢暑假去做临时工挣钱。就这样，靠自力维持生活，克服了一个又一个困难艰难地前进。千辛万苦地从大学毕业后，尽管最初的求职也不顺利，但他在科学研究上也是依然乐观，终于在生活的煎熬中成就了一番惊天动地、流芳百世的事业。在1820—1840年的20年间，他是当时全球化学界的泰斗。

贝采里乌斯的化学成就不计其数。他改革了化学符号，创造用拉丁文表示元素符号，测定了相对原子质量，特别突出的是在分析化学方面——贝采里乌斯不仅发明定性滤纸，而且极大地推动了有机分析的发展。由于擅长分析，贝采里乌斯发现了很多元素，如1823年用钾还原法发现硅（Si）、锆（Zr），还制得过铈（Ce）的氧化物及不纯的钍（Th）。在此之前的1818年，还用吹管分析法发现了硒（Se）。

正戊烷

另外，1835年贝采里乌斯在总结前人工作基础上第一个提出"催化剂"的概念。不仅如此，贝采里乌斯还创立了"电化学说"，在当时，他提出的电化二元论几乎解释了当时已知的全部无机物的结构，故在1820年被化学界普遍接受。

异戊烷

1824年，他发现了同分异构现象（图2-24）。所谓同分异构现象是指有机物具有相同的分子式，但具有不同结构的现象。并以他对原子论的深刻理解，明确指出组成相同的两种化合物性质之所以不同，是由于其内部原子的排列方式不同造成的。

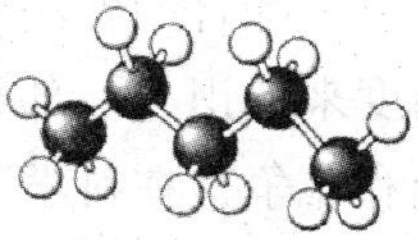

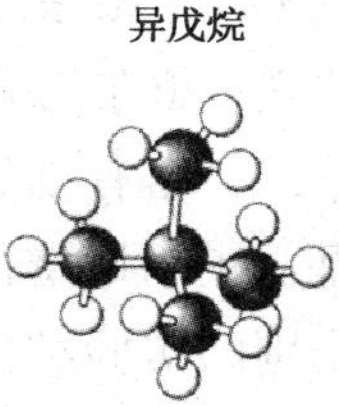

新戊烷

图2-24　戊烷同分异构体的球棍模型

99

第2章　世界近代化学

1822—1847 年，贝采里乌斯编辑出版文摘性国际学术刊物《物理、化学进展年报》，共 27 期，对 19 世纪上半叶世界化学的发展起了极大的组织与推动作用。在年报中，他对那个时代大科学家们的大多数著作做出公正的学术分析和评价。他鼓励并培养了一大批有才能的青年，同时以非常有力的评判封闭了无能之辈的道路。编辑年报，以及用几种语言和当时欧洲大部分知名学者通信，使贝采里乌斯的科学视野十分开阔，使他能把握当时科学发展的方向性问题。这位伟大的化学家于 1848 年 8 月 7 日与世长辞，时年 69 岁。

　　贝采尼乌斯的成功给我们如下启示：

　　第一，对综合方法的运用。正是他综合了别人很多相关的发现，将已知推广到未知，富有创造性的操作，才取得了重大成果。综合的方法对科学发现的重要意义可以从科学发展史的角度来认识，一部科学发展史充满着不同假设、理论之间的争论和斗争，在科学革命时期还会有旧的概念的毁灭与新的概念的兴起。然而，这些质的飞跃都无法割断与旧知识之间的联系，而且科学研究也不可能不利用和继承旧有的知识。旧有的知识即使是错误的，也能从反面启迪研究者的思路而成为科学发现的推动力量。所以，当科学事实或科学知识积累到一定程度，需要从更广的角度和更深的层次来揭示事物的内在统一性，这时科学家要通观全局，做综合的概括工作，推动科学的发展。贝采里乌斯正是这样一位在化学发展史上起到通观全局的综合大师。

　　第二，富有创见的实验方式。作为实验化学家，他的突出特点是：正确周密的实验操作，认真如实的科学观察，巧妙地概括个别的实验结果，广泛地搜集有关事实，依照充分的论据来进行推理，以及不知疲倦的奋斗精神和不屈不挠的顽强毅力。贝采里乌斯的这些突出品质，曾受到英国大化学家戴维等人的称赞，这些品质的确是他能够完成伟大事业的重要原因。

第三，科学发现需要非凡的想象力。想象力是思想的翅膀，是一切科学家、发明家、文学家、艺术家和哲学家以及所有创新活动不可缺少的能力。就像爱因斯坦所说："想象力比知识更重要，因为知识是有限的，而想象力概括着世界的一切，推动着世界的进步，是人类知识进步的源泉。"

第9节　阿伏加德罗与分子学说

图 2-25　阿伏加德罗

阿伏加德罗（Ameldeo Avogadro）（图 2-25），1776 年出生在意大利都灵市一个世代沿袭的著名律师家庭。按照父亲的愿望，阿伏加德罗攻读法律，16 岁时获得法学学士学位，20 岁时又获得宗教法博士学位。此后阿伏加德罗当了 3 年律师，喋喋不休的争吵和尔虞我诈的斗争使他对律师生活感到厌倦。1800 年他开始研究数学、物理、化学和哲学，并发现这才是他的兴趣所在。

1799 年意大利物理学家伏打发明了伏打电堆，使阿伏加德罗把兴趣集中于探索电的本性。1803 年他向都灵科学院提交了一篇关于电的论文，受到好评，第二年就被选为都灵科学院的通讯院士，这一荣誉使他下决心全力投入科学研究。1806 年，阿伏加德罗被聘为都灵科学院附属学院的教师，开始了他一边教学、一边研究的新生活。

1809 年他被聘为维切利皇家学院教授，并一度担任院长，在这里他度过了卓有成绩的 10 年，分子假说就是在这里研究和提出的。1819年，阿伏加德罗成为都灵科学院的正式院士，不久担任了都灵大学的教授。

阿伏加德罗在化学方面的主要成就是分子学说，以区别原子与分子，并指出分子由原子组成。1811年，他发现了阿伏加德罗定律，即在标准状态(0℃，101325Pa)，同体积的任何气体都含有相同数目的分子，而与气体的化学组成和物理性质无关。此后，又发现了以他名字命名的阿伏加德罗常数，即1mol的任何物质的分子数其数值是 6.02×10^{23}（图2-26）。现在，阿伏加德罗定律已被全世界科学家所公认，阿

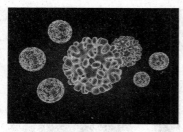

图2-26　阿伏加德罗常数

伏加德罗常数是自然科学中重要的基本常数之一。阿伏加德罗是第一个认识到物质由分子组成、分子由原子组成的人。

现在，大家都认识到分子论和原子论是个有机联系的整体，它们都是关于物质结构理论的基本内容。然而在阿伏加德罗提出分子论后的50年里，人们的认识却不是这样。原子这一概念及其理论被多数化学家所接受，并被广泛地运用来推动化学的发展，然而关于分子的假说却遭到冷遇。由于受到当时化学权威道尔顿、贝采里乌斯的"原子不可能结合"理论的反对，自从1821年他发表的第3篇关于分子假说的论文没有被重视和采纳后，他开始把主要精力转到物理学方面，而分子学说被淹没达半个世纪。

他的分子假说奠定了原子-分子论的基础，推动了物理学、化学的发展，对近代科学产生了深远的影响。但是，他这个假说长期不为科学界所接受，主要原因也是当时科学界还不能区分分子和原子，同时由于有些分子发生了解离，出现了一些阿伏加德罗假说难以解释的情况。直到1864年，阿伏加德罗假说

才被普遍接受，后称为阿伏加德罗定律。它对科学的发展，特别是相对原子质量的测定工作，起了重大的推动作用。

1860 年，在德国卡尔斯鲁厄第一次国际化学大会上，他的学生、意大利年轻的化学家康尼查罗，重提阿伏加德罗的理论，但还是没有引起注意。庆幸的是，德国化学家迈耶在散会回家途中，由于旅途的无聊，阅读时注意到了康尼查罗写的小册子，觉得甚为合理，遂于 1864 年也出书宣传阿伏加德罗的理论，把阿伏加德罗的分子学说用通俗语言阐明，才得到许多化学家的赞同。从此，分子学说被广泛接受，但此时阿伏加德罗已经去世 8 年。

阿伏加德罗一生从不追求名誉地位，非常谦逊，只是默默埋头于科学研究工作中，并从中获得极大的乐趣。他没有到过国外，也没有获得任何荣誉称号，但是在他死后却赢得了人们的崇敬。1911 年，人们为了纪念阿伏加德罗定律提出 100 周年，在纪念日发行了纪念章，出版了阿伏加德罗选集，在都灵建成了阿伏加德罗的纪念像并举行了隆重的揭幕仪式。最突出的，阿伏加德罗常数以之命名，就是最好的纪念。

第 10 节　贝托雷与氯酸钾

瑞典化学家舍勒于 1774 年用浓盐酸与二氧化锰反应制得了氯气，但对它究竟是游离态的单质气体还是化合态的气体，仍然不清楚。后来法国化学权威贝托雷（Berthollet）（图 2-27）继续研究氯气。他首先将氯气通入一个冷的空玻璃瓶里，让氯气里的含酸蒸气受冷凝结，再将除去酸蒸气的氯气依次通入三个盛满水的瓶子，使氯气溶于水。他发现溶有氯气的水溶液，在有光照的地方可以分解成盐酸和氧气。我们现在知道，氯和水反应生成的次氯酸在光照下分解：

$$Cl_2 + H_2O \longrightarrow HCl + HClO$$

$$2HClO \longrightarrow 2HCl + O_2$$

图2-27　贝托雷

贝托雷以此判断出氯气是盐酸和氧结合成的，这个判断显然跟其他一些研究矛盾。他得出这个错误判断的表面原因，似乎在于他忽视了水和氯气的反应。但更深层的原因，是他深受拉瓦锡"所有的酸中都含有氧基"结论的影响。

当时拉瓦锡的"氧是成酸元素"的论点已深深地印在广大化学家的脑子里。贝托雷深信这个论点，因而他认为氯是某种氧化物。既然氯气是某种氧化物，那么盐酸就应该是某种氧化物未知的基和氢的化合物。而最终解决这个问题的是戴维。

戴维在研究碲的化学性质时发现碲化氢是一种酸，但是它并不含有氧，使他开始怀疑氧是否存在于所有的酸中。他感到只有认为氯是一种元素，那么有关氯的所有实验才能得到合理的解释。1810年11月，戴维在英国皇家学会宣读了他的论文，正式提出氯是一种元素。将这种元素命名为氯，意为黄绿色的意思。他指出所有的剧烈发光、发热的反应(如铁丝、铜丝、氢气在氯气中的燃烧)都是氧化反应，氯和氧一样都可以助燃，氧化反应不一定非要有氧气参加，经氧化反应生成的酸中也不一定含有氧。戴维还提出，在酸中氧是非本质性的，无氧酸中不含氧；但是酸中都含有氢，氢在酸中具有重要意义。这个见解未引起人们的注意，直到1837年，德国化学大师李比希对酸类进行全面综合分析研究之后，才振兴了戴维关于酸的氢学说。

在氧气的实验室制法中我们知道氯酸钾这种白色固体物质，能在二氧化锰催化和加热条件下分解，迅速大量地产生氧气，因而也就成为实验室制氧的首选药品了。然而氯酸钾也像许多化学药品那样，除了它这个学名之外，还有另外一个响亮的名称叫贝托雷盐。

原来，贝托雷用二氧化锰与盐酸反应制出了氯气，然后又把氯气溶进水里，注意到此溶液会逐渐变成无色并放出氧气。他继续研究发现，氯气在与苛性钾溶液作用时要比与水反应容易，氯气与苛性钾溶液反应会生成两种盐：其中一种是常见的氯化钾，另一种是什么当时还不得而知。

不知道就得再研究，他决定把它研磨。也不知是他故意让这新物质与硫黄见见面呢，还是忘了把研钵洗干净，他刚研了两下，研钵里就发生了爆炸，炸得研杵飞出！贝托雷用双手捂住自己烧伤的脸颊，半天才知道发生了什么。

待他整理完现场，不觉又转惊为喜：既然这新物质与硫研磨有这么强的爆炸力，我何不用它来制炸药呢？于是，终于研制成了用硫黄、炭粉和氯酸钾混合制成的炸药——一种类似今天做砸炮的一种炸药。后人为了纪念贝托雷，就管这种盐叫贝托雷盐。

所以我们必须记住：氯酸钾这种常用制氧药品万万不能与硫、磷、炭等物质混研、共热——特别是不能把炭粉当成二氧化锰，与氯酸钾混合制氧，因为二者都是黑色粉末，极易疏忽混淆，那在加热时常会发生猛烈爆炸。

1785年，贝托雷提出把氯气的漂白作用应用于生产，并注意到氯气溶于草木灰形成的溶液比氯水漂白能力更强，而且无逸出氯气的有害作用。1789 年英国化学家台耐特把氯气溶解在石灰乳中，制成了漂白粉。

贝托雷是巴黎综合工科学校的创始人，法兰西科学院院士。他与拉瓦锡一起制定了化合物的第一个合理命名法；发现氯的漂白作用；制备了氯酸钾；确定了氢氰酸的成分，以此说明酸不一定含氧。编著有《化学命名法》《化学静力学》《染色技术原理》等，对近代化学的发展做出了重大贡献。

第 11 节　盖·吕萨克与气体定律

图 2-28　盖·吕萨克

盖·吕萨克(Joseph Louis Gay-Lussac)(图 2-28)，法国物理学家、化学家，1778 年 12 月 6 日出生在法国利摩日地区。盖·吕萨克的父亲是当地的一名检察官，家境在当地比较富裕。但他 11 岁那年，法国爆发了资产阶级大革命，不久，革命的浪潮冲击了这个家庭，1793 年，其父被捕，家庭的社会地位和经济生活发生了重大变化。盖·吕萨克在本地只受过初等教育，以后就到了巴黎。1797 年，他进入巴黎综合工科学校学习。之所以选择这所学校，一是因为该校学生一律享受助学金，可以减轻家庭的负担；二是该校学术水平较高，不少著名的专家学者都在这里任教。像贝托雷这样的著名化学家，就在这里讲授有机化学课程。盖·吕萨克由于勤奋好学，热爱化学专业和实验技术，深得贝托雷等教授的赏识。

1800 年从学校毕业，贝托雷留他做助手，协助自己进行科学研究工作。盖·吕萨克非常重视科学观察和实验，他总是认真把实验数据及时一一记录下来，每当坐下来的时候，就全神贯注地研究起那些实验现象，分析实验数据，认真反复思考，谨慎得出自己的结论。

他尊重事实而不迷信权威，因此，能够洞察人们所不知的奥秘，发现科学真理。当时，贝托雷正在同化学家普鲁斯特围绕着定比定律进行一场激烈的学术争论，贝托雷让盖·吕萨克以实验事实来证明自己的观点，给对方以驳斥。然而，盖·吕萨克经过反复的实验，所记录到的事实都证明其导师的观点是错误的，他毫不犹豫地将这个结果如实汇报给老师。贝托雷看完他的实验记录后，不禁露出微笑。他对盖·吕萨克说："我为你而感到自豪，像你这样有才能的人，没有理由让你继续当助手，哪怕是给最伟大的科学家当助手。你的眼睛能发现真理，洞察人们所不知的奥秘，这一点不是每一个人都能做到，你应该独立地进行工作。从今天起，你可以进行你认为必要的任何实验。"

贝托雷高度赞赏他的敏捷思维、高超的实验技巧和强烈的事业心，将自己的实验室让给他进行工作，这对盖·吕萨克早期研究起了很大作用。1809 年他升任该校化学教授。盖·吕萨克在物理学、化学方面都做出了卓越的贡献。

盖·吕萨克在化学上的贡献，首先是在气体化学方面。他发现了以他的名字命名的盖·吕萨克定律，即气体反应体积定律。他的工作始于对空气组成的研究。为了考察不同高度空气的组成是否一样，他曾冒险乘坐热气球升入高空进行观察与实验。

1804 年 8 月一天，天气晴朗，万里无云，炎热的天气，不见一丝微风。他和自己的好友、法国化学家比奥用浸有树脂的密织绸布做成一个巨大的气球，里面充进氢气（图 2-29）。膨胀

图 2-29　热气球

的气球在阳光下闪闪发光，盖·吕萨克与比奥坐进气球下面悬挂的圆形吊篮里。气球徐徐上升，他们挥手同欢呼的送行者们告别。贝托雷教授亲临现场，随着大家呼喊着："一路平安！"

他们在缓慢上升的气球吊篮里，忙着进行空气样品的采集，不断测量着地磁强度。紧张的工作使他们顾不上由于高空反应带来的头昏、耳痛等身体的不适，冻得浑身发抖，仍顽强地坚持这次考察活动，终于取得了大量第一手资料。但是，盖·吕萨克对首次探险的收获并不满足。

一个半月以后，他又单独进行了第二次升空探索。为了减轻负荷，提高升空高度，他尽量轻装。当气球升至 7016 米时，他毅然把椅子等随身物件扔了下来，使气球继续上升。正在田间劳作的人们看到天上纷纷落下许多东西，都不清楚究竟发生了什么事。而盖·吕萨克却创造了当时世界上乘气球升空的最高纪录。

两次探测的结果表明，在所到的高空领域，地磁强度是恒定不变的；所采集的空气样品，经分析证明，空气的成分基本上相同，但在不同高度的空气中，含氧的比例是不一样的。1808 年发表了今天以他名字命名的气体盖·吕萨克定律，对化学的发展影响很大。

盖·吕萨克真是一位勇敢的探险者，他经常和危险的、有害的气体及药品打交道，从不畏缩。据说在一次实验中，坩埚发生爆炸，他受了重伤，躺了 40 天，刚可以下床行走，就到实验室工作。久而久之，盖·吕萨克得了严重的关节炎，常常水肿不消，十分痛苦，但是他仍一瘸一拐地做各种实验。

1806 年，在法国科学院的庆祝大会上，盖·吕萨克当选为该院正式院士。其后，他继续对气体化学反应的研究。他往容器里充满等体积的氮和氧，然后让混合物通过电火花，于是就产生了新的气体—氧化氮。

硼元素的发现，是盖·吕萨克研究金属钾用途时派生出来的另一成果。19 世纪初，硼酸的化学成分还是一个谜。1808 年6 月，盖·吕萨克宣布，他曾把钾作为试剂去分解硼酸，实验中，当把钾作用于熔化的硼酸时，得到了一种橄榄灰色的新物质。经过 5 个月的深入研究后，肯定了这是一种新的单质，取名为硼，还提出了发现新元素的专利申请。

他特别重视把科学理论成果转化为生产力。对硫酸制造工艺的改进，就是他对硫化物研究成果的重要应用。19 世纪初，流行铅室法制硫酸工艺，但氧化氮不能回收，造成严重污染。1827 年，他建议在铅室后面，安装一个淋洒冷硫酸的"吸硝塔"，解决了吸收氧化氮消除污染、降低硫酸成本的难题。为此，人们称该吸收塔为"盖·吕萨克塔"。

盖·吕萨克又对各种氰化物进行了一系列的研究，最后得出的结论证明氢氰酸或氰化氢不含有氧。这项研究终于证明酸是可以不含氧的，据此，人们得出的结论是：氢是酸中的主要成分。他还为分析化学家的武器库里增加了一项新技术，这就是应用了碱和滴定法。

回顾盖·吕萨克的成就，我们除了从他身上看到坚韧不拔的探索精神，实事求是的科学精神，同时还可以学到他善于运用经验性规律的科学方法。经验性规律和经验性认识是不同的，经验性认识指的是人们在同客观对象的直接接触过程中对客观对象的现象和外部联系的反映。盖·吕萨克研究了一系列实验事实，发现了其背后的规律，再通过寻找规律背后的实质，最终发现规律。

1831 年盖·吕萨克被选为法国下院议员，1839 年他又进入上院，作为一名立法委员度过了他的晚年。由于盖·吕萨克的杰出成就，法国成了当时最大的科学中心。盖·吕萨克的成功来之不易，他的科学方法和科学精神永远是一面旗帜。

第 12 节　本生与光谱分析

图 2-30　本生

在有关原子–分子概念的争论中，一直注意着理论的发展却从不介入争论的本生（Robert Wilhelm Bunsen）（图 2-30），在以化学分析为中心的多个领域内深入研究，富有创新，极大地推动了近代化学的发展。他和基尔霍夫共同发现的光谱分析法，为元素的定性鉴定和新元素的发现开辟了一条新路。

1811 年 3 月 31 日，本生出生在德国的哥廷根。他家是书香门第，父亲是哥廷根大学图书馆馆长、语言学教授。哥廷根大学拥有十分辉煌的历史，名人辈出，蜚声世界。本生的母亲有很好的文化素养，是一位学识渊博的高级职员的女儿。本生有兄弟四人，他排行第四。

他于 1828 年进入哥廷根大学，主要学习自然科学如化学、物理学、矿物学、地质学、植物学、解剖学和数学。1830 年本生写了一篇介绍湿度计发明以来约 40 种湿度计的综述而荣获科学奖金，并于 1831 年秋获得博士学位。此后他在汉诺威市政府的资助下，到各地进行学术旅行，广泛交游，增长知识。德国的卡赛尔、吉森、柏林、波恩等地，都留下了他的足迹。

1832 年 9 月，本生到达巴黎，在巴黎期间他曾在盖·吕萨克的实验室工作，并在综合工科学校听课，结识了不少法国著名学者，还参观了著名的陶瓷工厂。1833 年 7 月，他又到维也纳参观工矿企业。

1833 年底，游学回来的本生担任了哥廷根大学的讲师，在此期间完成了他的第一项研究成果。他在研究某些化合物的溶解度时发现，金属的砷酸盐不溶于水。他试验用新沉淀出的氢氧化铁与亚砷酸反应，结果得到了既不溶于水又不溶于人体体液的砷酸亚铁。直到现在，人们仍然使用本生发明的这一方法，用氢氧化铁来解救砷中毒（即砒霜中毒）。

1855 年，政府为本生在海德堡大学建造的化学实验室落成，在那里本生除了自己进行科学实验以外，还指导了一大批青年学生。他们在本生的严格训练下，在 19 世纪后期都成了有名的科学家。

新落成的实验室里铺设了煤气管道，学生们都用煤气灯作为加热器具。煤气灯的火焰很明亮，不断地冒着黑烟。由于煤气燃烧不充分，火焰的温度不高。本生改造了煤气灯，就是在喷嘴下面开一个小孔，让煤气在燃烧之前就与空气混合，这样得到的火焰几近无色，很稳定，温度也很高。后人将这种灯叫作本生灯（图 2-31）。在本生灯无色火焰的灼烧下，金属及其盐类能产生各种特征颜色，即发生焰色反应。本生经常用这种分析方法来鉴别各种金属。

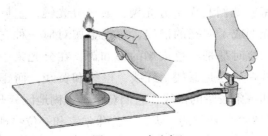

图 2-31　本生灯

本生在教学和科研中都特别强调实验的重要性，他非常喜欢自己设计仪器，常常熟练地吹制自己需要的玻璃仪器。长年累月的实验使他的手指结了厚厚的一层茧，这样，他的手指不仅不怕酸、碱的腐蚀，甚至不怕150℃的酒精灯内焰的灼烧。

图 2-32　基尔霍夫

基尔霍夫（Gustav Robert Kirchhoff）（图 2-32）是本生的好朋友，本生到海德堡大学任教后，十分想念基尔霍夫，就劝基尔霍夫也来海德堡大学任教。如他们所愿，后来他们经常在海德堡大学校园内共同散步。本生高大健硕，个头在一米八以上；而基尔霍夫瘦小精干，轻松快活，口中喋喋不休地说着各种有趣的事情和他的实验；本生则默默地听着，偶尔插上一两句。本生注重实验，而基尔霍夫更具有物理学家的思辨和推理能力，他在光谱学上造诣很深。

本生在散步时向基尔霍夫谈到他用火焰颜色来鉴别各种金属，但有些金属灼烧时火焰的颜色很相近，他就透过有色玻璃片来进一步鉴别。基尔霍夫听了马上说："如果我是你，我就用棱镜来观察这些火焰的光谱。"

第二天，基尔霍夫就带了棱镜和其他一些光学仪器来到本生的实验室。他们制作了分光镜，通过分光镜，金属灼烧时发出的各种光变成了明亮的谱线，每种金属对应一种它自己特有的谱线。灼烧时都是红色火焰的锂和锶，在分光镜中就呈现出不同的谱线——锂是蓝线、红线、橙线和黄线，而锶是一条明亮的红线和一条较暗的橙线，它们竟毫不含糊地区分开了！

这是1859年初秋的一天，一位化学家和一位物理学家亲密合作，共同发明了光谱分析法（图 2-33）。光谱分析法很快成了化学界、物理学界和天文学界开展科学研究的重要手段。

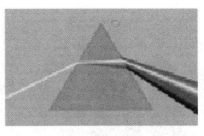

图2-33　光谱分析法

本生和基尔霍夫认为，光谱分析法能够测定天体和地球上物质的化学组成，还能够用来发现地壳中含量非常少的新元素。他们首先分析了当时已知元素的光谱，给各种元素做了光谱档案，就像人的指纹，各不相同。

考虑到碱金属的谱线格外明亮、灵敏，他们决定从寻找新的碱金属元素开始。1860年他们开始检验各处的海水和矿泉水。当他们取来瑞典丢克海姆一带的矿泉水，将它浓缩，再除去其中的钙、锶、镁、锂的盐，制成母液进行光谱分析时，奇迹出现了——他们将一滴母液滴在本生灯的火焰上时，分光镜中除了有钠、钾的谱线以外，还能看到两条明显的蓝线！

同年5月10日他们向柏林科学院提交报告说："截至目前，已知的元素都不会在这个光谱区显现出两条蓝线。因此可以作出结论，其中必然有一种新元素存在，大概属于碱金属，我们将它命名为铯（Cesium，含义为天蓝色）。"

除了报告，本生和基尔霍夫没有得到一点纯净的铯或者是铯的化合物，但科学家们还是很快就承认了这个新元素的发现，这在元素发现史上还是从未有过的先例。后来本生处理了几吨矿泉水，付出巨大劳动，终于在1860年11月制得了铂氯酸铯。

1861年2月23日他们向柏林科学院报告："我们又找到了一个碱金属，由于它的深红谱线，我们建议给它取名铷（Rubidium，深红色的意思）。"

1862年本生加热碳酸铷和焦炭的混合物，用热还原法制得了金属铷。

本生和基尔霍夫(图2-34)发明的光谱分析法因快速、灵敏，在现代分析化学中一直占据着举足轻重的位置，并取得了长足的进步。现在红外、紫外、原子吸收等不同的光谱分析手段正在科学研究和工业生产上发挥着越来越大的作用。最令人惊奇的是，本生和基尔霍夫创造的方法，还可以研究太阳及其他恒星的化学成分，为天体化学的研究打下了坚实的基础。

图2-34　本生和基尔霍夫

　　光谱分析法，被称为"化学家的神奇眼睛"。光谱分析法的发明过程以及本生和基尔霍夫两位科学家合作的经历给了我们如下有益的启示：

　　第一，物理实验与化学实验相结合，是发明光谱分析法的关键。在人类接触化学现象的同时，也接触到了大自然的物理现象。在早期的化学实践中，为了达到化学工艺上的某一种目的，也自觉或不自觉地运用了一些物理方法。例如，钻木取火中的摩擦、制铁中的鼓风装置、炼钢中的锻打、造纸中的部分工序都是物理方法。当化学发展到近代，大量运用化学实验方法的时候，物理实验方法也得到过应有的重视，波义耳曾做过许多物理实验；拉瓦锡在质量守恒定律指导下借助天平进行研究；戴维通过研究电学，把电学实验方法结合到化学中，得到了多种新元素；法拉第关于电解的研究，继承并发展了这方面的工作，提出了电解定律。光谱分析法的发明是物理实验与化学实验相结合的又一例证。

　　第二，物理实验方法从各个不同的方面影响或推动着化学的发展。对各种化学物质的分析与鉴别方法，20世纪前主要是化学分析，随着科学技术的发展对各种样品中组分的测定要求越来越高，只有新的方法和仪器才能满足新的需要，于是一系列仪器分析的方法相继出现。比较突出的除光谱分析法的发明之外，还有X射线衍射法、电子衍射法、核磁共振法等。反过来这些物理实验方法又从各个不同的方面影响或推动着化学的发展，更加深入揭示分子结构与性能的奥秘，使鉴别物质的能力空前提高，无论是准确性还是灵敏度方面，都达到了前所未有的水平，为高温高压等特殊条件下进行的化学反应提供了可能。化学现象总是与物理现象相伴相随，化学实验方法中必定辅之以物理实验方法，化学运动与物理运动有必然的联系。本生和基尔霍夫，一个是化学家，一个是物理学家，正是两个人、两种方法的珠联璧合，才使光谱分析法发扬光大。

第三，光谱分析法只是本生科学发现中较为辉煌的成就。他一生刻苦勤奋，淡泊名利，曾获得了很多科学奖励和荣誉，但他仍然非常谦逊。每当他在讲演中必须提到自己的发明时，他从不说"我已经发现了"，却总是说"别人曾经看见"。每当他在讲演中提到光谱分析时，他的学生们总是用长时间的掌声来表达他们对这位老师伟大功绩的尊敬和自豪。除此之外，本生还提出了金属的电解制法，他应用电解金属化合物的方法，分离出很多珍贵的金属，如铯、铷、铈、镧、钕、镨和铟等。同时，这些金属的性质也一个接一个地被人们所掌握了。

本生把毕生的精力都用在科学探索和培养学生上，直到78岁才辞去海德堡大学化学教授的职务。此后十年，他经常单独或邀请朋友一起旅游，晚年的生活是愉快的。1899年8月16日，这位拥有几十项发明创造的科学家与世长辞，享年88岁。

第13节 库特瓦与碘

图 2-35 库特瓦

库特瓦(B. Courtois)(图 2-35)于 1777 年 2 月出生于法国的第戎。他的父亲经营着一家硝石工厂,并在著名的第戎学院任教,经常作一些精彩的化学讲演。库特瓦自小耳濡目染,十分喜爱化学。他后来分别在孚克劳、泰纳和塞古恩等人的指导下学习。塞古恩是法国化学家,曾在拉瓦锡被送上断头台的最后五年里担任拉瓦锡的助手,进行呼吸作用、量热学研究。学成归来,库特瓦帮助父亲经营硝石工厂。

在第戎附近的诺曼底海岸上,许多浅滩生长的海生植物被潮水冲到岸边。退潮后,库特瓦常到海边采拾些藻类植物。他把这些藻类植物晒干后烧成灰,再加水浸取,过滤,得到的溶液他称作海藻盐汁。现在我们知道这种溶液里含有钠、钾、镁、钙的卤化物、硫酸盐等。

一天中午,库特瓦在紧张工作之后坐在工作台附近休息。这时,他喂养的一只大花猫闯进工作室,跳到了他的肩上,库特瓦赶它走,谁知那大花猫却向工作台猛跳过去,把一个盛满海藻盐汁溶液的玻璃瓶和另一个盛满浓硫酸的玻璃瓶碰倒,掉到了地上。随着碎裂声过后,两种溶液流了一地。此时,奇迹出现了:紫色的蒸气组成美丽的云朵从地面冉冉升起,并伴有类似氯气的气味,这些蒸气遇上冷的物体便凝结成一种暗黑色的晶体。灵感使库特瓦断定这种晶体可能是一种未为人知的元素，于是便潜心研究起来，果然由此发现了碘元素（图 2-36）。

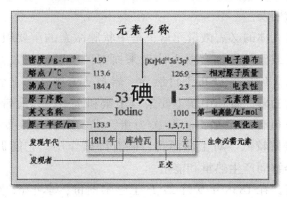

图 2-36　碘的性质

　　原来，海藻灰中含有碘化钾和碘化钠，在浓硫酸作用下，生成碘化氢，碘化氢再与浓硫酸反应，便产生了单质碘。其化学反应方程式为：

$$H_2SO_4+2HI \Longrightarrow 2H_2O+SO_2\uparrow+I_2$$

　　蒙在碘上的神秘面纱就这样被揭开了。多少年来，这段化学元素发现史上的趣事一直为人们津津乐道，猫为元素碘的发现立下了不朽功劳！

　　库特瓦用这种新物质做进一步的实验研究，发现这种新物质不易与氧或碳发生反应，但却能与氢和磷化合，能与几种金属直接化合。尤为奇特的是这种新物质不为高温分解。

　　由于库特瓦的实验室十分简陋，他又请另外两位法国化学家继续这一研究，并允许他们自由地向科学界宣布这种新元素的发现。1813 年，这两位化学家写出了报告《库特瓦先生从一种碱金属盐中发现的新物质》。这两位化学家之一相信这种结晶是一种新元素，它的性质与氯相似，于是就向法国化学家、物理学家安培和英国化学家戴维报告。戴维用直流电将碳丝烧成红热，然后与这种结晶接触，并不能使它分解，证明了它是一种新元素。新的发现使库特瓦很高兴，他制出很纯的碘，分送给化学界的朋友。

碘是人体的必需微量元素，是甲状腺激素的重要组成成分，而碘缺乏或碘过多都会对人体带来损害，所以碘与人类健康有密切关系。碘广泛分布于自然界，岩石、土壤、水、空气中都含有微量的碘。食物中碘主要来自土壤和水中，以海带、紫菜、贝类、海鱼含碘量最高，其次为蛋、乳、肉类；粮食、蔬菜、水果含碘量较低。对生命而言，碘有许多作用，它能促进体内物质的分解而产生热量和能量。

库特瓦在 1838 年 9 月 27 日于巴黎逝世，享年 61 岁。1913年 10 月 9 日，在第戎学院为库特瓦举行了隆重的纪念大会，庆祝他发现碘 100 周年。同时在库特瓦诞生的地方竖立了一块纪念碑，以追念他发现碘的功绩。

第 14 节 巴拉尔与溴

图 2-37　巴拉尔

1802 年 9 月 30 日，巴拉尔（Balard, Antoine Jerome）（图 2-37）出生于法国的蒙彼利埃。他出生于一个普通的家庭，父母发现他很聪明，一心要培养他成才。巴拉尔十七岁时毕业于蒙彼利埃中学，接着升入药物学院学习药物学，二十四岁时获医学博士学位。

还在他当学生的 1824 年，二十二岁的巴拉尔在研究盐湖中植物的时候，将从大西洋和地中海沿岸采集到的黑角菜燃烧成灰，然后用浸泡的方法得到一种灰黑色的浸取液。他往浸取液中加入氯水和淀粉，溶液即分为两层：下层显蓝色，这是由于当碘液与淀粉接触时，碘分子能进入淀粉分子的螺旋内部，整个直链淀粉分子可以束缚大量的碘分子，形成了淀粉-碘的复合物显蓝色；上层显棕黄色，这是一种以前没有见过的现象。

这棕黄色的是什么物质呢？巴拉尔认为可能有两种情况：一是氯与溶液中的碘形成了新的化合物——氯化碘；二是氯把溶液中的新元素置换出来了。于是巴拉尔想了些办法，试图把新的化合物分开，但都没有成功。巴拉尔分析这可能不是氯化碘，而是一种与氯、碘相似的新元素。

他用乙醚将棕黄色的物质经萃取和分液提出，再加苛性钾，则棕黄色褪掉，其实这时溴已经转变为溴化钾和次溴酸钾，加热蒸干溶液，剩下的物质像氯化钾一样。把剩下的物质与浓硫酸、二氧化锰共热，就产生红棕色有恶臭的气体，冷凝后变为深红棕色液体。巴拉尔判断这是与氯和碘相似的、在室温下呈液态的一种新元素，他将这种新元素定名为溴（Br）（图2-38）。

图2-38　溴元素

法国科学院于1826年8月14日审查了巴拉尔的新发现。由三位法国化学家孚克劳、泰纳和盖·吕萨克共同审查。他们签署的意见这样写道：

"巴拉尔先生的报告做得很好，即使将来证明溴并不是一种单质，他所罗列的种种结果还是能够引起人们极大兴趣。总之，溴的发现在化学上实为一种重要的收获，它给巴拉尔在科学事业上一个光荣的地位。我们认为这位青年化学家完全值得受到科学院的鼓励。"

另外在 1825 年，德国海德堡大学学生罗威，往一种盐泉水中通入氯气时，发现溶液变为红棕色，他把这种红棕色物质用乙醚萃取提出，再将乙醚小心蒸发，得到了红棕色的液溴。所以罗威也独立地发现了溴，虽然比巴拉尔晚了一年。

其实早在巴拉尔之前，德国化学大师李比希就得到了一家工厂送来请他分析的一瓶液体，但李比希并未仔细分析，贸然认定为氯化碘。此时一化验，正是巴拉尔发现的溴单质。因此，他将这瓶液体溴放入柜中，那个柜子就是有名的"错误之柜"。他后来一直用"错误之柜"来警示自己和教育学生。

回顾溴的发现过程，可以给我们如下启示：

第一，科学研究既要有严肃认真的态度和精细的操作技术，又要有正确的思想方法。溴的发现过程，机遇与错误的交织，跌宕起伏，其中闪烁的哲理和精神照耀着后人科学探索的征程，这对于在科学创造活动中以史为镜无疑是很有益处。真理从不垂青于权威或是大家，溴的发现以无可辩驳的事实诠释了这一点。

第二，机会只给有准备的人。巴拉尔与罗威都独立地发现了溴，为什么几乎在同一时期，溴被两位不同国籍的研究者各自独立制得并发现呢？这也并非是偶然的巧合，而是有着内在联系的。纵观科学的发现史，我们会看到这样一种现象：两个或两个以上彼此不知对方研究的科学家，却往往进行着相同的工作，同时提出同样的理论，做出同样的发现。究其原因，主要是生产技术的进步，社会实践的需要，使科学家们面临着同样要解决的课题，共同接受社会实践提出的挑战，激励着他们各自去奋勇探索。但机会只给有准备的人，显然，德国化学大师李比希和海德堡大学学生罗威都没有巴拉尔准备的充分。

第三，科技发展的水平，客观上为科学发现提供了成熟的条件。生产实践和科技发展的水平为课题的解决创造了条件，科学发现要受到人们的实践水平和认识水平的制约，随着实践范围的扩大和认识程度的深化，某一层面的科学发现就成为历史的必然。19 世纪，戴维开辟的电化学，用电解方法发现了许多化学新元素，他又利用伏特电池研究了氯的性质并确认其为元素。接着碘又被人们发现并确定，这些都给溴的发现和制取创造了条件。正是由于氯和碘的发现，溴在被制得后因它的性质与氯和碘相似，而迅速地被认识到是一种新元素。物质世界的统一性永远表现为对多样性的容纳，探索真理的途径是多种多样的，总会通过不同道路、不同侧面、不同角度、不同研究方法去探索研究。因此，在获取知识真谛的整个认识过程，人们的思想要活跃起来，大胆创新，奋力开拓，这样才会形成百舸争流、万木争春的科学繁荣景象。

第 15 节　莫瓦桑与氟

在化学元素发现史上，持续时间最长、参加人数最多、危险最大、工作最难的研究课题，莫过于氟单质的制取。自 1810 年安培指出氢氟酸中含有一种新元素——氟，到 1886 年法国化学家莫瓦桑（Henri Moissan）（图 2-39）制得单质氟，历时 76 年之久。为了制取氟气，进而研究氟的性质，许多化学家前仆后继，为后人留

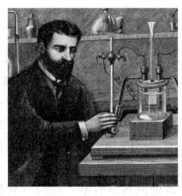

图 2-39　莫瓦桑

下了一段极其悲壮的历史。他们不惜损害自己的身体健康，甚至被氟气或氟化物夺去了宝贵的生命。

早在 16 世纪，人们就开始利用氟化物。1529 年，阿格里柯拉就描述过利用萤石（氟化钙）作为熔矿的熔剂，使矿石在熔融时变得更加容易流动。1670 年，玻璃加工业开始利用萤石与硫酸反应所产生的氢氟酸腐蚀玻璃，从而不用金刚石就能在玻璃上刻蚀出人物、动物、花卉等图案。1771 年，化学家舍勒用曲颈瓶加热萤石和浓硫酸的混合物，曾发现玻璃瓶内壁被腐蚀。后来很多化学家研究氢氟酸，发现它的性质像盐酸，比盐酸稳定，但它对玻璃和一些硅酸盐矿物的腐蚀性却很强。另外，它有剧毒，挥发出的蒸气更危险。

1810 年，戴维确认氯气是一种元素而非化合物的同时，也指出酸中不一定含有氧元素。这一突破性的见解给法国物理学家、化学家安培很大的启发。他根据对氢氟酸性质的研究指出，其中可能含有一种与氯相似的元素。他将这种未知的元素称为氟，意思是有强腐蚀性，氟化氢就是这种元素与氢的化合物。他将这一观点告诉戴维，反过来启发戴维用他强有力的伏打电堆制备纯净的氟元素。由此我们看到科学家间的相互交流对科学的发展具有多么重要的意义！

当溴、碘被陆续发现后，人们将各种氟化物与相应的其他卤化物对比，发现它们有极相似的性质，故判断氟、氯、溴、碘属于同类型的元素，并测得了氟的相对原子质量为 19。于 1864 年发表的元素表中就列出了氟的正确相对原子质量，但这时距离电解分离出氟气还差 22 年。

1813 年，戴维用电解氟化物的方法制取单质氟，用白金做容器，结果阳极的白金被腐蚀了，还是没有游离出氟。他后来改用萤石做容器，腐蚀问题虽解决了，但也得不到氟。而戴维则因氟化氢的毒害而患病，不得不停止了实验。

接着乔治·诺克斯和托马斯·诺克斯弟兄二人把一片金箔放在玻璃接收瓶顶部，再用干燥的氯气处理氟化汞。实验证明金变成了氟化金，可见反应产生了氟。但是他们始终收集不到单质的氟气，也就无法证明已经制得了氟。在实验中，弟兄二人都严重中毒。

继诺克斯弟兄之后，鲁耶特不惧艰辛和危险，对氟也做了长期研究，最后竟因中毒太深而献出了宝贵的生命。不久，法国化学家尼克雷也同样殉难！

德国化学家许村贝格指出，氢氟酸中所含的这种元素是一切元素中最活泼的，所以要将这种元素从它的化合物中离析出来将是一件非常困难的事情。英国化学家哥尔用电解法分解氟化氢，但是在实验时发生了爆炸，显然是产生的少量氟气与氢气发生了剧烈的反应。他还试验过各种电极材料，如碳、金、钯、铂，但是在电解时碳电极被粉碎，金、钯、铂也不同程度地被腐蚀。这么多化学家的努力，虽然都没有制得单质氟，但是他们的心血没有白费。他们从失败中获得了许多宝贵的经验和教训，为后来莫瓦桑制得氟摸索了道路。

1852年9月28日，莫瓦桑出生于巴黎的一个铁路职员家庭。因家境贫困，中学未毕业就到巴黎的一家药房当学徒，在实际中获得了一些化学知识和技艺。他怀着强烈的求知欲，常去旁听一些著名科学家的讲演。1872年他在法国自然博物馆馆长、综合工科学校教授弗雷米的实验室学习化学。1874年到巴黎药学院的实验室工作，1877年25岁时才获得理学士学位。1872年莫瓦桑成为弗雷米教授的学生后，开始了真正的化学实验研究工作。年轻的莫瓦桑知道制取单质氟这个课题难倒了许多化学家，可是他对氟的研究却非常感兴趣，不但没有气馁，反而下定决心要攻克这个难关！

他先花了好几个星期查阅科学文献，研究了几乎全部有关氟的著作。认为已知的方法都不能把氟单独分离出来，只有戴维设想的方法还没有试验过。戴维曾预言：磷和氧的亲和力极强，如果能制得氟化磷，再使氟化磷和氧作用，则可能生成氧化磷和氟。由于当时戴维还没有办法制得氟化磷，因而设想的实验没有实现。

于是莫瓦桑用氟化铅与磷化铜反应，得到了气体的三氟化磷。他把三氟化磷和氧的混合物通过电火花，虽然也发生了爆炸反应，但得到的并非单质的氟，而是氟氧化磷（POF_3）。

莫瓦桑又进行了一连串的实验，都没有达到目的。经过长时间的探索，他终于得出这样的结论：他的实验都是在高温下进行的，这正是实验失败的症结所在，因为氟是非常活泼的，随着温度的升高，它的活泼性也大大地增加。即使在反应过程中它能以游离的状态分离出来，也会立刻和任何一种物质相化合。显然，反应应该在室温下进行，当然，能在冷却的条件下进行那就更好。他还想起他的老师弗雷米说过的话：电解可能是唯一可行的方法。

他想如果用某种液体的氟化物，例如用氟化砷来进行电解，那会怎样呢？这种想法显然是大有希望的。莫瓦桑制备了剧毒的氟化砷，但随即遇到了新的困难——氟化砷不导电。在这种情况下，他只好往氟化砷里加入少量的氟化钾。这种混合物的导电性很好，可是在电解几分钟后，电流又停止了，原来阴极表面覆盖了一层电解出的砷。

莫瓦桑疲倦极了，十分艰难地支撑着。他关掉了联通电解装置的电源，随即倒在沙发椅上，心脏病剧烈发作，呼吸感到困难，面色发黄，眼睛周围出现了黑圈。莫瓦桑想到，这是砷中毒！恐怕只好放弃这个方案了。出现这样的现象不是一次，他曾因中毒而中断了四次实验。

休息了一段时间后，莫瓦桑的健康状况有了好转，他继续进行实验，剩下唯一的方案是电解氟化氢。他按照弗雷米的办法，在铂制的容器中蒸馏氟氢酸钾（KHF_2），得到了无水氟化氢液体，用铂制的 U 形管作容器，用强耐腐蚀的铂铱合金作电极，并用氯仿作冷却剂将无水氟化氢冷却到-23℃进行电解。在阴极上很快就出现了氢气泡，但阳极上却没有分解出气体。电解持续近一小时，分解出来的都是氢气，连一点氟也没有。莫瓦桑一边拆卸仪器，一边苦恼地思索着，也许氟根本就不能以游离状态存在。当他拔掉 U 形管阳极一端的塞子时，惊奇地发现塞子上覆盖着一层白色粉末状的物质——原来塞子被腐蚀了！氟到底还是被分解出来了，不过和玻璃发生了反应。这一发现使莫瓦桑受到了极大的鼓舞。他想，如果把装置上的玻璃零件都换成不能与氟发生反应的材料，那就可以制得单质的氟了。萤石不与氟起作用，用它来试试吧，于是他用萤石制成试验用的器皿。莫瓦桑把盛有液体氟化氢的 U 形铂管浸入制冷剂中，用萤石制的螺旋帽盖紧管口，再进行电解。

多少年来化学家梦寐以求的理想终于实现了！1886 年莫瓦桑第一次制得了单质的氟(图 2-40)！这种气体遇到硅立即着火，遇到水立即生成氧气和臭氧，与氯化钾反应置换出氯气。通过几次化学反应，莫瓦桑发现氟气确实具有惊人的活泼性。

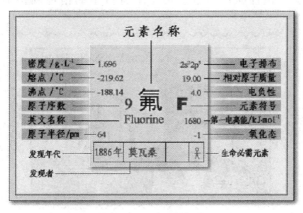

图 2-40　氟的性质

为了表彰莫瓦桑在制备氟方面所作出的突出贡献，法国科学院发给他一万法郎的奖金，莫瓦桑用这笔钱偿还了实验的费用。四个月后，他被任命为巴黎药学院的毒物学教授，同时还建造了一座不大的私人实验室供他进行科学研究。在这里，他进一步制备出许多新的氟化物，如氟代甲烷、氟代乙烷、异丁基氟等。其中四氟化碳的沸点是−15℃，很适合做制冷剂，这是最早的氟利昂。

他将研究成果写成了《氟及其化合物》一书，这是一本研究氟的制备及其氟化物性质的开山之作。1906年莫瓦桑获得了诺贝尔化学奖。

回顾氟的发现和制备过程，我们可以看到化学家们明知山有虎偏向虎山行的大无畏精神，70多年中很多化学家中毒，甚至献出生命，对氟的探索可以称得上是化学史中一段最悲壮的历程。莫瓦桑制备单质氟验证了"青出于蓝胜于蓝"的真理，他汲取了别人的经验和教训，同时改变了之前用高温的实验条件，在一连串的失败过后，终于走向成功（图2-41），并荣获了诺贝尔化学奖。这种前仆后继、勇于献身科学的精神确实值得我们学习。

图2-41　莫瓦桑的纪念邮票

莫瓦桑的名言是：

"虽然，氟至少夺走了我十年的生命，但我决不后悔。我不会停留在已取得的成绩上，在达到一个目标后，会不停地向另一个目标冲刺，一个人只有树立自己的崇高目标，并努力去奋斗，才会感到自己是一个真正的人。"

第16节　瑞利与千分位误差

图2-42　瑞利

瑞利(Third Baron Rayleigh)(图2-42)因为祖父被英国皇室封为瑞利勋爵，他是第三世，故称瑞利勋爵第三。其父辈在科学上没有什么声望，到瑞利勋爵第三，成了科学巨人。1842年11月12日，瑞利生于英国的特伦，由于出身贵族，所以从小受到良好的教育。他在中小学时代，头脑聪敏，才气初露。1860年，他以优异的成绩考入剑桥大学，1865年以优等成绩毕业。当时剑桥的主试人指出："瑞利的毕业论文极好，不用修改就可以直接打印。"

1866年，瑞利开始在剑桥任教。1872年，他因严重的风湿病不得不去埃及和希腊过冬，同时开始写作两卷本的《声学原理》。这部不朽的名著一直写了6年，直到1877年第一卷才初次出版。

1879年，著名的物理学教授麦克斯韦去世，空缺的剑桥大学卡文迪许实验室主任职位由瑞利继任。瑞利对科研事业热情极高，投入了全部身心。他担任卡文迪许实验室主任之后，扩大招生人数，把原只有六七个学生的小组发展成为拥有七十多位实验学家的先进学派，其中包括女性，反映了瑞利男女平等的观念。瑞利要求学生都要通过实验来学习，由他开创的这种培养学生的方法从此在欧美的大学流传开来。瑞利还带头捐出500英镑，同时向友人募集了1500英镑，为实验室添置了大批新仪器，使实验室的科学研究设备得到充实。

后来，该实验室培养了多位诺贝尔奖得主。1884年接替瑞利任实验室主任的汤姆逊，在这里发现了电子，荣获1906年的诺贝尔物理学奖。汤姆逊的学生卢瑟福，发现了放射性衰变规律，提出了半衰期的概念。他接替汤姆逊任卡文迪许实验室主任后，还是在这里，发现了原子的核模型，第一次打开了原子的大门，于1908年荣获诺贝尔化学奖。卢瑟福培养了很多的学生，其中有成功解释了氢原子光谱的丹麦物理学家玻尔，发现原子序数与它的X射线波长间关系的莫斯莱。

瑞利用电解水、加热氯酸钾和高锰酸钾等三种不同方法制取的氧气，密度完全相等。经过十年努力，他测得氧气和氢气的密度比是15.882∶1。而他用不同方法制取的氮气，密度则有微小的差异。由氨制得的氮气密度是1.2508g/L，由空气制得的氮气密度是1.2572g/L，前者要小千分之五左右。对此，他自己反复验证了多次。尽管差别很小，但是瑞利不放过常人不当回事的实验误差。他发现，这个"误差"总是表现为由空气除去氧、二氧化碳、水以后获得的氮气，比由氨和其他氮的化合物获得的氮气密度大；误差虽小，但是不对称。

瑞利感到困惑不解，1892年，他将这一实验结果发表在英国的《自然》周刊上，寻求读者的解答，但一直没有收到答复。

1894年4月，瑞利在英国皇家学会宣读了他的实验报告，随即苏格兰化学家、伦敦大学教授拉姆塞提出愿与瑞利合作研究。他说两年前就看到瑞利发表在《自然》周刊上的实验结果，今天听了报告更感到空气中可能还含有未知的密度更大的成分，瑞利听出了这话的分量。

在合作了四个月后的 1894 年 8 月 13 日，瑞利和拉姆塞以共同的名义宣布了一种惰性气体元素的发现。英国科学协会主席马丹提议把这种气体命名为氩（图 2-43），即"懒惰""迟钝"的意思。

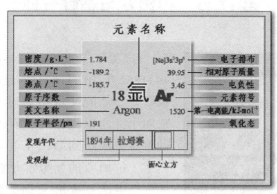

图 2-43　氩的性质

瑞利是注重严格定量研究的化学家之一，他的作风极为严谨，对研究结果要求极为准确，这一点，成了他在科学上作出杰出贡献的重要基础。这种追求至真的作风使得他在测定氮气密度时发现并抓住了"千分位的误差"，从而与拉姆塞共同发现了氩。这一成就使瑞利荣获了 1904 年的诺贝尔物理学奖。1905 年，瑞利当选为英国皇家学会主席。从 1908 年直到 1919 年去世，他是剑桥大学的名誉校长。

瑞利于 1919 年病故，比他的精诚合作者拉姆塞晚逝 3 年，享年 77 岁。据拉姆塞的学生特拉弗斯说，瑞利与拉姆塞之间往返信件极多，彼此关系十分融洽，共同为科学而努力，毫无名利之争。瑞利逝世后，他的实验室曾供科学界参观，凡是来访问的科学家，对瑞利使用简单的仪器就发挥出巨大的作用莫不惊异。瑞利实验室中的一切重要设备虽外形粗糙，但关键部位都制造得十分精细，瑞利用这些仪器做了极为出色的定量分析。后人经常记起这位伟大科学家的名言：

"一切科学上最伟大的发现，几乎都来自精确的量度。"

第 17 节　拉姆塞与惰性气体

图 2-44　拉姆塞

拉姆塞（William Ramsay）（图 2-44）1852 年 10 月 2 日生于英国的格拉斯哥。他的父母结婚时，都已年近四十，原以为已经没有生育子女的希望，没想到第二年就生下了拉姆塞。拉姆塞的父母都是善良聪明的苏格兰人，家庭幸福美满，他们努力使拉姆塞受到良好的教育。

拉姆塞从小喜欢大自然，极善音律，爱读书也爱收藏书籍，喜欢学习外语。他幼年时的许多行为，使成年人都感到吃惊。他小时经常坐在格拉斯哥自由圣马大教堂里，好像是听教徒讲道，大人们不明白这位活泼好动的孩子，为什么能安静地坐着。人们总看见他在阅读圣经，走近一看才明白，原来他看的不是英文版的圣经，而是法文版，有时又看德文版，他是在用这种方法学习法文和德文。拉姆塞去教堂的另一目的是看教堂的窗子，因为那窗上镶嵌着许多几何图形，通过那些图形他可以验证学校学的几何定理。

拉姆塞 14 岁时，被格拉斯哥大学破格录取为大学生。他极肯钻研，同班同学回忆拉姆塞刚上大学时的情形："拉姆塞刚入大学时，我们没学化学，但他一直在做各种实验。他的卧室四处都放着药瓶，瓶里装着酸类、盐类、汞等，他买化学药品和化学仪器很在行。下午，我们常在他卧室会面，一起做实验，如制取氢气、氧气，由糖制草酸等。我们还自制了许多玻璃用具，自制了本生灯，拉姆塞是制造玻璃仪器的专家。我相信，学生时代的训练，对他的一生大有好处，除了烧瓶和曲颈瓶以外，所有的仪器，都是我们自制的。"

1870 年，拉姆塞大学毕业后，去德国海德堡大学拜本生为师继续学习。一年以后，由本生推荐到蒂宾根大学继续深造，他在那里获博士学位。1872—1880 年间，拉姆塞在格拉斯哥学院任教。1880 年他 28 岁的时候，由于教学和研究方面都有较出色成绩，被伦敦大学聘为化学教授。1888 年他被选为英国皇家学会主席。

1890 年，美国地质调查所的地球化学家西尔布兰德观察到，当把沥青铀矿粉放到硫酸中加热时，就会放出一种气体，经实验这种气体是惰性的。1895 年，对"惰性"两字十分敏感的拉姆塞和特拉弗斯读到报告后立即重复了这项实验。他们把放出的气体充入放电管中进行光谱分析，原以为要出现氮的光谱，但却出现了黄色的辉光，在分光镜中出现了很亮的黄色谱线。他们将这种气体标本寄给权威的光谱专家克鲁克斯，克鲁克斯证实这是氦。

元素氦、氩发现以后，拉姆塞在他开拓的领域继续深入研究（图 2-45）。当时的元素周期表还没有氦和氩的位置。这两种元素不与任何元素化合，即化合价为零，理应另列一纵行作为零族放在第一主族碱金属的左边。氦的相对原子质量为 4，排在锂的左边十分合适；但氩的相对原子质量为 39.88，而钾的相对原子质量为 39.1，这样就出现了相对原子质量大的排在前面的情况。是氩不纯净还是氩的相对原子质量测定有问题？为了确定氩的相对原

图 2-45　拉姆塞在实验室

子质量，拉姆塞又做了大量的实验，结果依然。他是元素周期律的坚信者，这个先进的理论是他作出杰出发现的一个思想基础。他想，应尊重实验结果，不能随意改动氩的相对原子质量，在元素周期表中更应看重的是化合价等元素的性质。这样，他相信氩就应该排在钾的左边。

既然是一族，性质类似的元素就应该不止这两种。由此拉姆塞预言还有相对原子质量分别为 20、82 和 130 的三种未发现的惰性元素，并对其性质作了推测，如惰性、有美丽的光谱等。

紧随着坚定的信心，是艰巨的劳动。拉姆塞继续的实验多亏得到特拉弗斯的帮助，这位学生兼助手有着十分高超的实验技能和充沛的精力。他们设法取得了 1L 的液态空气，然后小心地分步蒸发，在大部分气体沸腾而去之后，遗下的残余部分，氧和氮仍占主要部分。他们进一步用红热的铜和镁吸收残余部分的氧和氮，最后剩下 25mL 气体。他们把这 25mL 气体封入玻璃管中，来观察其光谱，看到了一条黄色明线，比氦线略带绿色，还有一条明亮的绿色谱线，这些谱线，绝对不和已知元素的谱线重合！

拉姆塞和特拉弗斯在 1898 年 5 月 30 日，把他们新发现的气体命名为氪，它含有"隐藏"的意思。他们当晚测定了这种气体的密度、相对原子质量，同时发现，这种惰性气体应排在溴和铷两元素之间，这正是拉姆塞预言过的。为此，他们一直工作到深夜，特拉弗斯竟把第二天他自己要举行的博士论文答辩都忘得一干二净。

但是他们更希望找到的是位于氦和氩之间的惰性元素。由于它相对原子质量较小，所以一定会先挥发出来。拉姆塞和特拉弗斯就用减压法分馏残留空气，收集了从氩气中首先挥发出的部分。他们发现："这种轻的部分，具有极壮丽的光谱，带着许多条红线，许多淡绿线，还有几条紫线，黄线非常明显，在高度真空下，依旧显示着，而且呈现磷光。"

他们深信，又发现了一种新的气体。特拉弗斯说："由管中发出的深红色强光，已叙述了它自己的身世，凡看过这种景象的人，永远也不会忘记！过去两年的努力，以及将来在全部研究完成以前所必须克服的一切困难，都不算什么。这种未经前人发现的新气体，是以喜剧般的形式出现的，至于这种气体的实际光谱如何，目前尚无关紧要，因为我们看到，世界上没有别的东西，能比它发出更强烈的光来。"

拉姆塞有个 13 岁的儿子名叫威利，他问父亲说："这种新气体您打算怎么称呼它，我倒喜欢用氖，这样读起来更好听。"

于是，1898 年 6 月，新发现的气体氖就确定了名称，它含有"新奇"的意思。以后氖（图 2-46）成了制作霓虹灯的重要材料。

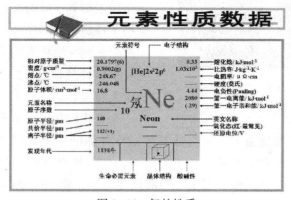

图 2-46　氖的性质

1898 年 7 月 12 日，由于他们有了自己的空气液化机，从而制备了大量的氪和氙，把氪反复分次萃取，又分离出一种气体，命名为氙，含有"陌生人"的意思。它的光谱是美丽的蓝色强光。

从液态空气中连续分离出了氖、氩、氪、氙四种惰性气体元素，拉姆塞更加相信空气中也含有氦，他要从空气中再次发现氦。氦的相对原子质量小，又是单原子气体——现在我们知道在所有气体中它的沸点最低，怎样液化它呢？当时已知液态氢的沸点最低，他们就将从液态空气中最先挥发出的氖压缩到一只管子里，再将管中的高压气体放入液态氢中强冷。氖在这种低温下竟成了固体，而氦仍是气体。氦终于从空气中分离出来了！

在不到一年的时间里，拉姆塞师徒俩艰辛地处理了 120t 的

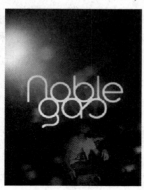

图 2-47　惰性气体的
英文是 noblegas

液态空气，找到了预言的三种惰性气体元素，使零族元素发展为五种，进一步完善了元素周期表，在化学史上写下了极为光辉的一页。1904 年的诺贝尔物理学奖授予瑞利，同时诺贝尔化学奖授予拉姆塞。同年的两项诺贝尔奖纪念同一项伟大的发现，可见发现惰性气体（图 2-47）元素的重大意义。

今天我们在大街上看到的霓虹灯很多都是由充入氖气或其他惰性气体的玻璃管组成，原理是在密闭的玻璃管内，充有氖、氦、氩等惰性气体，灯管两端装有两个金属电极，配上一只高压变压器，将 10~15kV 的电压加在电极上。由于管内的气体是由无数分子构成的，在正常状

化学史话

态下分子与原子呈中性，但在高电压作用下，少量自由电子向阳极运动，气体分子急剧游离激发电子加速运动，使管内气体导电，发出色彩的辉光。霓虹灯的发光颜色与管内所用气体及灯管的颜色有关，如果在淡黄色管内装氖气就会发出金黄色的光，如果在无色透明管内装氖气就会发出黄白色的光，要产生不同颜色的光，就要用许多不同颜色的灯管或向霓虹灯管内装入不同的气体。

拉姆塞学识渊博，也是科学界中最优秀的语言学家。1913年，他在化学学会国际会议上担任主席时，使全世界各地代表大为惊奇和愉快的是，他先讲英语，后讲法语，再讲德语，间或也用意大利语，无不流畅自如，从容清晰。这主要得益于他自小的刻苦练习。拉姆塞的名言是：

"多看、多学、多试验，如取得成果，绝不炫耀。学习和研究中要顽强努力，一个人如果怕费时、怕费事，则将一事无成。"

第 18 节　门捷列夫与元素周期律

门捷列夫（Dmitri Ivanovich Mendeleev）（图 2-48）于 1834 年 2 月 7 日出生于俄国西伯利亚的托波尔斯克市。他父亲是位中学校长，在他出生后不久，父亲双眼因患白内障失明，一家生活全靠他母亲经营一个小玻璃厂维持。1847年父亲又因患肺结核死去，意志坚强的母亲不管生活多么困难，仍坚持让孩子们接受学校教育。

图 2-48　门捷列夫

门捷列夫读书时，对数学、物理、历史课程非常感兴趣，他喜爱大自然，曾同他的中学老师一起长途旅行，搜集了不少岩石、花卉和昆虫标本。中学毕业后，他母亲决心要让儿子像他父亲那样接受高等教育，于是变卖了工厂，带着儿子经过两千多公里艰辛的马车旅行来到彼得堡。因为门捷列夫不是出身于豪门贵族，又是来自边远的西伯利亚，彼得堡的一些大学拒绝他入学。好不容易，考上了医学外科学校，然而当他第一次观看到尸体时，就晕了过去。他只好改变志愿，通过父亲同学的帮忙，进入了父亲的母校——彼得堡高等师范学院物理数学系。

母亲看到门捷列夫终于实现了上大学的愿望，不久便带着对他的祝福与世长辞。举目无亲又无财产的门捷列夫把学校当作了自己的家，为了不辜负母亲的期望，发奋学习。只过了一年，门捷列夫就成为优等生。紧张学习之余，他还撰写科学简评得到少量稿费。那时的师范学院里有一些学识渊博的教授，化学家伏斯克列辛斯基的教学和研究工作尤其鼓舞了这位年轻的大学生，门捷列夫的天才在这里获得了迅速和多方面的发展。

1854 年，门捷列夫大学毕业，并荣获学院的金质奖章，被分配到克里米亚地区中学任教。在教师的岗位上他并没有放松自己的学习和研究。但不久，因当地发生战争而离职，门捷列夫决定回到圣·彼得堡大学做无薪讲师，并专攻无机化学研究。他刻苦学习的态度、钻研的毅力以及渊博的知识得到老师们的赞赏，圣·彼得堡大学破格任命他为化学讲师。1857 年门捷列夫被聘为圣·彼得堡大学副教授，年仅 23 岁。

1857 年，门捷列夫担任化学副教授以后，负责讲授"化学基础"课。为了有合适的教材，他决定编写一本新的《化学原理》。在考虑写作计划时，门捷列夫深为无机化学缺乏系统性所困扰。于是，他开始搜集每一个已知元素的性质资料和有关数据，把前人在实践中所得的成果，凡能找到的都收集在一起，并进行分类。人类关于元素问题的长期实践和认识活动，为他提供了丰富的材料。当时科学家已经发现了 63 种化学元素，但是这些元素的性质显得杂乱无章。他先后研究了根据元素对氧和氢的化合关系所做的分类；研究了根据元素电化序所做的分类；研究了根据化合价所进行的分类，特别研究了根据元素的综合性质所进行的元素分类。

门捷列夫在研究前人所获得成果的基础上，发现一些元素除有特性之外还有共性。例如，已知的卤素元素氟、氯、溴、碘都具有相似的性质；碱金属元素锂、钠、钾暴露在空气中时都很快被氧化，因此都是只能以化合物形式存在于自然界中；但铜、银、金等金属都能长久保持在空气中而不被腐蚀，正因如此它们被称为贵金属。于是，门捷列夫开始试着排列这些元素。他把每个元素都建立了一张长方形纸板卡片，在每一块长方形纸板上写上了元素符号、相对原子质量、元素性质及其化合物。就像玩一副别具一格的元素纸牌一样，他反复排列这些卡片，终于发现每一行元素的性质，尤其是元素的化合价，都在按相对原子质量的增大而逐渐变化，周而复始，也就是说元素的性质随相对原子质量的增加而呈周期性的变化。第一张元素周期表就这样产生了。

门捷列夫把重新测定过相对原子质量的元素按照相对原子质量的大小依次排列起来，发现性质相似的元素，它们的相对原子质量并不相近；相反，有些性质不同的元素，它们的相对原子质量反而相近。他紧紧抓住元素的相对原子质量与性质之间的相互关系，不停地研究。经过一系列的排队以后，在 1869 年 2 月，终于发现了元素化学性质的规律性——元素周期律。

1869 年 3 月，门捷列夫在题为《元素性质与相对原子质量的关系》论文中首次提出了元素周期律，发表了第一张元素周期表。这个表包括了当时科学家已知的63种元素，表中共有67个位置，尚有4个空位只有相对原子质量而没有元素名称，门捷列夫假设，有这种相对原子质量的未知元素存在。

在他的第一张元素周期表发表后，门捷列夫对元素周期律继续进行深入研究，特别是重新审定了许多元素的相对原子质量。在对元素相对原子质量进行审定之后，他于1871年12月发表了第二张元素周期表（图2-49）。与第一张元素周期表相比，第二张元素周期表更完备、更精确、更系统。在门捷列夫编制的周期表中，还留有很多空格，这些空格应由尚未发现的元素来填满。门捷列夫从理论上计算出这些尚未发现的元素的最重要性质，断定它们介于邻近元素的性质之间。例如，在锌与砷之间的两个空格中，他预言这两个未知元素的性质分别为类铝和类硅。

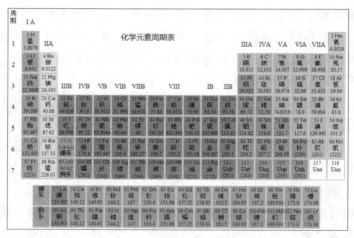

图 2-49 元素周期表

门捷列夫先后预言了15种以上未知元素的存在，结果有3种元素在门捷列夫还在世的时候就被发现。就在他预言后的第四年，法国化学家布阿勃朗用光谱分析法，从锌矿中发现了第一个待填补的元素，其性质非常像铝。这就是门捷列夫预言的类铝，被命名为镓（Ga）。

随着周期律广泛被承认，门捷列夫成为闻名于世的卓越化学家（图2-50），各国的科学院、学会、大学纷纷授予他荣誉称号、名誉学位以及金质奖章。具有讽刺意义的是，在封建王朝的俄国，科学院推选院士时，竟以门捷列夫性格高傲、有棱角为借口，把他排斥在外。后因门捷列夫不断被选为外国的名誉会员，彼得堡科学院才被迫推选他为院士。由于气

图 2-50　门捷列夫

恼，门捷列夫拒绝加入，从而出现俄国最伟大的化学家反倒不是俄国科学院成员的怪事。

门捷列夫除了发现元素周期律外，还研究过气体定律、溶液化学理论、气象学、石油工业、农业化学、无烟火药、度量衡，在这些领域他都辛勤劳动、大胆探索。1887年发生日食的时候，为了观察天象的变化，他不顾家人和朋友的劝阻，一个人乘着气球上升到空中。这个气球被风刮到很远的地方才降落下来，许多人都替他捏着一把汗。这种为科学不顾生命危险的精神鼓舞了许多俄罗斯青年。

门捷列夫作为一位伟大的科学家，带给我们的启示是：

第一，在研究元素周期律的过程中采用了创造思维中的重要方法——试错与逼近法。他前后各次所发表的周期表相比都有很多的问题没有解决，可是门捷列夫通过周期律的初步假设，敢于将归纳与演绎适当地结合，用创造性的归纳去提出和形成假设，又用演绎从假设推出创造性的科学预见，再将来自科学

实验的知识经过综合分析形成理论，具有科学的预见性和创造性。

第二，科学发现是一个循序渐进的过程。19 世纪 60 年代，由于化学元素的大量发现和相对原子质量的精确测定，对元素系列的正确分类已成为可能，许多化学家互相独立地从不同侧面探寻化学元素系列和化学元素分类的规律，都取得了一定的进展，这表明人类在发现化学元素周期律的道路上是一个不断向真理靠近的过程。门捷列夫与同时期的化学家比较，对化学性质与相对原子质量之间关系的认识，不仅从感性跃迁到理性，而且根据元素周期律科学地预言了一些未知元素的存在，并预先留出空位，这是他在研究周期律上远远高于他人的方面。

第三，元素周期律的发现大大加深了人类对物质世界的认识。20 世纪以来，随着科学技术的发展，人们对于原子的结构有了更深刻的认识。人们发现，引起元素性质周期性变化的本质原因不是相对原子质量的递增，而是核电荷数（原子序数）的递增，也就是核外电子排布的周期性变化。元素周期律的发现大大加深了人类对物质世界的认识，对科学发展起了指导和推动作用，在历史上成为科学发展的里程碑。这一发现的伟大意义在于它不再把自然界的元素看成彼此孤立不相依赖的堆积，而是把各种元素看作有内在联系的统一整体，表明元素性质发展变化的过程是由量变到质变的过程，周期表中每一周期元素随着相对原子质量的增加，显示出各种性质逐渐发生量变，而到每一周期的末尾就显示出质的飞跃；在相邻的两个周期间既不是简单的重复，又不是截然不同，而是由低级到高级、由简单到复杂的发展过程。

第19节　李比希与"吉森学派"

　　1803 年 5 月 12 日，李比希
（Justus von Liebig）（图 2-51）生于德
国黑森大公国。他的父亲是一位经营
药物、油脂、染料的商人。1811 年，
他进入 11 年制国民学校学习拉丁文、
希腊文等古典科目，但李比希独爱化
学，因此，他的学习成绩经常倒数第
一。由于偏科化学，李比希多次被校
长点名批评。1818 年他 15 岁时，因
不能正常毕业而退学。父亲按照他的
意愿，安排他在附近药店当雇工，成
天剪切草药或捏制药丸。起初他以为

图 2-51　李比希

能学习一些化学知识，但事与愿违，于是这个"不安分的雇工"
开始抽空做自己的化学实验，设法研究雷汞。终于，有一次因
为用药过量炸坏药店窗户而被辞退。

　　但李比希还是对化学十分喜爱！鉴于此，父亲经不住一再
请求，决定让儿子做最后一次尝试，这样坚持不懈的李比希终
于有希望名正言顺地学化学了。1820 年，李比希来到德国最好
的波恩大学学习，结果教授们的水平令他很失望。虽然如此，
他仍然利用有限的条件，在大学期间坚持研究雷汞，并发表了
一篇关于雷汞的论文，从此属于李比希的奇迹开始了！

　　由于雷汞涉及炸药、军事，这篇关于雷汞的论文引起了黑
森大公国路德维希一世的注意，他决定满足这个年轻人对化学

第 2 章　世界近代化学

的追求。经李比希不懈的努力，终于获得走向成功的第一块敲门砖。1822 年，受路德维希一世的资助，虽然大学尚未毕业，壮志未酬的李比希决心"朝圣"巴黎。当时，欧洲的北方有瑞典的贝采里乌斯，西方有英国的戴维、法国的盖·吕萨克等著名化学家，形成世界化学学术中心的"三足鼎立"——在巴黎，如饥似渴的李比希幸运地听到了许多著名的讲演，但还缺乏进入实验室学习的机会。

当时的化学学习中，只是讲理论，只有个别学生能够在教授的个人实验室学习。尽管如此，年轻的李比希不放过任何与名家交流的机会，积极参加巴黎的各种学术活动。终于，在一次学术会议上，李比希宣读过去完成的论文，引起当时世界著名德国地理学家洪堡的注意。经洪堡引荐，李比希进入盖·吕萨克私人实验室进行研究——幸运之门再次敞开，他得以与杜马等为伍，得到名师盖·吕萨克的亲自指点。

从此，李比希进步很快，得到了导师的肯定。1824 年李比希回国，经洪堡和盖·吕萨克向黑森大公推荐，年仅 21 岁，连中学、大学都尚未正式毕业的小青年就任吉森大学副教授。很快，因成绩卓著，1825 年提升为教授。1845 年，由于李比希杰出的化学成就，黑森大公授予其男爵爵位。1852 年，李比希应邀去慕尼黑大学执教，直到 1873 年去世。

李比希的一生与雷汞的研究密切相关，但李比希的成就并非局限于雷汞。他创立了有机化合物的经典分析法，奠定了有机化学的基础。如果说，贝采里乌斯对有机分析作出了重大贡献，那么用李比希的有机分析方法，1 个月可以完成贝采里乌斯 18 个月的分析工作。

后来，李比希通过对基团的研究，尝试建立起有机化合物的分类体系。他指出："无机化学中的'基'是简单的；有机化学中的'基'则是复杂的，这是二者的不同点。但是，在无机化学和有机化学中，化学的规律是一样的。"

李比希在盖·吕萨克的私人实验室进行研究工作时就感到实验室对科学研究的重要性，尤其化学是一门以实验为基础的科学。而当时的实验室又很少，大多是一些私人实验室，只能容纳一两位学生或助手学习和研究。回国后，他发现德国的化学教育落后于法国，化学实验教学的条件就更差了。为了改变这种情况，李比希加强了实验室的建设和化学教学法的研究，使化学教学真正具备了实验科学的特色。他在校方和政府的支持下，经过两年努力，在吉森大学建立了一个完善的实验教学系统，他的实验室可以同时容纳 22 名学生做实验，教室可以供120 人听讲，讲台的两侧有各种实验设备和仪器，可以方便地为听讲人做各种演示实验。他要求他的学生既会定性分析，又会定量分析，自行制备各种有机化合物，这样就可以培养出较强的实际工作能力。

李比希建立的实验室后来被称为"李比希实验室"，由于这一实验室培养出一大批第一流的化学人才，所以当时成了全世界化学化工工作者瞩目和向往的地方。也基于此，许多先进的实验技术被迅速推广普及，这也导致许多方法和仪器以李比希命名。

李比希培养了大批杰出的化学家，在 1901—1910 年的前十届诺贝尔化学奖获得者中，出自李比希门下的占 70%，而出名的徒子徒孙更是难以述表。迄今为止，这个学派及其继承者所获得的诺贝尔化学奖比任何一个学派都要多。

作为 19 世纪最著名和最有成果的化学家，李比希的声誉在1840 年之后代替了贝采里乌斯在世界化学界的权威地位（图 2-52、图 2-53）。由于李比希的学术成就和先进教学，吉森大学成为世界化学的新中心，他的实验室成为各国化学家的圣地，并形成了"吉森学派"。由于李比希和维勒的努力，带动了德国化学的崛起。

图 2-52　民主德国李比希银币

图 2-53　李比希纪念邮票

第 20 节　维勒与尿素

图 2-54　维勒

1800 年 7 月 31 日维勒 (F. Wohler) (图 2-54) 出生于德国法兰克福附近。他的父亲曾在马尔堡大学学习兽医和农业，1806 年在法兰克福附近经营起自己的庄园，1812 年在法兰克福担任宫廷职务，由于学识渊博、能力突出，又热心社会公益事业，不久成了当地名流。他的母亲是一位中学校长的女儿，对幼年维勒施以良好的教育。父亲特别喜欢维勒，非常关心他的成长，为了把他培育成才，父亲处处严格要求、细心指导。

少年时代的维勒喜欢诗歌、美术，还特别爱好收藏矿物标本。在各门自然科学中，他最喜欢化学，尤其对化学实验感兴趣。在维勒居住的房间里，床下胡乱地堆放着许多木箱，里面盛满了各种矿石和矿物标本，屋角摆放着一堆堆实验仪器，有玻璃瓶、量筒、烧瓶、烧杯，有打破的曲颈瓶以及钢质研钵等，他的房间简直成了一间实验室和储藏室。这引起了父亲的极大不满，为此，父子俩常发生口角。

有一次，被激怒的父亲没收了儿子的《实验化学》书。维勒对此很伤心，他跑去找父亲的好朋友布赫医生。布赫医生早年也曾对化学发生过极大兴趣，在他那里，一直存放着许多著名学者编著的化学教科书和一些专著，还有不少柏林、伦敦、斯德哥尔摩科学院的期刊。维勒寻求到了布赫的支持，他不倦地阅读着布赫医生这些珍贵的化学资料，还经常同布赫医生讨论一些他们感兴趣的化学问题，在他的头脑里，知识一天天地积累起来了。

维勒这种旺盛的求知欲又重新激起布赫对化学的浓厚兴趣，他们成了志同道合的忘年交（图2-55），在各方面布赫都给维勒以宝贵的支持和帮助。这位医生还很注意启发维勒的思想，经常对他说："如果想要成为科学家，你就应当具备许多知识，要什么都知道。"

图2-55　志同道合的忘年交

这段友好交往对维勒中学阶段的学习起了良好的作用，他更加勤奋地钻研各门功课。1820年，维勒以优异成绩从中学毕业。

按照家人的意见，他选择了学医，20 岁的维勒进入马尔堡大学医学院。他非常喜欢上大学，在学校里一心一意地攻读所有功课。但回到宿舍，他又专心做起化学实验，天天如此。维勒的第一项科学研究正是在那间简陋的大学宿舍里研究成功的，他最早研究的是不溶于水的硫氰酸银和硫氰酸汞的性质问题。经过几个月的深入研究，维勒在自己的第一篇科学论文中详细地描述了这个问题。由布赫医生推荐，这篇论文发表在《吉尔伯特年鉴》上。发表后，立即引起了瑞典化学家贝采里乌斯的重视。他在 1821 年主编的《物理、化学年度述评》中以十分赞赏的口吻对维勒的论文给予了肯定的评价，这一成果增强了这个青年学生的信心。

1821 年，维勒转入海德堡大学，他在学医之余还旁听化学教授格梅林的化学课，同时，他还可以在格梅林的实验室里工作——由于维勒的化学水平已经很高，因此并未听完化学课就可以进其实验室做研究。维勒一生都是主要靠自学与实验掌握化学的，海德堡大学的实验条件较好，所需物品应有尽有，维勒继续研究氰酸及其盐类。

1823 年 9 月他获得医学博士学位，格梅林教授发现维勒的化学实验技能很强，就建议他赴瑞典化学大师贝采里乌斯处进修，专攻化学。当年冬天，维勒就到了斯德哥尔摩，在这位卓越化学家的私人实验室开始工作。此时的贝采里乌斯正在研究氟、硅和硼分析及制取各种元素的新方法。在这里，维勒熟练掌握了分析和制取各种元素的新方法。同时，他还继续研究氰酸。

1823 年 11 月，他按贝采里乌斯制定的方法从事沸石、黑柱石的分析，制备当时还较为少见的硒、锂、氧化铈、钨，研究氰酸及氰的反应，还担当贝采里乌斯的助手，很快接触到近代化学的前沿。在实验室，每当维勒操作得过快时，贝采里乌斯就对他说："快是要快，但工作一定要好!"可见，高徒要严师。

实验室工作结束后，维勒随贝采里乌斯穿越瑞典和挪威做野外地质考察：参观著名的矿山，考察典型的地质现象，会晤知名学者，采集岩矿标本。1824 年 9 月，维勒辞别恩师贝采里乌斯，经丹麦作短期访问后，于 1824 年 10 月回到法兰克福。在瑞典的学习，不但奠定了维勒与贝采里乌斯的终生友谊，也确定了维勒一生的学术方向。

1825 年 3 月维勒应柏林工业学校之聘，任化学与矿物学讲师，1828 年维勒晋升为教授。从学生时代起，维勒就研究氰及其相关反应，以及氰酸及其盐类的制备和性质，在研究氰与硫化钾、硫化氢或氨的反应时，注意到后者的生成物中除草酸铵外，还有一种不显示盐性质的白色晶体物。

差不多同时，李比希在法国研究雷酸盐，他发现维勒对氰酸银（AgCNO）组分定量分析结果与他得自雷酸银（AgONC）的分析数据十分一致，但二者性质却全然不同。这在人们还不理解同分异构现象的当时是不可思议的，他怀疑维勒分析的可靠性。1824 年冬，他们在法兰克福举行的科学家集会上会晤，讨论了各自的工作。二人从此相识结交，多次合作，成为终生忠诚相处、共同研究工作、有争辩又无怨妒的最好朋友。

针对李比希的怀疑，维勒再次研究了氰酸的组成。经研究证明：不论是在氰与氨的反应中，或在氰酸与氨的反应中，或是在氰酸银与氯化铵或氰酸铅与氨水的反应中，所生成的那种中性白色晶体物质与来自动物尿液中的尿素性质相同。氰酸铵在实验室里变成了尿素（图2-57）。

维勒认真谨慎地研究了近四年。在 1828 年发表的《论尿素的人工合成》论文里，维勒明确指出："这是一项以人力从无机

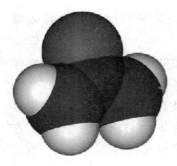

图 2-56　尿素分子

物制造有机物的范例。"

维勒和他的这篇文章当时就受到科学界普遍的关注，并且永载史册。人工合成尿素在化学史上开创了一个新兴的研究领域——有机合成。维勒开创的有机合成的新时代，极大地推动了有机化学的发展。

作为大师的维勒，其高尚的道德也历来是学者的楷模。他经常为朋友托付的各种琐事所困扰，即使影响了自己正常的工作也从无怨言。他善解人意，为人和蔼可亲，始终与自己的老师和学生保持着良好的关系。就在 1882 年 9 月 23 日，一代大师逝世于哥廷根，这无疑是化学事业发展中的一大损失。但维勒和李比希带动的德国化学，已经在他们学生的努力下，保持在世界的前列。

第 21 节　凯库勒与苯分子结构

苯是在 1825 年由英国科学家法拉第首先发现的。19 世纪初，英国和其他欧洲国家一样，城市的照明已普遍使用煤气，生产煤气的原料制备出煤气之后，剩下一种油状的液体。法拉第是第一位对这种油状液体感兴趣的科学家，他用蒸馏的方法将这种油状液体进行分离，得到另一种液体，实际上就是苯。

1834 年，德国科学家米希尔里希通过蒸馏苯甲酸和石灰的混合物，得

图 2-57　凯库勒

到了与法拉第所制液体相同的一种液体，并命名为苯。法国化学家日拉尔等人又确定了苯的相对分子质量为 78，分子式为 C_6H_6。苯分子中碳的相对含量如此之高，使化学家们感到惊讶。如何确定它的结构式呢？化学家们为难了：苯的碳氢比值如此之大，表明苯是高度不饱和化合物，但它又不具有典型的不饱和化合物应具有的易发生加成反应的性质。解决苯分子结构问题的乃是李比希的学生、极富想象力的德国化学家凯库勒（Friedrich A. Kekule）（图 2-57）。

1829 年 9 月 7 日，凯库勒生于德国达姆斯塔德的一个波希米亚贵族家庭，父亲是一名高级军事参议官。凯库勒从小天资聪颖，热爱建筑，立志长大后要当一名优秀的建筑大师。中学时，他就懂四门外语（法语、拉丁语、意大利语和英语），尤其擅长数学和制图，对于植物和蝴蝶等动物兴趣也非常浓厚。

凯库勒喜欢钻研问题，思想深刻而新颖，经常受到老师的表扬，同学们也爱同他一起讨论问题，觉得他对别人的思想有启发。在写作方面，他与众不同，经常独出心裁；在建筑方面，他表现了惊人的天资。有一位建筑师是他家的世交，经常教凯库勒制图和绘画，这个学生的接受能力使他很惊奇。

凯库勒喜欢自然科学，但当时对化学并没有什么偏爱。父母考虑到建筑师将来会有比较多的收入，主张他学建筑。然而不幸的是，在凯库勒中学毕业之前，父亲就去世了，他只好一边工作一边读书。1847 年，18 岁的凯库勒高中毕业，以优异成绩考入吉森大学，并遵从父亲的遗愿，学习建筑学。

吉森大学是德意志联邦当时最为著名的一所大学，校园美丽、学风淳朴，更为值得骄傲的是，这所大学还拥有一批知名度极高的教授，且允许学生不受专业的限制，选择他们喜爱的教授。

凯库勒在上大学以前，就为家乡达姆斯塔德设计过三所房子，初露锋芒的他深信自己有建筑的天赋。因此，进入吉森大学，他毫不犹豫地选择建筑专业，并以惊人的速度很快修完了数学、制图和绘画等十几门专业必修课。

在他正准备扬起自己的理想风帆时，一个偶然事件，却改变了他的人生道路——这就是赫尔利茨伯爵夫人的案件。

此案开庭审理时，凯库勒参加了旁听。在黑森法庭，他见到了本案的真正判决者——大名鼎鼎的李比希教授。教授手里拿着一枚戒指，这是一枚价值连城的宝石戒指，上面镶着两条缠在一起的金属蛇，一条是赤金的，一条是白金的，看上去精美绝伦。李比希教授测定了金属的成分，然后缓缓地站起身来面对着台下急不可耐的听众，用一种平和而又坚定的语气说道："白色是金属铂，即所谓'白金'制成的。现在伯爵夫人侍仆的罪行是明显的，因为白金从 1819 年起，才用于首饰业中，而她却硬说这个戒指从 1805 年就到了她手中。"

清晰的逻辑分析，确凿的实验结论，使罪犯终于供认盗窃戒指的事实。这个案件的审理，使凯库勒对这位知名教授产生了由衷的敬佩之情。其实，凯库勒在吉森大学早就听说李比希教授的大名，同学们也多次劝他听听这位教授的化学课，但他对化学毫无兴趣，不愿意将时间花费在自己不愿做的事情上，因此，对这位教授的了解也仅限于道听途说。这次偶然的接触，使凯库勒一改初衷，决定去听听李比希教授的化学课。

课堂上，李比希教授轻松的神态、幽默的语言、广博的知识把凯库勒带入一个全新的世界，强烈地吸引着凯库勒，使他产生极大的兴趣。自此，凯库勒就常去听李比希的化学课，渐渐地对化学研究着了魔。不久，凯库勒放弃了建筑学。

当时，亲友们认为凯库勒改变志向是由于一时的感情冲动，劝他要特别慎重。可是凯库勒的志向并未动摇。从后来他的成果看，先立志建筑而后改学化学的凯库勒，的确是一位具有浓厚"建筑"构造特色的化学家。

1849 年秋天，这是一个充满着诱惑的秋天，是一个洋溢着丰收喜悦的秋天！凯库勒经过艰辛的努力，以优异的成绩，跨进了李比希的化学实验室。转入李比希的实验室后，他完成的课题是"关于面筋成分的研究"。后来，凯库勒征得李比希的同意，到法国化学家日拉尔处留学。

1855 年春天，凯库勒离英回国。他先后访问了柏林、吉森、哥廷根和海德堡等城市的一些大学，令他失望的是，这么多地方都未能使他找到一份合适的工作。于是，他决定在海德堡以副教授的身份私人开课。他的这个想法得到了海德堡大学化学教授本生的支持。凯库勒租了一套房子，把其中的一间作为教室，将另一间改装成了实验室。

到他这里来听课的人，最初只有 6 人，但没过多久，教室里就座无虚席。这使凯库勒获得了可观的收入，而预约登记到他实验室来工作的实习生还在与日俱增。他一边讲课，一边带实习生做实验，并用所有的空闲时间继续自己的研究。

凯库勒关于苯环结构的假说，在有机化学发展史上作出了卓越贡献。由于他早年受到建筑师的训练，具有一定的形象思维能力，善于运用模型方法，把化合物的性能与结构联系起来。1864 年冬天，他的科学灵感导致他获得了重大的突破。他记载："我坐下来写我的教科书，但工作没有进展。我把椅子转向炉火，打起瞌睡来。原子又在我眼前跳跃起来，这时较小的基团谦逊地退到后面。我的思想因这类幻觉不断出现变得敏锐了，现在能分辨出多种形状的大结构，也能分辨出有时紧密地靠近在一起的长行分子，它围绕、旋转，像蛇一样地动着。突然！有一条蛇咬住了自己的尾巴，这个形状虚幻地在我眼前旋转，像是电光一闪，我醒了。我花了这一夜的剩余时间，作出了假想。"

于是，凯库勒首次满意地写出了苯的结构式（图2-58），指出芳香族化合物的结构含有封闭的碳原子环，它不同于具有开链结构的脂肪族化合物。1865年，凯库勒于根特发表《关于芳香族化合物的研究》，从此，因"梦"见苯环结构而威震江湖（图2-59）。对此，凯库勒说："先生们，我们应该会做梦！那样我们就可以发现真理，但不要在用清醒的理智检验之前，就宣布我们的梦。"

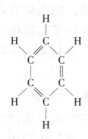

图2-58 苯的结构　　图2-59 凯库勒因"梦"见苯环结构
而威震江湖

苯环结构的诞生，是有机化学发展史上的一块里程碑。凯库勒认为苯环中六个碳原子是由单键与双键交替相连的，以保持碳原子为四价。1866年，他画出一个单、双键的空间模型，与现代结构式完全等价。

凯库勒还根据这种结构式进一步论述了苯的六个氢原子应当具有完全等同的性能；并且还说明了当从苯衍生出的许多取代物生成各种同分异构体的时候，根据取代原子或取代基的数目和种类，就可以推断出生成的同分异构体数目，以及所生成的各同分异构体的性质差异等问题。

1867 年 9 月，凯库勒应聘波恩大学教授和化学研究所所长，接替霍夫曼的职位。这时的凯库勒已经是有世界影响的化学家，国内外不少青年到波恩来，投到凯库勒的门下，这中间的多数人后来都成为有卓越成就的化学家。有资料显示，凯库勒的学术后裔中（包括第三、四代学生），到 20 世纪 50 年代，就有 23 位是诺贝尔化学奖的获得者，包括拜耳、范特霍夫等一批优秀化学家。凯库勒作为一代宗师，桃李满园，代代相传，对近代化学发展的深远影响是显然的。教书育人也是凯库勒 40 多年学术生涯中最值得称道的一个方面。

凯库勒的创造性贡献，奠定了他在有机化学结构发展史上的显赫地位，使得人类对有机化学结构的认识产生了一大飞跃。凯库勒于梦中发现苯分子结构的故事虽具有传奇般的色彩，但发现的原因与他的建筑学造诣和对空间结构的丰富想象力密切相关。他先立志学建筑而后改学化学，用原子的组合构筑成分子，这源于他学习建筑学时，建筑艺术中空间结构美的熏陶，而他所构思的苯的分子结构式也正是具有优美的对称性的结构形式。所以他的成功绝非偶然，与他的经历有关，与他的创造性思维有关。

作为一个杰出的科学家，凯库勒的成就得到了全世界的普遍公认。他的成果不仅受到世界科学家们的重视，而且也为工业家们所采纳，成为 19 世纪以来有机化学界的真正权威。

凯库勒在吉森时常听到李比希的一句警言："学习化学的人不应害怕危及健康，如果考虑健康那就将一事无成。"他时刻牢记这个告诫，终生夜以继日、坚持不懈地努力工作。结果正像李比希那样，他晚年也遭受了同样的痛苦。他晚年时病魔缠身，中断了和外界的交往，在孤独中度过凄惨的岁月，在 1896 年 7 月 13 日病逝，终年 67 岁。1903 年，柏林市为他塑了铜像。

第22节 贝特罗与有机物合成

图2-60 贝特罗

化学史上，在有机合成方面贡献重大的是贝特罗的研究。贝特罗研究有机合成是多方面的，如饱和烃、不饱和烃、脂肪、芳香烃的合成以及它们的衍生物的合成等。回顾他成功的历程，对我们将会有很大的启发。

贝特罗（M. Berthelot）（图2-60）1827年10月25日生于巴黎。其父是一名医生，家庭生活不甚富裕，但父母竭尽全力，要把聪慧的儿子培育成才。中学时代的贝特罗，初露天资，写得一手很好的哲学论文，熟练掌握几种外语，说一口流利的英语、德语，对拉丁语和希腊语运用自如。他笃信科学，反对迷信，是个无神论者，坚信"真理存在于科学之中"。

1848年秋，21岁的贝特罗考进大学。开始，他遵从父母的意愿去学医。然而，强烈的求知欲促使他对各门学科都感兴趣。慢慢地他在学医之外，挤出时间去广泛旁听历史、文学、考古学等许多课程，也研究语言学，研究领域较宽。白天他长时间待在图书馆里，博览群书，晚上在实验室里常常工作到深夜。由于他勤奋刻苦，学习成绩优异。

化学是医科学生的必修课程之一。因此，贝特罗也开始学习和研究化学。为了得到进行化学实验的条件，他曾每月交100法郎，在一间私人化学实验室里，开展自己的研究工作。在那里，他很快掌握了多种实验技术。最初，他研究一些带有物理性质的化学问题。例如，他对与气体液化有关的现象很感兴趣，曾研究过二氧化碳、氨以及其他气体液化的条件，并于 1850 年发表了他的研究成果。

19 世纪中期开始，许多化学家都在研究有机化学问题，但他们多限于研究那些天然有机化合物，运用化学手段分离出纯净的有机物。在这些化学家中几乎还没有人想到直接从无机物合成有机物。

1828 年，当德国化学家维勒首次宣布人工合成尿素以后，尽管不少化学家还不承认被合成的尿素是真正的有机物，可是贝特罗却相信维勒的成果及其重大意义。他深信，在一定条件下，试管中必定可能合成某些有机物。对乙醇和松节油的研究取得成果之后，更增强了他的这一信心。之后，他又利用乙烯同硫酸的反应合成了乙醇，这是人类第一次用非发酵手段制得乙醇。

贝特罗真正惊人的创造，是 1853 年合成了脂肪。在合成脂肪之前，已有人能将脂肪分解为高级脂肪酸和甘油。贝特罗则认为既然可以分解为高级脂肪酸和甘油两种组分，当然也有可能把它们结合起来成为脂肪。于是他把一定量的脂肪酸和甘油放在厚壁玻璃管中加热，确实发生反应生成了脂肪和水。他研究合成的甘油三硬脂酸酯的性质数据，跟其他化学家研究天然的甘油三硬脂酸酯的数据完全相同。

贝特罗的文章一发表，便成为学术界轰动一时的新闻，不少报纸以"在试管中合成了脂肪""自然界被征服了！""人能按照自己的愿望生产迄今是细胞组织的物质"等作为标题，报道了这位青年化学家的成就。法国科学院对这项成就给予高度的评价，由政府授予贝特罗 2000 法郎的奖金，并授予博士学位。

次年，贝特罗想到，既然在浓硫酸作用下，乙醇能脱水生成乙烯，反过来乙烯与稀硫酸作用下也能生成乙醇，可见脱水反应有其可逆性。而甲酸在浓硫酸的作用下脱水生成一氧化碳，这一反应的逆反应也许能发生。于是他将一氧化碳与氢氧化钾一起加热三天合成了甲酸钾，进一步酸化和蒸馏得到了甲酸。他验证了自己的预言——不仅关于脱水反应，更验证了由无机物合成有机物的可能。

1856 年，他将二硫化碳蒸气与硫化氢的混合物通过红热的铜，制成了甲烷和乙烯。他认为是铜与硫结合而使高活性的碳与氢游离出来，化合为甲烷和乙烯。他进一步在日光照射下使甲烷氯化为 CH_3Cl，再水解制得了甲醇。

后来，他用松节油制取了樟脑，进一步由樟脑再制成冰片。到了 19 世纪 60 年代，他先后由碳和氢制成乙炔，由乙炔又制成苯。1868 年，他通过乙炔和氮制成了氢氰酸。贝特罗在有机合成领域的一系列成就，几乎成了神话。

贝特罗对合成工作的进一步研究，是试验电在合成反应中的作用。起初，他用电火花作用于反应过程，没有效果，改用电弧后产生了明显效果。他设法在充满氢气的器皿中，安装两个碳电极，通电使两电极间产生电弧，制得了乙炔。这项实验的成功，使贝特罗受到极大鼓舞，由此开始了一系列新的合成实验。他由乙炔加氢制成乙烯，乙烯再加氢而得到乙烷。

1860 年，贝特罗发表了他的《有机合成化学》，陈述了有机合成的一般原则和方法，提出有机化学家有责任用无机物去设法合成有机物，而不需要动植物活体做媒介。他在书中首次使用"合成（synthesis）"这个词表达他的主张，概括他已经和将要实现的反应过程。打破无机物与有机物间的界限，"合成"一词在当时带给人们的震撼，不亚于我们现在听到"克隆"时惊心动魄的感觉。这本专著的出版预示着大规模有机合成时代的来临——不仅在实验室，更具意义的是有机合成的工业化。

在法兰西学院的实验室里，贝特罗为自己的化学研究又提出了新的方向，开始研究热化学问题。他测定了燃烧热、中和热、溶解热以及异构化热等，试图从中寻找规律性的东西。"放热和吸热反应"的概念就是他首先引入化学领域的。

他还对爆炸问题进行过认真研究。普法战争爆发后，巴黎不幸被包围，法国政府紧急动员，号召所有科学家都来参加巴黎保卫战。1870 年 9 月底，政府要求贝特罗在最短期间内制造出火药，结果只用了几天时间，他就向当局交出了一份关于火药制备工艺过程的报告。从此他一直关心与爆炸现象有关的各种过程。1881 年，他发明了一种弹式量热计(图2-61)，并测定了一系列有机化合物的燃烧热。他首创的那种量热计一直沿用至今。

图 2-61　弹式量热计

精力充沛、能力惊人的贝特罗，除了从事繁忙的科学研究工作外，还是著名的社会活动家。他作为参议员，经常参与国务活动，还担任过法国科学院秘书长工作。1886 年开始在政府任公职，他先被任命为教育部长，1895 年又出任外交部长。国内外许多科学院和研究所都曾选他为名誉成员。到 1900 年，世界上几乎所有大学或科学院的名誉成员名单中，无一例外都有他的名字。贝特罗即使到了暮年，对科学事业的热爱和献身精神仍旺盛不衰，继续渴求创造性劳动，顽强地攀登着科学高峰，撰写大量文章和专著，直到生命的最后一刻。

这位法国伟大科学家和社会活动家于 1907 年 3 月 18 日结束了他科学的一生。举国上下为失去这一科学巨星而感到痛惜，法国政府为这位卓越的科学家和思想家举行了隆重的非宗教式葬礼。礼炮齐鸣，在一片哀乐声中，法国向她伟大的儿子表示最后的敬意。

第23节　帕琴与合成染料

图 2-62　帕琴

100 多年前，生活的色彩还没有像今天这样丰富多样，因为那时染色非常困难。要想把布料染成自己喜爱的颜色，只能用茜草、郁金、靛蓝、大黄、红花等植物的根、叶和皮之类的汁儿来染色。这些天然染料种类不多，数量也少，而且染出的东西色泽不够明亮，容易褪色。直到化学合成染料出现后，才实现了人们对色彩的需求。而这项化学上重要的发明，是由英国人帕琴（W. H. Perkin）（图 2-62）在偶然中首先完成的。

帕琴 14 岁进入英国皇家化学学校学习。他天资聪颖，学习勤奋，很快得到校长霍夫曼的垂青，不到一年即以学生的身份被任命为实验室助手。校长霍夫曼对煤焦油做过研究，知道煤焦油中含"苯"的物质可以制造出一种叫作"苯胺"的新物质。他想继续通过研究，在实验室里人工合成各式各样的天然物质。他向得意门生帕琴讲起他的夙愿，帕琴受到老师的影响，决定动手试试。

帕琴最初是想通过实验室人工合成奎宁，因为在当时的 19 世纪 40 年代，非洲的英国殖民地曾流行疟疾。奎宁是治疗疟疾的特效药，但是天然的奎宁产量少，满足不了需要。如果能人工合成，不但能造福人类，发明人也必然因此发财致富。

帕琴夜以继日地进行实验，连节假日也不休息。1856 年，他从煤焦油中制取了一种苯的化合物——甲苯胺，想使它再通

化学史话

过一些化学变化变成奎宁，但失败却接踵而至。于是，他又从煤焦油的另一个成分——苯胺盐上想办法。在合成的最后阶段，加重铬酸钾进行氧化时，他没得到所希望的白色奎宁结晶，却得到了一种黑色的黏稠液体！要是一般的化学家，恐怕就会因希望落空而摇头叹气，赶紧把令人心烦的肮脏沉淀物倒了，然而帕琴没有灰心丧气，他想看看这种黑色沉淀物到底是什么。于是，他向瓶子里加了些酒精，顿时，黑色液体沉淀溶解成了鲜艳的紫红色。这一来，更证明它不会是奎宁。试验失败了，但聪明的帕琴却注意到了那鲜艳漂亮的紫红色。他想，能不能用它来作染料呢？于是，帕琴拿块布片放进去进行试验。结果，布片被染成了同样的色彩，用肥皂清洗，再让太阳曝晒 10 多天，紫色丝毫不褪，色调鲜艳如初，这就是第一种合成染料——苯胺紫。

帕琴获得合成染料的发明专利后，就说服父亲，在哈罗附近建起了一个印染厂。经过改进，生产出一种淡紫色染料，深受女士们的欢迎。就连当时的英国女王维多利亚也非常喜欢这种颜色，有一次她穿了这种颜色的裙子出席一个集会，不料却产生了强烈的广告效应，人们竞相模仿，风靡一时。当时在全世界广泛流行，创造出了一个称为"淡紫色十年"的时代。

有意栽花花不发，无心插柳柳成荫。在化学史上有许多这样的现象，化学家们怀着一定的目的和计划去探索未知世界，由于种种原因，却在探索过程中得到了计划外意想不到的收获。这种"无心插柳现象"的产生不是偶然的。一方面，化学世界的复杂性和未知性是这种现象产生的客观原因；另一方面，这种现象的产生主要得益于科学家们敏锐的观察力和求真、求实、严谨的科学态度，以及他们勇于探索、锲而不舍的科学钻研精神。正是由于这种态度和精神，人类才在探索未知世界的道路上取得一个又一个伟大的成就，人类社会才得以不断向前发展、进步。

帕琴35岁时，就因生产这种染料而成巨富。苯胺紫的发现虽具偶然性，但这一发现却是人工合成染料的一个重大突破。它开辟了新的研究道路和新的化学工业，为人类生活增添了绚丽的色彩。

第24节　巴斯德与疫苗

图2-63　巴斯德

从某种角度说，一部人类的历史就是不断认识疾病、战胜疾病的历史。巴斯德（L. Pasteur）（图2-63），法国微生物学家、化学家，近代微生物学的奠基人。像牛顿开辟出经典力学一样，巴斯德开辟了微生物领域，创立了一整套独特的微生物学基本研究方法，他是一位科学巨人。

1880年夏，他的一名助手负责为实验用的几只鸡注射霍乱菌，通常鸡一旦被注入霍乱菌就会立刻发病而死。因为当时正值暑假，助手忘了为鸡注射。装有霍乱菌的容器一直搁着，等到暑假结束才拿出来注射。结果出人意料，那些鸡并没有在短时间内死去，它们只是稍有点不适，但很快就恢复精神了。于是，助手重新为这几只鸡注射"新鲜"的霍乱菌，结果更是惊人，这回鸡根本没有发病！巴斯德想起18世纪末英国乡村医生金纳的天花预防接种，看来助手是在无意中为鸡注射了疫苗。巴斯德于是又找来几只鸡，重复同样的步骤，并且用各种方法进行试验，终于制造出了有效的疫苗。

接下来的问题是，制作疫苗的技术是否也能用来对抗其他疾病。1881年，巴斯德着手制造炭疽疫苗。炭疽是侵袭牛、羊、猪等家畜的疾病。巴斯德依照之前处理鸡霍乱的方式，首先调制减弱炭疽病原菌的水溶液，注入25只羊的体内，这些羊在几天之内显出症状，却没有死。然后，巴斯德又在羊身上注射活的炭疽病菌，羊群果然没有得病！

既然这种疫苗对动物有效，那么是否也能做出对人体有用的疫苗？巴斯德和助手商量后，决定先试做狂犬病的疫苗。狂犬病最可怕的地方是被咬的人也可能发病，而一旦发病就会死去，所以是当时人们最害怕的疾病之一。由于这种疾病能同时传给动物和人，因此制作的疫苗可以先在动物身上试验，然后才给人使用。

为了证明狂犬唾液中的某种成分就是病原，巴斯德做了许多实验。巴斯德把得病的狂犬脑部晒干磨成粉末，调成水溶液，以减弱溶于水中的病原菌，再当成疫苗注射在狗身上。巴斯德重复做了许多次实验，终于制成预防狂犬病的疫苗。1885年7月初，有一个法国少年被疯狗咬了，巴斯德在孩子父母的请求下，大胆为这个少年注射了12支狂犬病疫苗。在一个狂风暴雨之夜，疫苗真的发挥了效力，少年得救了！从此，人类可以用的最早的狂犬病疫苗诞生了！

于是，许多国家的科学家开始争先恐后地研究针对其他疾病的疫苗。1897年诞生伤寒疫苗，1913年白喉疫苗研制成功。过去，这些疾病一年要夺去几千名幼童的性命。脊髓灰质炎也称小儿麻痹症，长期以来都是人们所畏惧的病症，但是在20世纪50年代，也因为有了疫苗而几乎绝迹。到了20世纪60年代，麻疹、风疹、流行性腮腺炎等疫苗也纷纷诞生了（图2-64）。

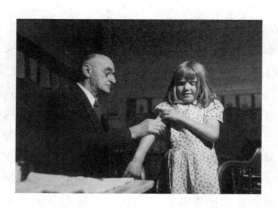

图 2-64　接种疫苗

　　疫苗是将病原微生物(如细菌、病毒等)及其代谢产物，经过人工减毒、灭活或利用基因工程等方法制成用于预防传染病的自动免疫制剂。疫苗保留了病原菌刺激动物体免疫系统的特性，当人或动物体接触到这种不具伤害力的病原菌后，免疫系统便会产生一定的保护物质，如免疫激素、活性生理物质、特殊抗体等；当人或动物再次接触到这种病原菌时，动物体的免疫系统便会循其原有的记忆，制造更多的保护物质来阻止病原菌的伤害。

　　疫苗具有防控作用，可以预防和抵抗某些病菌，但是不同的疫苗作用和意义是不同的。比如百白破疫苗可以用来预防百日咳、白喉和破伤风三种疾病；卡介苗可以预防儿童结核病的发生，接种卡介苗后可以产生对结核病的特殊抵抗能力；接种流感疫苗后可预防同型病毒引起的流感；接种脊髓灰质炎疫苗可以预防和消灭脊髓灰质炎；麻疹疫苗可用于预防麻疹疾病。疫苗的发现可谓是人类发展史上一件具有里程碑意义的事件。因为从某种意义上来说人类繁衍生息的历史就是人类不断同疾病和自然灾害斗争的历史，控制传染性疾病最主要的手段就是预防，而接种疫苗被认为是最行之有效的措施。

巴斯德被世人称颂为"进入科学王国的最完美无缺的人"，他不仅是个理论上的天才，还是个善于解决实际问题的人。他于 1843 年发表的两篇论文——"双晶现象研究"和"结晶形态"，开创了对物质光学性质的研究。1856 年至 1860 年，他提出以微生物代谢活动为基础的发酵本质新理论，1857 年发表的《关于乳酸发酵的记录》是微生物学界公认的经典论文。此外，巴斯德的工作还成功地挽救了法国处于困境中的酿酒业、养蚕业和畜牧业。

巴斯德并不是病菌的最早发现者，在他之前已有人提出过类似的假想，但是，巴斯德不仅热情勇敢地提出关于病菌的理论，而且通过大量实验，证明了他理论的正确性，令科学界信服，这是他的重大贡献。

人体得病显然病因在于细菌，那么显而易见，只有防止细菌进入人体才能避免得病，因此，巴斯德是强调医生要使用消毒法的第一人。有毒细菌是通过食物、饮料进入人体的，巴斯德还发展了在饮料中杀菌的方法，后称之为巴氏消毒法。

在巴斯德巨大成功的背后，他所付出的艰辛劳动是难以形容的。1868 年 10 月，他突发脑溢血，以致半身不遂。但他病危时仍念念不忘研究工作，病情稍有好转，又立即投入工作。

当巴斯德对青年学生谈到自己的科学成就时，曾经说过：

"告诉你使我达到目标的奥秘吧：我的唯一力量就是我的坚持精神。意志、工作、成功，是人生的三大要素。意志将为你打开事业的大门；工作是入室的路径；这条路径的尽头，有个成功来庆贺你努力的结果。只要有坚强的意志，努力地工作，必定有成功的那天。"这是巴斯德关于成功的一段至理名言。

第25节　诺贝尔与炸药

图 2-65　诺贝尔

诺贝尔（Alfred Bernhard Nobel）（图 2-65）这一名字在世界上几乎是家喻户晓，不仅因为诺贝尔在化学化工发展史上作出了杰出的贡献，更重要的是他为了促进科学的发展而设置了令世界瞩目的诺贝尔科学奖。一年一度的物理、化学、生理及医学、文学、和平的诺贝尔奖是举世公认的最高科学奖。获奖科学家得到的不仅仅是奖金，更重要的是荣誉，是为全人类的科学财富作出贡献的自豪。诺贝尔科学奖的精神光芒四射，诺贝尔的名字流芳百世。

诺贝尔是怎样一个人？他在化学化工发展中作出了什么贡献？这可能是许多人都想了解的。诺贝尔 1833 年 10 月 21 日出生在瑞典首都斯德哥尔摩，父亲是一位颇有才干的机械师、发明家，由于经营不佳，在瑞典屡受挫折，就在诺贝尔出世的前一年，一场火灾烧毁了他家的全部家当，生活完全陷入穷困潦倒的境地，靠借债度日。诺贝尔的两个哥哥就像安徒生童话里那个卖火柴的小女孩一样，也站在街头巷尾卖火柴，以便赚几个钱帮助维持家庭生计。诺贝尔从出生的第一天起，就体弱多病，由于健康不佳，他的童年没有像别的孩童那样调皮、活泼和欢快，当别的孩童们在一起玩耍时，他只能充当一个旁观者。童年生活的这一遭遇使他的性格比较孤僻、内向。到了 8 岁他才上学，只读了一年，这是他受过的唯一正规学校教育。

化学史话

1843 年诺贝尔全家迁居到俄国的彼得堡，在俄国由于语言不通，诺贝尔和两个哥哥都进不了当地的学校，只好在家里请一个瑞典教师指导他们学习俄、英、法、德等语言，当有了一定的俄语基础后，再跟俄国教师学习自然科学和工程技术。体质虚弱的诺贝尔学习特别勤奋，学识不亚于他的两个哥哥，他那好学的态度，不仅得到教师的赞扬，也赢得父兄的喜爱。后来，诺贝尔来到他父亲开办的工厂当助手。他细心地观察和认真地思索，凡是经他耳闻目睹的那些重要学问都被他敏锐地吸收进去，生活本身成为他的大学。

为了进一步扩展他的视野，学到更多的东西，1850 年他父亲让他出国进行旅行学习，两年中他先后去过德国、法国、意大利和美国。由于他善于观察、认真学习，知识迅速积累。当他返回俄国时，已成长为一位精通德、英、法及俄语的学者，受过科学训练的化学家。回家后，他立即投入他父亲创办的"诺贝尔父子机械铸造厂"工作。当时这工厂正为俄国生产急需的武器装备，在工厂的实践训练中，他考察了地雷、水雷及炸药的生产流程，研究过大炮和蒸汽机的设计，不仅增添了许多实用的工艺技术，还熟悉了工厂的生产和管理。

没有真正学历的诺贝尔，正是通过刻苦、持久的自学，逐步成长为科学家、发明家的。1856 年，克里米亚战争结束，工厂的生意惨淡，诺贝尔开始全力投入他心爱的发明创造。他废寝忘食地坚持研究设计，终于在两年多的时间完成了三项发明并取得了专利。他决心以更大的热情投入新的发明创造中。据不完全统计，他一生共获得的专利达 355 项，其中有关炸药的约 127 项。

诺贝尔仔细研究了硝化甘油的性质和制法，还参考了别人的研究成果，明确地认识到要让硝化甘油变为实用炸药，一是寻找一种合适的方法来点燃炸药；二是在不减弱其爆炸力的前提下，使硝化甘油变得尽可能安全。诺贝尔以其活跃的思维，经过50多次试验，终于在1862年完成了一项重要的发明——诺贝尔专利雷管。他先将硝化甘油装在玻璃管里，再把玻璃管放进装满火药的锡管内，再装上导火线。装好后，邀他两个哥哥来到河边，将导火线点燃，投入水中，"轰"的一声，只见火花四溅，爆炸力果然比黑火药大。这初步的成功表明他弄清了引爆硝化甘油的办法，但是这次爆炸的主体仍是黑火药，为此他继续潜心研究。

研究的道路是不平坦的，1864年9月，试验中发生了硝化甘油的爆炸，他们的实验室被炸成一片废墟，诺贝尔的五位助手，包括他的弟弟都被当场夺去了生命。诺贝尔因当时不在实验室而幸免于难，他父亲也因这一沉重打击悲伤过度，得中风而半身不遂。这次爆炸事故还使住在周围的居民对他们的试验更加恐惧，纷纷要求政府当局封闭这一实验室，有人甚至直接告诫诺贝尔，不准他在市内做试验。

事故给诺贝尔带来的悲痛和困难是可以想象的，究竟该怎么办？诺贝尔面临一次严峻的考验。挫折和不幸并未动摇诺贝尔的决心，他以不屈不挠的勇气把试验设备搬到郊外一艘平底船上，继续研究。经过上百次的试验，他终于发现运用雷酸汞可引爆硝化甘油。雷酸汞对震动非常敏感，受到冲击或摩擦能立即引起爆炸。发明了装有雷酸汞的雷管终于解决了炸药的引爆难题，这一发明可以说是爆炸科学中一次重大突破。

蒸汽机的出现，使人类社会从手工时代进入了机械时代，社会一下子向前推进了许多年，工矿交通突飞猛进地发展起来，制造机械需要钢铁，生成蒸汽需要烧煤，炼铁需要开矿，开矿就需要有威力的炸药。19世纪下半叶，欧洲许多国家处于工业革命的高潮，矿山开发、河道挖掘、铁路修建及隧道的开凿都需大量烈性炸药，硝化甘油炸药的问世受到了广泛的欢迎。

化学史话

诺贝尔及时在瑞典、英国、挪威、美国等国家申请了专利，并在瑞典建成了世界第一座硝化甘油厂，随后又在德国建立了国外的生产硝化甘油合资公司，硝化甘油炸药在许多国家的企业获得了成功的使用。但是好景不长，因为硝化甘油存放时间一长就会分解，强烈的震动也会引起爆炸，这就成为运输或储藏中的隐患。果然不久在美国旧金山发生运输硝化甘油的大爆炸，整列火车被炸得粉碎。德国一家工厂因搬运时发生碰撞，爆炸把工厂变成废墟。一艘满载硝化甘油的轮船行驶在大西洋，由于遇到大风浪，颠簸引起的爆炸使船和人都沉到了海底。针对上述一系列惨剧，瑞典政府和其他国家先后下令禁止运输诺贝尔的炸药，并扬言要追究法律责任。诺贝尔再次面临考验。

但诺贝尔没有被吓倒，而是决心运用科学和智慧来解决问题，一定要生产出安全的炸药！经过反复实验，他终于找到一种合适的配料——硅藻土，将它与硝化甘油按 1：3 的比例混合，就得到被称为黄色炸药的安全炸药。这一炸药使诺贝尔重新获得信誉，生产黄色炸药的工厂获得了很快的发展。黄色炸药研制成功了，诺贝尔的研究仍在继续。他认为黄色炸药虽然解决了安全运输的问题，但是不活跃的硅藻土降低了硝化甘油的爆炸力，应该研制新的配方。1875 年的一天，诺贝尔在试验中不慎捅破了手，夜里伤口的疼痛使他不能入眠，于是他默默地思考，怎样才能使火棉与硝化甘油混合呢？他想到：可能使用含氮低的火棉效果较好，他立即起床做试验，当天亮时，一种新型的胶质炸药研制出来了。胶质炸药的发明在科学技术界引起了重视，实践证明它是一种兼有安全可靠、爆炸力强的新式炸药。胶质炸药的发明已充分表明诺贝尔在这一领域是优秀的，然而诺贝尔并没有就此裹足不前。当他获知无烟火药的优越性后，又投入混合无烟火药的研制。

回顾诺贝尔的经历和成就，有两点不寻常的特色是耐人寻味的。其一，作为一个化学家，诺贝尔的主要兴趣似乎在应用化学方面，他的许多发明创造实际上都是将前人或别人的研究成果，进一步转化为实用产品或技术。翻阅诺贝尔的专利发明目录，可以看到他的发明绝大部分都是直接应用于生产、生活的实用化工技术。因为他深刻地认识到，只有把科学上的成果转变成生产、生活的实际应用，科学才能造福于人类，科学研究才有意义。

诺贝尔发明创造的另一个特色是他始终站在时代的前面。从19世纪90年代他的书信中可以看到，当时他对通过空中摄影来进行勘测和制作地图很有兴趣。由于当时还没有飞机，诺贝尔建议采用气球来实现这一目的。他还清楚地预见到未来的空中交通将不是通过气球或飞船，而是通过由快速推进器推进的飞机。这表明，诺贝尔时时刻刻都在关注科技的新成果，并准备为它们的应用和发展做出自己的努力。

诺贝尔被人们誉为现代炸药之父，但他并不是一个一心想发战争财的军火商，从本质上说，他是一个和平主义者，他想通过自己的发明，使人们畏惧武器的巨大破坏力，而不敢发动战争。同时，他也希望自己的发明能够在开山、筑路、挖运河等工程中发挥作用。

纵观诺贝尔的一生，我们不能不为他的累累硕果而对他肃然起敬，诺贝尔堪称人类历史长河中一颗闪烁着耀眼光芒的明星。作为一位科学家，他的最大成功还不是他的发明创造，而是他变阻力为动力的主观能动性。对于一个科学工作者来说，在阻力面前退缩不前，那就不可能成为一名科学家，有主观能动性的人至少有成功的可能，而丧失动力的人永远不可能成功。成功的路有千万条，但是每一条路都不会是顺顺利利的，都会有阻力，要勇敢地走自己的路才会有突破、有发展。科学发明与发现是创新活动，是做前人未做过的事情，其间充满风险。

创新的科学家其可贵之处在于：明知山有虎，偏向虎山行。

1896 年 12 月 10 日诺贝尔在意大利的圣雷莫去世，终年 63 岁。诺贝尔立下了让世人称颂了一百多年的遗嘱：

"我，诺贝尔，经过郑重的考虑后特此宣布，下文是关于处理我死后所留财产的遗嘱：

在此我要求遗嘱执行人以如下方式处置我可以兑换的剩余财产，将上述财产兑换成现金，然后进行安全可靠的投资；以这份资金成立一个基金会，将基金所产生的利息每年奖给在前一年中为人类作出杰出贡献的人。此利息划分为五等份，分配如下：一份奖给在物理界有最重大发现或发明的人；一份奖给在化学上有最重大发现或改进的人；一份奖给在医学和生理学界有最重大发现的人；一份奖给在文学界创作出具有理想倾向的最佳作品的人；最后一份奖给为促进民族团结友好以及为和平会议的组织和宣传尽到最大努力或作出最大贡献的人。物理学奖和化学奖由斯德哥尔摩瑞典科学院颁发；医学或生理学奖由斯德哥尔摩卡罗林斯卡医学院颁发；文学奖由斯德哥尔摩文学院颁发；和平奖由挪威议会选举产生的 5 人委员会颁发。对于获奖候选人的国籍不予任何考虑，谁最符合条件谁就应该获得奖金。我在此声明，这样授予奖金是我的迫切愿望，这是我唯一有效的遗嘱。在我死后，若发现以前任何有关财产处置的遗嘱，一概作废。"

诺贝尔的遗嘱所反映的崇高思想远远超过了一般人的精神境界，是造福于人类子孙后代的，也是具有国际主义的。诺贝尔留给人类的不仅是辉煌的科技发明成果和大量的物质财富，而且还留下了哺育高尚人格的精神财富。因此，诺贝尔获得了全人类的尊敬，他的名字和诺贝尔奖一样将永远留在人们的心中！

一百多年来，一年一度的诺贝尔科学奖是举世公认的最高奖项(图2-66、图2-67)，获奖科学家得到的不仅仅是奖金，更重要的是荣誉，是为全人类的科学事业作出贡献的自豪。诺贝尔科学奖极大促进了20世纪自然科学的发展，我们衷心希望在21世纪诺贝尔奖领奖台上，会看到更多中国人的身影；同时希望在21世纪的国际舞台上，会有更多叱咤风云的中国人！

图 2-66　诺贝尔奖章

图 2-67　诺贝尔奖颁奖盛典

世界现代化学（上）

20世纪的化学与19世纪有显著的不同。在19世纪，道尔顿的原子论、门捷列夫元素周期表、贝采里乌斯相对原子质量，都是原子层面上的，到了20世纪情况变了，原子的地盘已被物理学家夺走，化学家主要耕耘在分子的层次上。

可是，若要使化学真正取得进步，还须借助物理上的新概念、新思想和新成果。决定性的时期还是19世纪的最后几年到20世纪的最初25年。这个时期物理上出现了三大成就：一是1901年普朗克的量子论和1924年的量子力学；二是1905年到1915年爱因斯坦的相对论；三是原子核物理，知道原子里面有电子、原子核，原子核里面有中子、质子，原子核也能变化。在诸多科学家的努力下，逐渐揭开了原子内部的奥秘，创立了崭新的测定物质结构的多种方法，促进化学向微观、理论、定量的方向发展。

30年代高分子的合成、结构和性能的研究应用，使高分子化学得以迅速发展。各种高分子材料如：塑料、橡胶和纤维的合成和应用，为现代工农业、交通运输、医疗卫生、军事技术以及人们衣食住行各方面，提供了多种性能优异而成本低廉的重要材料，成为现代物质文明的重要标志。

20世纪是有机合成的黄金时代，化学的分离手段和结构分析方法经历了高度发展，许多天然有机化合物的结构问题纷纷获得圆满解决，还发现了许多新的重要有机反应和专一性有机试剂，在此基础上，精细有机合成，特别是在不对称合成方面取得了很大进展。这些成就对促进科学的发展、增进人类的健康和延长人类的寿命，起到了巨大作用。

20世纪以来，化学发展的趋势可以归纳为：由宏观向微观、由定性向定量、由稳定态向亚稳态发展，由经验逐渐上升到理论，再用于指导设计和开创新的研究。一方面，为生产和技术部门提供尽可能多的新物质、新材料；另一方面，在与其他自然科学相互渗透的进程中不断产生新学科，并向探索生命科学和宇宙起源的方向发展。

本章将重点介绍20世纪上半叶的化学发展，希望从前人的发明、创造成果中获得一些启示。

第1节　范特霍夫与物理化学

图3-1　范特霍夫

1901年，诺贝尔化学奖的第一道灵光降临在荷兰化学家范特霍夫（J. H. Van't Hoff）（图3-1）身上。这位一生痴迷实验的化学巨匠，不仅在化学反应速度、化学平衡和渗透压方面取得了骄人的研究成果，而且开创了以有机化合物为研究对象的立体化学。成功的范特霍夫身上，自然有许多成功的启示，走进这位大师的世界，聆听他生命的节律，或许会有不小的收获。

1852 年 8 月 30 日，范特霍夫出生于荷兰的鹿特丹市，父亲是当地的名医。他自幼聪明过人，被家族人誉为"神童"。上中学时，范特霍夫的实验兴趣就表现出来，看到老师在实验室中做的各种变幻无穷的化学实验，他的探索欲望被激发起来，他想探究这些实验背后的奥秘。

可是光看着老师做实验太不过瘾，范特霍夫很想亲自动手做化学实验，这成了他做梦都想做的事情。一天，范特霍夫从化学实验室的窗前走过，忍不住往里看了一眼。那排列整整齐齐的实验器皿，一瓶瓶的化学试剂，多么诱人啊！这些器材无异于整装列队的士兵，正等着总指挥范特霍夫的检阅。他的双脚不由停了下来，他在心里对自己拼命大喊：

"没有人看见，进去做个实验吧！"

范特霍夫的脑海里忘掉了学校的禁令，忘掉了犯禁后的严厉惩罚，他只想着一件事：进去做个实验。

实验室正好有一扇窗开着。他犹豫片刻，纵身跳上窗台，钻进实验室。看到那些仪器就摆在面前，他的每一根神经都兴奋起来，支起铁架台，架起玻璃器皿，寻找试剂，范特霍夫就像一位在实验室里待了多年的老教授，对一切都很熟悉。他全神贯注地看着那些药品所引起的化学反应，发自内心的喜悦使他脸上露出了笑容。

"我成功了，成功了！"

范特霍夫正专心致志地做实验时，管理实验室的老师来了，他被当场抓住。根据校规，他要受到严厉的处罚。幸好这位老师知道范特霍夫平时是一个勤奋好学又尊敬老师的学生，因此并没有向校长报告此事。老师心里也清楚，是对化学实验的浓厚兴趣驱使这样一个好学生违反了校规。范特霍夫因为自己的兴趣换来了老师的一次"包庇"。实验室的那扇窗，应该是上帝为范特霍夫打开的，一个天才的化学家从那扇窗里诞生了！

　　父母并不想让他成为一名化学家，而想把他培养成一名工程师。几经周折，范特霍夫进入荷兰的台夫特工业专科学校学习，这个学校虽然是专门学习工艺技术的，但讲授化学课的奥德曼却是一个很有水平的教授。他推理清晰，论述有序，很能激发起学生对化学的兴趣。范特霍夫在奥德曼教授的指导下进步很快。由于范特霍夫的努力，仅用两年时间就学完了一般人三年才能学完的课程。1871 年，范特霍夫毕业了，他说服父母，全力进行化学研究。

　　为了打好基础，找准研究的方向，必须拜师求教。范特霍夫只身来到德国的波恩，拜当时世界著名的有机化学家凯库勒为师。凯库勒是个富有传奇色彩的化学家，他在梦中见蛇在狂舞，首尾相接，从而解决了苯环的结构问题。在波恩期间，范特霍夫在有机化学方面受到良好的训练。随后，他又前往法国巴黎向医学化学家武兹请教，1874 年回到荷兰，在乌特勒支大学获得博士学位。从此他就开始了更深入的研究工作。

　　19 世纪中叶，人们越来越多地发现了某些有机化合物具有旋光现象。范特霍夫在巴黎由武兹指导，分别对某些有机化合物为什么会有旋光异构现象问题进行了广泛的实验和探索。一天，范特霍夫坐在乌德勒支大学的图书馆里，认真阅读着一篇论文，他随手在纸上画出了乳酸的化学式，当他把视线集中到分子中心的 2 号碳原子上时，立即联想到如果将这个碳原子上的不同取代基都换成氢原子的话，那么这个乳酸分子就变成了一个甲烷分子。由此他想象，甲烷分子中的氢原子和碳原子若排列在同一个平面上，情况会怎样呢？这个偶然产生的想法，使范特霍夫激动地奔出图书馆。他在大街上边走边想，让甲烷分子中的 4 个氢原子都与碳原子排列在一个平面上是否可能呢？这时，具有广博的数学、物理学等知识的范特霍夫突然想起，在自然界中一切都趋向于最小能量的状态。这种情况，只有当氢原子均匀地分布在一个碳原子周围的空间时才能达到。那么在空间里甲烷分子是个什么样子呢？范特霍夫猛然领悟，正四面体(图3-2)！

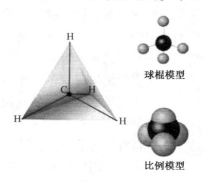

球棍模型

比例模型

图3-2　甲烷分子立体结构

当然应该是正四面体！这才是甲烷分子最恰当的空间排列方式，他由此进一步想象出，假如用4个不同的取代基换去碳原子周围的氢原子，显然，它们可能在空间有两种不同的排列方式。想到这里，范特霍夫重新跑回图书馆坐下来，在乳酸的化学式旁画出两个正四面体，并且一个是另一个的镜像。他把自己的想法归纳了一下，惊奇地发现，物质的旋光特性的差异，是和它们的分子空间结构密切相关的，这就是物质产生旋光异构的秘密所在。

范特霍夫关于分子空间立体结构的假说，不仅能够解释旋光异构现象(图3-3)，而且还能解释诸如二氯甲烷没有异构现

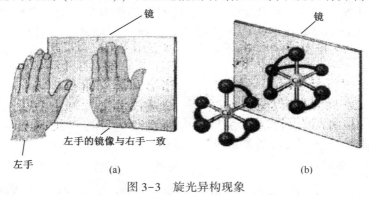

镜

镜

左手的镜像与右手一致

左手

(a)

(b)

图3-3　旋光异构现象

象的问题。平面的结构理论推测二氯甲烷应该有两个异构体，一个分子中两个氯原子是相邻的关系，另一个分子中两个氯原子是相对的关系，但从碳的四面体理论来看，两个氯原子位于四面体的两个顶点，总是相邻，没有相对的关系。所以二氯甲烷只有一种，没有异构体，这与事实是相符的。

分子空间结构假说的诞生，立刻在整个化学界引起了巨大反响，一些有识之士看到新假说的深刻含义，纷纷称赞范特霍夫这一创举。荷兰教授巴洛称："这是一个出色的假说！我认为，它将在有机化学方面引起变革。"

范特霍夫首创的"不对称碳原子"概念，以及碳的正四面体构型假说，经以后的实践证明，成为立体化学诞生的标志。不久，范特霍夫就被阿姆斯特丹大学聘为讲师，1878年又成为化学教授。

范特霍夫对化学的另一重大贡献是对物理化学理论的发展。1884年出版了他写的《关于化学动力学的研究》一书，1885—1886年间又发表了一系列稀溶液理论研究论文，正是这些在物理化学上取得的成绩，使他获得首届诺贝尔化学奖。

1878—1896年间，范特霍夫在阿姆斯特丹大学先后担任化学、矿物学、地质学教授，并曾任化学系主任。这期间，他又集中精力研究了物理化学问题。他对化学热力学与化学亲和力、化学动力学和稀溶液的渗透压及有关规律进行了深刻而又广泛的探索。他和奥斯特瓦尔德、阿伦尼乌斯被后人称为创建"物理化学"的三剑客。

自1885年以后，范特霍夫一直被选为荷兰皇家科学院成员。还先后当选为哥廷根皇家科学院、伦敦化学会、美国化学会以及德国研究院的外籍成员，获得了许多荣誉奖章。

1901年12月10日，对于范特霍夫来说是一个值得纪念的日子，对于人类也是一个值得纪念的日子，这一天，首次颁发诺贝尔奖，范特霍夫是第一位诺贝尔化学奖的获奖者(图3-4)。这一年瑞典皇家科学院收到的 20 份诺贝尔化学奖候选人提案中，有 11 份提名范特霍夫。这一年的诺贝尔化学奖颁发给范特霍夫，他当之无愧！有趣的是，范特霍夫创立的碳的四面体结构学说并不是获奖原因，而是他的另外两篇著名论文《化学动力学研究》和《气体体系或稀溶液中的化学平衡》使他获得首届诺贝尔化学奖。

图 3-4　范特霍夫是第一位
诺贝尔化学奖的获奖者

　　1911 年 3 月 1 日，年仅 59 岁的范特霍夫由于长期超负荷工作，不幸逝世。一颗科学巨星陨落，化学界为之震惊。为了永远纪念他，范特霍夫的遗体火化后，人们将他的骨灰安放在柏林达莱姆公墓，供后人瞻仰。

第 2 节　阿伦尼乌斯与电离理论

图 3-5　阿伦尼乌斯

　　阿伦尼乌斯（Svante August Arrhenius）(图 3-5)1859 年 2 月 19 日出生于瑞典，父亲是乌普萨拉大学的总务主任。阿伦尼乌斯 3 岁就开始识字，并学会了算术。父母并没有专门教他学什么，他看哥哥写作业时逐渐学会识字和计算。他的启蒙教育可以算得上"无师自通"，6 岁时就能够帮助父亲进行复杂的计算。他聪明、好学、精力旺盛，有时候也惹是生非。在教会学校上小学时，常惹老师生气。

进入中学后，阿伦尼乌斯各门功课名列前茅，特别喜欢物理和化学。遇到疑难问题他总喜欢多想一些为什么？经常与同学们争论一番，有时候也和老师辩个高低。

1876年，17岁的阿伦尼乌斯中学毕业，考取了乌普萨拉大学。他最喜欢数学、物理、化学课程，只用两年就通过学士学位的考试。1878年开始专门攻读物理学的博士学位。他的导师塔伦教授是一位光谱分析专家，在导师的指导下，阿伦尼乌斯学习了光谱分析。但他认为，作为一个物理学家还应该掌握与物理有关的其他各科知识。因此，他常常去听一些教授们讲授的数学与化学课程。渐渐地，他对电学产生了浓厚兴趣，远远超过对光谱分析的研究，他确信"电的能量是无穷无尽的"，他热衷于研究电流现象和导电性。这引起导师塔伦教授的不满，他要求阿伦尼乌斯务正业，多研究一些与光谱分析有关的课题。俗话说"人各有志，不可强留"，目标不同，使阿伦尼乌斯只好告别这位导师。

1881年，他来到了首都斯德哥尔摩以求深造，当时瑞典科学院埃德伦德教授正在研究和测量溶液的电导。教授非常欢迎阿伦尼乌斯的到来。在教授的指导下，阿伦尼乌斯开始研究浓度很稀的电解质溶液的电导。这个选题非常重要，如果没有这个选题，阿伦尼乌斯就不可能创立电离学说。在实验室里，他夜以继日地重复着枯燥无味的实验，整天与溶液、电极、电流计、电压计打交道，这样的工作他一干就是两年。阿伦尼乌斯成了埃德伦德教授的得力助手。每当教授讲课时，他就协助导师进行复杂的实验；每当从事科学研究时，他就配合教授进行某些测量工作。因此，他的才干很得教授赏识。几乎所有空闲时间，他都在埋头从事自己的独立研究，在电学领域中，他对把化学能转变为电能的电池很有研究兴趣。

年轻的阿伦尼乌斯刻苦钻研，具有很强的实验能力，长期的实验室工作，养成他对任何问题都一丝不苟、追根究底的钻研习惯。因而他对所研究课题，往往都能提出一些具有重大意义的假说，创立新颖独特的理论。

电离理论的创建，是阿伦尼乌斯在化学领域中最重要的贡献。19世纪上半叶，已经有人提出电解质在溶液中产生离子的观点，但较长时期内，科学界普遍赞同法拉第的观点，认为溶液中"离子是在电流的作用下产生的"。阿伦尼乌斯在研究电解质溶液的导电性时发现，浓度影响着许多稀溶液的导电性。后来他又发现了一些更有趣的事实，气态的氨是根本不导电的，但氨的水溶液却能导电，而且溶液越稀导电性越好。大量的实验事实表明，氢卤酸溶液也有类似情况。多少个不眠之夜过去了，阿伦尼乌斯紧紧地抓住稀溶液的导电问题不放。他的独到之处就是，把电导率这一电学属性，始终同溶液的化学性质联系起来，力图以化学观点来说明溶液的电学性质。

"浓溶液和稀溶液之间的差别到底是什么?"阿伦尼乌斯反复思考着这个简单的问题。"浓溶液加了水就变成稀溶液了，可能水在这里起了很大的作用。"阿伦尼乌斯顺着这个思路往下想："纯净的水不导电，纯净的固体食盐也不导电，把食盐溶解到水里，盐水就导电了。水在这里起了什么作用?"他想起英国科学家法拉第1834年提出的一个观点："只有在通电的条件下，电解质才会分解为带电的离子。"但他想："是不是食盐溶解在水里就电离成为氯离子和钠离子了呢?"这可是一个非常大胆的设想!因为法拉第认为："只有电流才能产生离子。"

可是现在食盐溶解在水里就能产生离子，与法拉第的观点不一样。虽然法拉第1867年已经去世，但是他的一些观点在当时还是金科玉律。另外，还有一个问题要想清楚，氯是一种有毒的黄绿色气体，盐水里有氯，并没有哪个人因为喝了盐水而中毒，看来氯离子和氯原子在性质上是有区别的。因为离子带电，原子不带电。那时候，人们还不清楚原子的构造，也不清楚分子的结构。阿伦尼乌斯能有这样的想象力已经是很不简单了。

1883年5月，阿伦尼乌斯带着论文向化学教授克莱夫请教。阿伦尼乌斯向他详细地解释了电离理论，但是克莱夫对于理论不感兴趣，只说了一句："这个理论纯粹是空想，我无法相信。"

克莱夫是一位很有名望的实验化学家，已经发现了两种化学元素：钬和铥。他的这种态度给满怀信心的阿伦尼乌斯当头一棒，他知道要通过博士论文并非易事，虽然他认为自己的观点和实验数据并没有错，但是要说服乌普萨拉大学那样一帮既保守又挑剔的教授们谈何容易？

阿伦尼乌斯小心翼翼地准备着他的论文，既要坚持自己的观点，又不能过分与传统理论对抗。4小时的答辩终于过去了，阿伦尼乌斯如坐针毡，因为论文的材料和数据都很充分，教授们又查看了他大学读书时所有的成绩，他的生物学、物理学和数学的考试成绩都非常好，答辩委员会认为虽然论文不是很好，但仍然可以给"及格"的成绩，勉强获得博士学位。

阿伦尼乌斯认为：当溶液稀释时，由于水的作用，它的导电性增加，要解释电解质水溶液在稀释时导电性的增强，必须假定电解质在溶液中具有两种不同的形态，非活性的——分子形态，活性的——离子形态。实际上，稀释时电解质的部分分子就分解为离子，这是活性的形态；而另一部分则不变，这是非活性的形态。当溶液稀释时，活性形态的数量增加，所以溶液导电性增强。这真是伟大的发现！

阿伦尼乌斯的这些想法，终于突破了法拉第的传统观念，提出了电解质自动电离的新观点。为了从理论上概括和阐明自己的研究成果，他写了两篇论文。第一篇是叙述和总结实验测量和计算的结果，题为《电解质的电导率研究》。第二篇是在实验结果的基础上，对于水溶液中物质形态的理论总结，题为《电解质的化学理论》，专门阐述电离理论的基本思想。阿伦尼乌斯把这两篇论文，送到瑞典科学院请求专家们审议。1883年6月6日经过瑞典科学院讨论后，被推荐予以发表，刊登在1884年初出版的《皇家科学院论著》杂志的第11期上。

博士学位得到了，但是电离学说却不被人理解，特别在瑞典国内几乎没有人支持，他决定向国外寻找有力的支持者。当然是要找一些有创新能力、有新观点的人。他想到了德国物理学家克劳修斯，克劳修斯对热力学第二定律做出很大贡献，又被认为是电化学的预言者，但是克劳修斯年老体弱，对新鲜事物已缺乏了敏感。阿伦尼乌斯又想到了德国化学家迈耶尔，迈耶尔曾提出元素周期律，也是一位很有威望的化学家，但是迈耶尔对此没有任何表示。

幸运的是并不是所有的科学家都麻木不仁，在里加工学院任教的奥斯特瓦尔德教授对阿伦尼乌斯的态度却是另一番景象。奥斯特瓦尔德反复看了好几遍他的论文，觉得这个年轻人的观点是可取的，并且立刻意识到，阿伦尼乌斯正在开创一个新的领域——离子化学。

喜欢动手做实验的奥斯特瓦尔德立刻着手通过实验来证实阿伦尼乌斯电离理论的正确性。随后，奥斯特瓦尔德决定去瑞典会见阿伦尼乌斯，探讨一些共同感兴趣的问题。这一年暑假，两位学者在乌普萨拉会面了，这是他们毕生友谊和合作的开端。

由于奥斯特瓦尔德的影响，阿伦尼乌斯获得了出国做五年访问学者的资格。阿伦尼乌斯先后在里加和莱比锡的奥斯特瓦尔德实验室工作，又与当时著名的科学家柯名丹劳希、玻耳兹曼、范特霍夫等人进行了工作接触。特别是范特霍夫，他的研究工作中经常需要用电离学说来解释一些发生的现象。当他们相见的时候，非常亲热，有很多问题需要探讨。

阿伦尼乌斯在困难的时候找到了知音。著名学者奥斯特瓦尔德和范特霍夫的支持，使他的电离学说开始逐步被世人所承认。随着他们三个人的共同努力和科学技术的发展，特别是原子内部结构的逐步探明，电离学说最终被人们所接受。

1901年，开始首届评选诺贝尔奖的时候，阿伦尼乌斯是物理学奖的11个候选人之一，可惜落选了。1902年他又被提名诺贝尔化学奖，也没有被选上。1903年，评奖委员会很多人都推举阿伦尼乌斯，但对于他应获物理学奖还是化学奖发生了分歧。诺贝尔化学奖委员会提出给他一半物理学奖，一半化学奖，这一方案过于奇特，被否定了。电离学说在物理学和化学两个学科都具有很重要的作用，人们一时很难确定他应该获得哪一个奖项。最后，阿伦尼乌斯获得了1903年诺贝尔化学奖。

阿伦尼乌斯在物理化学方面造诣很深，他所创立的电离理论流芳于世，直到今天仍常青不衰。他是一位多才多艺的学者，对自己祖国的经济发展也做出重要贡献，亲自参与国内水利资源和瀑布水能的研究与开发，使水力发电网遍布于瑞典。他的智慧和丰硕成果，得到了国内广泛的认可与赞扬，就连一贯反对他的克莱夫教授，自1898年以后也转变成为电离理论的支持者和拥护者。那年，在纪念瑞典著名化学家贝采里乌斯逝世50周年集会上，克莱夫教授在其长篇演说中提道："贝采里乌斯逝世后，从他手中落下的旗帜，今天又被另一位卓越的科学家阿伦尼乌斯举起！"

他还提议选举阿伦尼乌斯为瑞典科学院院士。由于阿伦尼乌斯在化学领域的卓越成就，1903年他荣获诺贝尔化学奖，成为为瑞典第一位获此科学大奖的科学家。1905年以后，他一直担任瑞典诺贝尔研究所所长，直到生命的最后一刻。他还多次荣获国外的其他科学奖章和荣誉称号。

1927 年 10 月 2 日，这位 68 岁的科学巨匠与世长辞。阿伦尼乌斯科学的一生，给后人以很大的思想启迪。首先，在哲学上他是一位坚定的自然科学唯物主义者，他终生不信宗教，坚信科学。当 19 世纪的自然科学家们还在深受形而上学束缚的时候，他却能打破学科的局限，从物理与化学的联系上去研究电解质溶液的导电性，因而冲破传统观念，独创电离学说。其次，阿伦尼乌斯知识渊博，对自然科学的各个领域都学有所长，早在学生时代就已精通英、德、法和瑞典语等语言，这对他周游各国，广泛求师进行学术交流起了重大作用。另外，他对祖国的热爱，为报效祖国而放弃国外的荣誉和优越条件，在当今仍不失为科学工作者的楷模。

第 3 节　卢瑟福与原子核模型

有人说，如果世界上设立培养人才的诺贝尔奖的话，那么卢瑟福是第一号候选人。卢瑟福被公认为是 20 世纪最伟大的实验学家，在放射性和原子结构等方面，都做出重大贡献。他还是最先研究核物理的人，他的发现在很大范围内有重要的应用，如核电站、放射标志物以及运用放射性测定年代等。他对世界的影响力极其重要，并正在增长，而且这种影响还将持久保持下去。

卢瑟福（Ernest Rutherford）（图 3-6），1871 年 8 月 30 日生于新西兰纳尔逊的一个手工业工人家庭。兄弟姐妹一共 12 人，他排行老四，12 个兄弟姐妹的生计全靠父母劳作。他的父亲做过车

图 3-6　卢瑟福

轮工匠、木工和农民，母亲是小学教师，这样的收入养活一个庞大家庭非常吃力。卢瑟福兄弟姐妹从小就知道生活的艰难，无需什么人教育，他们都知道要想生活得好一点就得自己动手、动脑去创造，需要踏踏实实做事。春天耕地、播种，秋天收割庄稼都是全家出动，每一个家庭成员都要分担一些责任。卢瑟福通常去干农场上的一些杂务如劈柴、挤牛奶等。全家人在劳动中互相帮助团结协作，很少发生争吵。卢瑟福在这种家庭中成长起来，养成了相互协作、尊重别人的良好品质。后来卢瑟福成名之后，他的这种品质仍然保留。他被科学界誉为"从来没有树立过一个敌人，也从来没有失去过一个朋友"的人。

卢瑟福的父亲是一个聪明又肯动脑的人，勤奋又富有创造性。在开办亚麻厂时，试验用几种不同方法浸渍亚麻，利用水力驱动机器，选用本地优良品种，结果他的产品被认为是新西兰最好的。

在父亲的潜移默化熏陶下，卢瑟福也喜欢动手动脑，显示出他非同寻常的创造天赋。家里有一个用了多年的钟，经常停下来，很耽误事。大家都认为无法修理了，但卢瑟福却不肯轻易把它丢掉。他把旧钟拆开，把每一个零件调整到位，清理钟内多年的油泥，重新装好。结果不仅修好，而且还走得很准。当时照相机还是比较贵重的商品，卢瑟福竟然自己动手制作起来。他买来几个透镜，七拼八凑制成了一台照相机，自己拍摄、自己冲洗，成了一个小摄影迷。卢瑟福这种自己动手制作、修理的本领，对他后来的科学研究极为有用，很多场合显得高人一筹。

当卢瑟福远渡重洋到英国从事研究工作取得成绩后，他曾应邀做学术报告，正当他以实验来证明自己说法时，仪器突然出了故障。卢瑟福不慌不忙地抬起头来，对观众说：

"出了一点小毛病，请大家休息 5 分钟，散散步或抽支香烟，你们回来时仪器就可以恢复正常了。"果然几分钟后恢复了实验。没有多年培养起来的动手能力和经验是很难有这样自信心的。

卢瑟福的母亲出身于知识家庭，作为教师的母亲对孩子们的教育起着关键的作用，她的一举一动始终影响着孩子们的情绪。在生活重负面前，她始终保持乐观态度，任劳任怨，以自己对待困难的态度教育孩子们。正是这种行动的教育使得卢瑟福始终保持刻苦学习和热爱劳动的本色，即使在成名之后，仍然保持着这种淳朴。有记者在采访他之后称，卢瑟福除了那双充满智慧的眼睛之外，其余的地方和典型的农民几乎没有什么区别。

幼年时的卢瑟福与他兄弟姐妹没有什么太明显区别，如果说有什么不同，那就是喜欢思考、喜欢读书。在卢瑟福一生中曾起过重要作用的一本书，便是他10岁时从他母亲那儿得到的、由曼彻斯特大学教授司徒华写的教科书《物理学入门》，是这本书把他引上了研究科学的道路。这本书里不单单给读者一些知识，为了训练智力，书中还描述了一系列简单的实验过程。卢瑟福被书中的内容所吸引并从中悟出一些道理，即从简单的实验中探索出重要的自然规律。这些对卢瑟福一生的研究工作都产生了重大的影响。读完书之后，卢瑟福将自己的年龄和姓名歪歪斜斜地写在书页上，那时他11岁。卢瑟福的母亲一直珍藏着这本书，并且常常自豪地捧着这本书向孩子讲述当年的故事。

由于家庭收入有限，相当一部分学费要靠自己来解决。上小学的时候，卢瑟福就利用暑假参加劳动。他深深地理解父母的困难，他知道，要想上学就要靠自己劳动挣钱，后来他听说学习成绩优秀就可以得到奖学金，就更加努力学习。他学习的时候特别专心致志，即使有人用书本敲他的脑袋也不会分散他的注意力。

后来进入新西兰大学坎特伯雷学院之后，卢瑟福更加努力，他的数学和物理成绩都是名列前茅。由于学习成绩优秀，大学毕业时卢瑟福获得了文学学士、理科学士和硕士学位，要想挣钱养家已经是足够了，但卢瑟福决心在科学研究中取得更大成绩。在校学习的时候他已经申请进入剑桥深造的奖学金。卢瑟福申请的是大英博览会奖学金，这项奖学金是授予学习成绩特别出色，具有培养前途的学生，使他们能够进入久负盛名的英国高等学府深造。卢瑟福参加了这项考试，结果卢瑟福和一个叫麦克劳林的人都具备录取条件，但名额只有一个。基金委员会经过争论决定把奖学金授予麦克劳林，卢瑟福只好回家等待以后的机会。

1895 年 4 月的一天，卢瑟福正在菜园里挖马铃薯，母亲高兴地向菜园跑来，手里拿着电报，并在空中不断摇动，用劲地喊："你取上啦！你取上啦！"

卢瑟福不明白母亲在干什么。"谁取上了？取上什么了？"等他看到电报才明白，基金委员会改变主意把这项奖学金授予了他。他立即扔下手中的铁锹，高兴得跳起来："这也许是我要挖的最后一个马铃薯吧！"

原来情况发生了变化，麦克劳林已经结婚，而基金会所给的奖学金无论如何也不能养活两个人，所以麦克劳林决定留在新西兰。

这年 9 月，卢瑟福筹借了路费，告别了双亲，登上开往英国的客轮，开始了他献身科学的航程。

1898 年，卢瑟福被指派担任加拿大麦吉尔大学物理系主任，在那里的工作使他获得了 1908 年诺贝尔化学奖。他证明了放射性是原子的自然衰变。他注意到在一个放射性物质样本里，一半的样本衰变的时间几乎是不变的，这就是"半衰期"，并且他还就此现象建立了一个实用的方法，以物质半衰期作为时钟来检测地球的年龄，结果证明地球要比大多数科学认为的老得多。

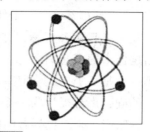

1909 年卢瑟福在英国曼彻斯特大学同他的学生用 α 粒子撞击一片薄金箔，发现大部分的粒子都能通过金箔，只有极少数会跳回。最后他提出了一个类似于太阳系行星系统的原子模型（图 3-7），认为原子空间大都是空的，电子像行星围

原子 世界上一切物质都是由原子构成的。任何原子都由带正电的原子核和绕原子核旋转的带负电的电子构成的。

图 3-7 原子模型

绕原子核旋转，推翻了当时所使用的原子模型。卢瑟福根据 α 粒子散射实验现象提出的"原子核式结构模型"的实验被评为"最美的实验"之一。

1918 年，卢瑟福继汤姆生之后，担任卡文迪许实验室领导，将卡文迪许实验室发展到一个新的高峰，将物质微观结构的研究推向崭新的阶段，同时也培养出许多青年科学家。

人工核反应的实现是卢瑟福的另一项重大贡献。自从元素的放射性衰变被证实以后，人们一直试图用各种手段，如用电弧放电，来实现元素的人工衰变，而只有卢瑟福找到了实现这种衰变的正确途径。这种用粒子或 γ 射线轰击原子核来引起核反应的方法，很快成为人们研究原子核和应用核技术的重要手段。在卢瑟福的晚年，他已能在实验室中用人工加速的粒子来引起核反应。

卢瑟福不仅在科学研究上取得了划时代的成就，而且在造就大量优秀科学人才方面也取得了丰硕成果。在他的培养和指导下，他的学生和助手中有十多位获得诺贝尔奖，创下个人培养诺贝尔奖科学家人数最多的"世界纪录"。他的学生卡皮查曾指出："卢瑟福不仅是一个伟大的科学家，而且是一个伟大的教师。我能记起除去卢瑟福之外，没有一个人在他的实验室中培养出这样多的卓越科学家。科学史告诉我们，一个卓越的科学家不一定是一个伟人，但一个伟大的导师必须是一个伟人。"

的确，卢瑟福作为一个有伟大科学家和伟大导师光辉形象的人，吸引了来自世界各国的大量优秀青年科学家到他的周围。在他的实验室里，犹如一个和睦的国际大家庭，为了共同的目标——科学发现，齐心协力，世界一流的研究成果泉涌般地展示在各国科学家面前。他在曼彻斯特和剑桥的实验室，被公认为培养优秀青年科学家的"苗圃"。

据统计，由他直接培养并沿着他指导的研究方向进行研究而获诺贝尔奖的达 14 人之多。这在诺贝尔奖史上是绝无仅有的。卢瑟福作为伟大导师的思想和实践，对我们今天的启示是：

第一，严格要求育人才。科学是老老实实的学问，来不得半点虚假，培养科学人才必须从基础抓起，严格训练，严格要求。卢瑟福在培养人才方面，继承和发扬了卡文迪许实验室的优良传统，十分重视实验的观察和研究，放手让学生去思考和动手实验。卢瑟福在培养研究生时，凡属重要实验，特别在发现新现象时，他总是要亲自做一遍，以弄清真实情况。每当学生陷入错误的理论或对实验情况说不清楚时，卢瑟福就让"回到实验室去！重做实验！"卢瑟福告诫学生："搞实验和理论，首要的是实验结果的可靠性。"只有可靠的实验才是科学研究和建立理论大厦的牢固基础，实验是建立理论、发展理论和鉴定理论的唯一标准。他允许助手和学生大胆提出各种设想，但在实验时不得苟且，一定要拿出可靠的结果来。此外，他又非常重视学生的洞察力和构思图像的能力，强调用直接简单的方法说明问题，用简单的实验和设备做出重要的结果。卢瑟福把他的知识、智慧和诚挚的心献给他的学生，他帮助学生选好研究题目，鼓励和关心他们的实验研究，对他们的发现像对自己的发现一样高兴，但在发表时却没有自己的名字。他的一个学生后来曾说：这也许就是为什么即使一个最平凡的人，在这里学习二三年后，也会成长为第一流科学家的重要原因。

第二，独具慧眼识人才。卢瑟福教育助手和研究人员"不要羡慕或忌妒别人的地位和工作"，而要依靠自己的切实努力做出成绩。卢瑟福招收学生和研究人员，主要根据原学校、推荐人的意见和面谈，按科学能力与创造性的素质进行选择。逐个面谈有助于在考分之外了解考生实际掌握和运用知识的能力、实际水平和创造性的素质，可以避免高分低能的弊端。例如，苏联的卡皮查随约飞院士到该室访问，他提出愿留下来学习，卢瑟福说该室招收的 20 个研究生已满额了，卡皮查问道："教授！您的实验误差有多大呢？"卢瑟福说："百分之五。"卡皮查又说："那么再增加一个还在实验误差之内呀！"卢瑟福一听，感到这个青年很机敏，思想活跃，在得知他有科学才能后决定接收下来。后来，他在高压电磁场和低温物理方面果然才华出众，在人才济济之中，卢瑟福首先推荐他当选皇家学会会员。1934 年，专为卡皮查建立的剑桥蒙德实验室落成后不到一年，卡皮查回国参加一次会议，会后苏联政府没有再让他返回英国。卢瑟福立即写了一封信，呼吁苏联政府容许卡皮查回英国，继续他的研究工作。在苏联政府拒绝后，卢瑟福没有丝毫民族偏见，在他看来，最重要的是卡皮查的科学生命，卡皮查必须继续进行已经有了良好开端的研究工作。因此，他派一个代表团把卡皮查所设计的仪器全部运到苏联，保证他可以继续完成关于低温学的研究。卡皮查深受鼓舞，重新振奋起来进行科学研究，终于在 1978 年因低温方面的突出贡献获诺贝尔物理学奖。

第三，消除偏见，不分国家、种族，无私真诚合作，互相交流，取长补短。卢瑟福认为，那些对自己感兴趣课题进行研究的人，在民主学风和自由气氛中取得丰硕成果的机率更大。为了营造学术气氛，卢瑟福继承了卡文迪许实验室的每天下午"茶时"漫谈会，并将此发扬光大。每天下午四时为实验室"茶时"休息时间，人们不分职务和级别，随意参加，上自天文下至地理，形势新闻无所不谈，当然也谈论各人的实验和研究情况。这时是讨论问题最活跃的时刻，常常在谈论中产生出许多重要的思想和观念，很多疑难此时摊开，它被认为是实验室一天中最美好的时光。正如英国大文豪萧伯纳所言："如果你有一个苹果，我有一个苹果，彼此交换，那么，每人还是一个苹果；如果你有一个思想，我有一个思想，彼此交换，我们每个人就有两个思想，甚至多于两个思想。"学识和见解需要互相启发，问题和疑难有待共同探讨，兴趣和爱好可以互相激励。在讨论中，一个人的独创见解可能打开很多人的眼界，某人走过的弯路又可能成为他人的借鉴。

1937 年 10 月 19 日卢瑟福因患肠阻塞并发症逝世，葬于伦敦威斯敏斯特大教堂牛顿墓旁，人类将永远怀念他(图 3-8)！

图 3-8　印有卢瑟福头像的钞票

化学史话

第4节 居里夫人与镭

玛丽娅·斯可罗多夫斯卡娅（Maria Sklodowska），即著名的居里夫人（图3-9），被誉为"镭的母亲"。

1867年11月7日，玛丽亚生于波兰华沙一个正直、爱国的教师家庭。父亲是中学数学教师，母亲是女子寄宿学校校长。玛丽亚排行第五，上有三姐一兄。玛丽亚1岁时，父亲任诺佛立普基公立中学副督学。但也在这一年，体弱的母亲患了传染性肺病，不得已辞去校长一职，1878年，长期患病的母亲去世了。

图3-9　居里夫人

生活中充满了艰难，但这样的生活环境不仅培养了她独立生活的能力，也使她从小就磨炼出坚强的性格。1884年，因为当时俄国沙皇统治下的华沙不允许女子入大学，加上家庭经济困难，玛丽亚只身来到华沙西北的农村做家庭教师。三年家庭教师生活中，她除了教育主人的几个孩子外，还挤出时间教当地农民子女读书，并坚持自学。

玛丽亚生活十分俭朴，节省下来的钱帮助二姐去巴黎求学，并为自己升学积攒费用——她和姐姐都有想去法国留学的梦想，姐姐为了去留学已经存了一部分钱，但这些钱只够在法国学习一年。玛丽亚为了完成自己和姐姐的梦想，她向姐姐提议：自己先去当家庭教师为她提供上学的资金，等到姐姐毕业找到工作后，再为她筹备留学的资金。

玛丽亚为了留学的梦想，整整做了 8 年的家庭教师。1891年，24 岁的玛丽亚在二姐的经济支持下来到巴黎。玛丽亚在巴黎大学理学院读书期间，学习非常勤奋用功。她每天乘坐 1 个小时的马车早早来到教室，选一个离讲台最近的座位，以便清楚听到教授讲授的全部知识。

　　为了节省时间和集中精力，也为了省下乘马车的费用，入学 4 个月后，玛丽亚从姐姐家搬出，迁入学校附近一所住房的阁楼。这阁楼间没火、没灯、没水，只在屋顶上开了一个小天窗，依靠它屋里才有一点光明。一个月仅有 40 卢布的她，对这种居住条件已很满足。她一心扑在学习上，虽然清贫艰苦的生活日益削弱她的体质，然而丰富的知识使她心灵日趋充实。

　　1893 年，玛丽亚终于以第一名的成绩毕业于物理系。第二年，又以第二名的成绩毕业于该校的数学系。就这样，经过近四年的努力，玛丽亚于巴黎大学取得了物理及数学两个学位。她的勤勉、好学和聪慧赢得了李普曼教授的器重，在荣获物理学硕士学位后，她来到李普曼教授的实验室，开始了科研活动。

　　1894 年初，玛丽亚接受了法兰西共和国国家实业促进委员会提出的关于各种钢铁磁性的科研项目。在完成这个科研项目过程中，她结识了理化学校教师皮埃尔·居里——他是一位很有成就的青年科学家，1880 年就发现了电解质晶体的压电效应。由于志趣相投、相互敬慕，玛丽亚和皮埃尔之间的友谊发展成爱情（图3-10）。

图3-10　居里夫妇

　　1895 年，28 岁的玛

丽亚与 36 岁的皮埃尔·居里结为伉俪，组成了一个和睦、相亲相爱的幸福家庭。玛丽亚结婚后，人们都尊敬地称呼她居里夫人。

居里夫人注意到法国物理学家贝克勒尔的研究工作。自从伦琴发现 X 射线之后，贝克勒尔在检查一种稀有矿物质"铀盐"时，又发现一种"铀射线"，朋友们都叫它贝克勒尔射线。这引起居里夫人极大兴趣。射线放射出来的力量是从哪来的？居里夫人看到当时欧洲所有的实验室还没有人对铀射线进行深入研究，决心闯进这个领域。

理化学校校长经过皮埃尔多次请求，才允许居里夫人使用一间潮湿的小屋做实验。在 6 摄氏度的室温里，她完全投入到铀盐的研究中。居里夫人受过严格的高等化学教育，她在研究铀盐矿石时想，没有什么理由可以证明铀是唯一能发射射线的化学元素。她根据门捷列夫的元素周期律排列的元素，逐一进行测定，结果很快发现另外一种钍元素的化合物，也能自动发出射线，与铀射线相似，强度也相像。居里夫人认识到，这种现象绝不只是铀的特性，必须给它起一个新名称。她提议叫它"放射性"，于是，铀、钍等具有这种特殊"放射"功能的物质，叫作"放射性元素"。

一天，居里夫人发现一种沥青铀矿的放射性强度比预计的大得多，用这些沥青铀矿中铀和钍的含量，绝不能解释她观察到的放射性的强度。这种反常而且过强的放射性是哪里来的呢？只能有一种解释：这些沥青矿物中含有一种少量的比铀和钍的放射性作用强得多的新元素。居里夫人在以前所做的试验中，已经检查过当时所有已知的元素了。因此她断定，这是一种人类还不知道的新元素，她要找到它！

居里夫人的发现吸引了皮埃尔的注意，居里夫妇一起向未知元素进军。在潮湿的工作室里(图 3-11)，经过居里夫妇的合

图 3-11　居里夫人在做实验

力攻关，1898 年 7 月，他们宣布发现了这种新元素，它比纯铀放射性要强 400 倍。为了纪念居里夫人的祖国——波兰，新元素被命名为钋（波兰的意思）。

1898 年 12 月，居里夫妇又根据实验事实宣布，他们又发现了第二种放射性元素。这种新元素的放射性比钋还强。他们把这种新元素命名为"镭"。可是，当时谁也不能确认他们的发现，因为按化学界的传统，一个科学家在宣布他发现新元素的时候，必须拿到实物，并精确测定出它的相对原子质量。而居里夫人的报告中却没有钋和镭的相对原子质量，手头也没有镭的样品。

居里夫妇决定拿出实物来证明。当时，藏有钋和镭的沥青铀矿，是一种很昂贵的矿物，主要产在波希米亚的圣约阿希姆斯塔尔矿，人们炼制这种矿物，从中提取制造彩色玻璃用的铀盐。对于生活十分清贫的居里夫妇来说，哪有钱来支付这项工作所必需的费用呢？智慧补足了财力，他们预料，提出铀之后，矿物里所含的新放射性元素一定还存在，那么一定能从提炼铀盐后的矿物残渣中找到它们。经过无数次的周折，奥地利政府决定馈赠一吨废矿渣给居里夫妇，并答应若他们将来还需要矿渣，可以在最优惠的条件下供应。

居里夫妇的实验室条件极差，夏天，因为顶棚是玻璃的，里面被太阳晒得像一个烤箱；冬天，又冷得人都快冻僵了。他们克服了人们难以想象的困难，为了提炼镭，辛勤地奋斗着。

化学史话

每次把 20 多千克的废矿渣放入冶炼锅熔化，连续几小时不停地用一根粗大的铁棍搅动沸腾的材料，而后从中提取仅含百万分之一的微量物质。他们从 1898 年一直工作到 1902 年，经过几万次的提炼，处理了几十吨矿石残渣，终于得到 0.1 克的镭，测定出了它的相对原子质量是 225。镭宣告诞生了！

居里夫妇证实了镭元素的存在，使全世界都开始关注放射性现象。镭的发现在科学界爆发了一次真正的革命。

居里夫人以《放射性物质的研究》为题，完成了她的博士论文，1903 年，获得巴黎大学的物理学博士学位。同年，居里夫妇和贝克勒尔共同荣获诺贝尔物理学奖，这是何等的荣耀，又是何等的来之不易！

1906 年皮埃尔·居里不幸被马车撞死，但居里夫人并未因此倒下，她仍然继续研究，1910 年与德比恩一起分离出纯净的金属镭。

1911 年，居里夫人又因发现元素镭和钋、分离出纯镭和对镭的性质及化合物的研究获得诺贝尔化学奖。同一个课题、同一个人两次获得诺贝尔奖，这在诺贝尔奖的历史上是绝无仅有的，可见这个发现具有何等重要的意义(图 3-12)！

图 3-12　居里夫人纪念章

1914 年第一次世界大战爆发时，居里夫人用 X 射线设备装备了救护车，并将其开到了前线。国际红十字会任命她为放射学救护部门的领导，在她女儿依伦和克莱因的协助下，居里夫人在镭研究所为部队医院的医生和护理员开了一门课，教他们如何使用 X 射线这项新技术。20 世纪 20 年代末期，居里夫人的健康状况开始走下坡路，长期受放射线的照射使她患上白血病，终于在 1934 年 7 月 4 日不治而亡。在此之前几个月，她的女儿依伦和女婿约里奥宣布发现人工放射性，他们俩因此而荣获 1935 年诺贝尔化学奖。

居里夫人一生获得各种奖金 10 次，各种奖章 16 枚，各种名誉头衔 107 个，但她并不看重。有一天，她的一位朋友来她家做客，忽然看见她的小女儿正在玩英国皇家学会刚刚颁发给她的金质奖章，于是惊讶地说："夫人呀，得到一枚英国皇家学会的奖章，是极高的荣誉，你怎么能给孩子玩呢?"

居里夫人笑了笑说："我是想让孩子从小就知道，荣誉就像玩具，只能玩玩而已，绝不能看得太重，否则就将一事无成。"

居里夫人还联合一大批科学家，许多是诺贝尔科学奖获得者，组成科学讲师团，向孩子们开放他们的实验室，亲自对孩子们进行科学启蒙教育，激发孩子们的科学兴趣，鼓励孩子树立远大科学理想，传授科学方法，使孩子们在少年时代形成极高的智力潜能。她最终培养出了 10 多位诺贝尔科学奖获得者。

居里夫人一生从事放射性研究，是原子能时代的开创者之一，是世界上第一个两次诺贝尔奖获得者。作为一位伟大的女性，她赢得了世界人民的支持和敬仰。她的事迹鼓舞和教育着千千万万后来人，她的科学方法同样给我们以深刻的启迪。

居里夫人的名言是：

"在成名的道路上，流的不是汗水而是鲜血，他们的名字不是用笔，而是用生命写成的。弱者坐待时机，强者制造时机。"

第 5 节　格林尼亚与格氏试剂

提起格林尼亚(Viccor Grignard)(图 3-13)，人们自然就会

联想到以他的名字命名的格氏试剂，无论哪一本有机化学课本和化学史著作都有着关于格林尼亚的名字和格氏试剂的论述。

图 3-13　格林尼亚

1871 年 5 月 6 日，格林尼亚出生在法国美丽的海滨小城瑟堡市，一位很有名望的造船厂业主的家里。父母看着这个孩子心里有说不出的高兴，哪个父母不疼爱自己的孩子，更何况家里经济条件又这么好。于是孩子想要什么就给什么，一切都听命于孩子。夫妻俩以为只要孩子过得痛快就行了，从来也不批评和管教孩子。

到了上学的年龄，父母早早就送他去上学，希望他成为一个有知识、有教养的人，而且还请了家庭教师辅导。无奈格林尼亚已经养成了娇生惯养、游手好闲的坏习惯，小学、中学从来就不知道好好学习，当然也没有学到什么知识。更糟糕的是父母管不了，别人也不敢管，又有谁愿意得罪这位财大气粗的老板呢？整个瑟堡市都知道格林尼亚是一个鼎鼎有名的纨绔子弟，而他自己还自命不凡，以为在这个城市里，谁都怕他这位了不起的"英雄"呢。

图 3-14　舞会上

1892 年秋，格林尼亚已经 21 岁，他仍然整天无所事事，寻欢作乐。一天，瑟堡市上流社会举行舞会（图 3-14），无事可做的格林尼亚自然不会放过这个机会。似乎这种活动就是专门为他举办的，他可以任意挑选中意的舞伴，尽情地狂舞。在舞场上，他发现坐在对面的一位姑娘美丽端庄，气质非凡，在瑟堡市是很少见到的，不知不觉便动起心来。何不请她共舞呢？格林尼亚很潇洒地走到这位姑娘面前，微施一躬，习惯地将手一挥，说道："请您跳舞？"姑娘端坐不动，似乎颇有心事。格林尼亚近身细语道："小姐，请您赏光。"

姑娘微微转动一下眼珠，流露出不屑一顾的神态。格林尼亚的劣迹，这位姑娘早有耳闻，她不想与这种不学无术的纨绔子弟共舞。格林尼亚长这么大，还没有碰过这么实实在在的钉子，更何况这是在大庭广众之下，脸往哪儿放啊？这当头一棒打得格林尼亚有点不知东南西北了。他气、恼、羞、怒、恨五味俱全，一时竟站在那里不知如何是好。这时，一位好友走上来悄悄耳语道："这位姑娘是巴黎来的著名波多丽女伯爵。"

格林尼亚不禁吸一口凉气，冷汗渗出。他定了定神，走上前向波多丽伯爵表示歉意，总得给自己找个台阶下吧。谁知这位女伯爵早就想教训这个无人敢管的小子了，她并不买格林尼亚的账，只是冷冷地一笑，脸上显示出鄙夷的神态，用手指着格林尼亚说道："请快点走开，离我远一点，我最讨厌像你这样不学无术的花花公子挡住我的视线！"

被人宠坏了的格林尼亚此时已无地自容，他的威风、傲气一扫而空。在瑟堡市称雄称霸多年的格林尼亚被波多丽女伯爵三言两语打得落花流水。女伯爵的话如同针扎一般刺痛了他的心。他猛然醒悟，开始悔恨过去，产生羞愧和苦涩之感。于是，他离开了家庭，留下的信中写道："请不要探询我的下落，容我刻苦努力学习，相信自己将来会创造出一些成就来的。"

格林尼亚的父母早已认识到自己教育的失败，却无从下手。现在儿子觉悟了，要走一条重新做人的道路，他们从心里感到高兴，终于感到：再也不能宠爱儿子了，应该让儿子自己去闯出一条新路。

格林尼亚来到里昂，想进大学读书，但他学业荒废得太多，根本不够入学的资格。正在他为难之时，沃尔特教授收留了他。经过两年刻苦学习，格林尼亚终于补上过去所耽误的全部课程，进入里昂大学插班就读。

　　在大学期间，他苦学的态度赢得了有机化学权威巴比埃的器重。在巴比埃指导下，他把老师所有著名的化学实验重新做了一遍。在师徒二人大量的实验中格氏试剂诞生了。这是一种烷基卤化镁，由卤代烷和金属镁在无水乙醚中作用而制得。准确地说，这种试剂首先是由巴比埃制得并注意到它的活泼性，他指导格林尼亚继续研究它的各种反应（图3-15）。

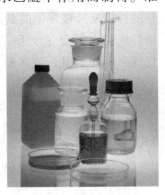

图 3-15　实验试剂

　　1901年格林尼亚以此作为他的博士论文课题，证实了这种试剂有极为广泛的用途。它能发生加成-水解反应，使甲醛及其他醛类、酮类或羧酸酯等分别还原为一级、二级、三级醇；它能与大部分含有极性双键、三键的有机物发生加成反应；它还能与含有活泼氢的有机物发生取代反应以制取烷烃。利用格氏试剂可以合成许多有机化学基本原料，如醇、醛、酮、酸和烃类。这些反应最初被称为巴比埃-格林尼亚反应，但巴比埃坚持认为这一试剂得以发展和广泛应用，主要归功于格林尼亚大量艰苦的工作，后来便称为格氏试剂。由此我们看到，一个新的发现固然重要，然而将这一发现推广，找到它广泛的应用领域，同样意义重大。

　　格林尼亚出色地完成了关于格氏试剂的研究而获得里昂大学的博士学位。这个消息传到瑟堡，引起家乡市民很大的震动。昔日纨绔子弟，经过八年的艰苦努力，居然成了杰出的科学家，瑟堡为此举行了庆祝大会。

格林尼亚一旦进入了科学的大门，他的科研成果就像泉水般涌了出来。仅从 1901 年至 1905 年，他发表了大约 200 篇有关论文。鉴于他的重大贡献，瑞典皇家科学院 1912 年授予他诺贝尔化学奖。对此殊荣，他认为自己应该与老师巴比埃同享。

这年，他突然收到了波多丽女伯爵的贺信，信中只有寥寥一句："我永远敬爱你！"这是波多丽女伯爵写给他的贺信。多少年来，格林尼亚始终牢记女伯爵的教育和严厉训斥。女伯爵当年的神情又浮现在他的脑海，假使没有当年女伯爵的逆耳忠言，格林尼亚也不会有今天。一个人犯错误并不可怕，怕的是没有自尊，不知羞耻。波多丽女伯爵骂倒了一个纨绔子弟，骂出了一个诺贝尔奖获得者。

格林尼亚由一个"问题少年"成为一名成功的化学家，他所发明的格氏试剂，是目前化学家们所发现的最有用、最多能的有机合成中间体之一。

格林尼亚的成才历程对我们具有很好的启示作用：人的成长并不可能是一帆风顺，他浪子回头，知耻而后勇，这是非常难能可贵的。人和事物一样，都是发展变化的，在发展过程中，内因是根据，外因是条件，外因通过内因起作用。格林尼亚变化的内因在于他的自尊心、自信心和后来的埋头苦读钻研，如果没有这个内因，也不能发奋自强。如果没有女伯爵的严厉批评和强烈刺激这个外因的作用，或许他还是那样一如既往地生活。

格林尼亚的成功还要归功于他的两位导师，一位是曾热心教授他实验技术的沃尔特教授，另一位是巴比埃教授。他们对格林尼亚进行了极为严格的训练和热情的帮助，并指导他的研究，终使他成为诺贝尔奖最年轻的得主。可见，在科学研究的道路上，导师的作用是促进成功的重要因素之一。导师的作用一是教给我们获取知识的能力，二是教会我们怎样把思维方法和科技知识结合起来。更重要的是，导师在教我们做学问和做人等方面都起着潜移默化的作用。另外，有名的导师还能依靠自己的名声所产生的无形资产，带给弟子一笔巨大的"财富"。

第6节　勒·夏特列与平衡移动

图 3-16　勒·夏特列

1850 年 10 月 8 日勒·夏特列（Le Chatelier, Henri Louis）（图 3-16）出生于巴黎的一个化学世家。他的祖父和父亲都从事跟化学有关的事业和企业，当时法国许多知名化学家是他家的座上客。因此，他从小就受化学家们的熏陶，中学时代他特别爱好化学实验，一有空便到祖父开设的水泥厂实验室做化学实验。

良好的家庭教育环境造就了勒·夏特列的成功。他的父亲是一位出色的工程师，任过矿山总监，参加过许多铁路的修建设计工作，欧洲当时的铁路设计几乎都凝结着他的智慧和贡献。在勒·夏特列上大学学习了高等数学和物理等课程以后，就经常帮助父亲做一些设计和计算工作。

他的母亲很有艺术修养，在她的培养下，孩子们对艺术都很感兴趣。1867 年，勒·夏特列参加文学院的入学考试，成绩不错。但父亲却坚持认为，献身崇高的科学事业才是男子汉的天职，于是，第二年他又考入了巴黎工业学院。

他的家是个人口众多的大家庭，在巴黎拥有庭院宽敞的住宅，全家人的生活很有规律。每天早上，勒·夏特列都是早早起床，吃过早饭后便到父亲的大办公室去，在那里预习工业学院的功课。有空的时候，他也喜欢到父亲的书房去，那是父亲接待来访者的地方。经常来拜访父亲的客人中有企业家、科学家和工程技术人员，他们讨论的问题五花八门，有工业问题、农业问题、化学问题、医学问题，当然还有铁路、矿山和冶金方面等问题。勒·夏特列对这些问题都非常感兴趣，充满了好奇心。

当时，法国科学院定期举办一些科学技术的报告会，勒·夏特列总是按时去旁听，从不错过学习的机会。父亲和德维尔、杜马、谢布瑞等知名科学家始终保持着友好的交往，因此，勒·夏特列常常能够得到他们发表的研究论文，并且总是一篇不漏地拜读。正是在这样的家庭背景熏陶下，他具有了多方面的知识和才能。

勒·夏特列的大学学业因普法战争而中途辍学。战后回来，他决定去专修矿冶工程学，1875年以优异的成绩毕业于巴黎工业大学，1887年获博士学位，随即在高等矿业学校取得普通化学教授的职位。1907年还兼任法国矿业部长，在第一次世界大战期间出任法国武装部长。

勒·夏特列是一位精力旺盛的科学家，他研究过水泥的煅烧和凝固、陶器和玻璃器皿的退火、磨蚀剂的制造以及燃料、玻璃和炸药的发展等问题，还有怎样从化学反应中得到最高的产率。从他研究的内容可看出他对科学和工业之间的关系特别感兴趣。1877年他提出用热电偶测量高温，这是由两根金属丝组成的，一根是铂，另一根是铂铑合金，两端用导线相接。一端受热时，即有一微弱电流通过导线，电流强度与温度成正比。迄今这种铂铑热电偶还在工业中使用。他还发明了一种测量高温的光学高温计，可顺利地测定 3000℃ 以上的高温。此外，他对乙炔气的研究，致使他发明了氧炔焰发生器，如今还用于金属的切割和焊接。

对热学的研究很自然将他引导到热力学的领域中去，使他得以在 1888 年宣布了一条因他遐迩闻名的定律，那就是至今仍被广泛应用的勒·夏特列原理。勒·夏特列原理的应用可以使某些工业生产过程的转化率达到或接近理论值。这个原理表述为：

如果改变影响平衡的一个条件(如浓度、压强或温度等)，平衡就向能够减弱这种改变的方向移动。

(1)浓度：增加某一反应物的浓度，则反应向着减少此反应物浓度的方向进行，即反应向正方向进行。减少某一生成物的浓度，则反应向着增加此生成物浓度的方向进行，即反应向正方向进行。反之亦然。

(2)压强：增加某一气态反应物的压强，则反应向着减少此反应物压强的方向进行，即反应向正方向进行。减少某一气态生成物的压强，则反应向着增加此生成物压强的方向进行，即反应向正方向进行。反之亦然。

(3)温度：升高反应温度，则反应向着减少热量的方向进行，即放热反应逆向进行，吸热反应正向进行；降低温度，则反应向着生成热量的方向进行，即放热反应正向进行，吸热反应逆向进行。

(4)催化剂：催化剂仅改变反应进行的速度，不影响平衡的改变，即对正逆反应的影响程度是一样的。

勒·夏特列原理因可预测特定变化条件下化学反应的方向，所以有助于化学工业的合理安排和指导化学家们最大限度地减少浪费，生产所希望的产品。例如哈伯借助于这个原理设计出从大气氮中生产氨的反应，这是个关系到战争与和平的重大发明，也是勒·夏特列本人差不多比哈伯早二十年就曾预料过的发明。

勒·夏特列是发现吉布斯的欧洲人之一，又是第一个把吉布斯的著作译成法文的人。他致力于通过实验来研究相律的含义。他还提出反应速度理论和化学平衡理论，不但是把过去化学家的化学变化知识牢固地改建在数学基础上的一次深刻改革，同时也促进了在应用化学方面生产方法的发展，从而带来了不少经济效益。

勒·夏特列不仅是一位著名的化学家，还是一位著名的爱国者。当第一次世界大战发生时，法兰西处于危急中，他勇敢地担任武装部长的职务，为保卫祖国而战斗，这一勇敢行为被传为美谈。

勒·夏特列一生献身科学。1936 年 9 月 17 日，是勒·夏特列离开人世的日子，在逝世前的几个小时，还强撑着病弱的身体，仔细地修改着他一生中最后的一篇文章。几个小时之后，这位伟大的科学家走完了他的人生旅途，安静地去世了，享年86 岁。勒·夏特列一生共发表了 500 余篇科学论文和 10 余部专著，培养了大批的科学人才。作为一位科学家，他成功地实现了自己的诺言："科学应当为人类服务，科学的一切成就都应促进工业和技术的发展。"

第 7 节　奥斯特瓦尔德与催化

1853 年 9 月 2 日，奥斯特瓦尔德（Wilhelm Ostwald）（图3-17）出生于俄国统治下的拉脱维亚首府里加。他的双亲都是德国移民的后裔，父亲是以制木桶为生的手艺人，曾在俄罗斯各地流浪，经受了各种艰难困苦，在多年漂泊生活中，逐渐变得脾气暴躁，但意志坚强。老奥斯特瓦尔德在实际生活中悟出，要想生活得好一些，一定要有知识，自己文化水平不高，但一定要把孩子培养好。

图 3-17　奥斯特瓦尔德

在离家不远的地方有一条小河，那是奥斯特瓦尔德小时候和他的小朋友们游戏的场所。他许多"科学研究"就是从这里开始的。奥斯特瓦尔德与自己的兄弟和几个好朋友，一有空就到河边玩耍，河里的鱼儿、水草都是他们的"研究"对象，每天都会有新发现。他们几乎考察河中的一切，每一个新的发现都会引起大家极大的兴趣和广泛的讨论。这个活动给他们带来了欢乐，奥斯特瓦尔德对大自然的热爱就是从这里开始的。这一群小孩经常到河边玩耍，常常给家里惹下许多麻烦，因此老奥斯特瓦尔德有点不满，但是他并没有阻拦孩子们的活动。

少年时代的奥斯特瓦尔德精力充沛，有探索科学的兴趣，便开始向各个能施展能力的地方发展。11 岁时，他偶尔得到一本制作烟花的旧书，立刻兴趣盎然地研究起来。他原本想向老师请教一下书中的疑难问题，但老师并没有解答。这样一来，他只好在无人指导下自己动手，试做各种颜色的烟花。

他和朋友开始收集各种有用材料，他的父母也很支持这一行动。母亲把省下的钱交给他，让他购买硝石、硫黄和能够产生各种颜色的金属粉末，还把一些可以做实验用的器皿让他使用。制作烟花相当危险，特别是容易引起火灾。父亲再三考虑之后还是把地下室的一间屋子专门作实验室，供儿子制作烟花使用。父母的支持使奥斯特瓦尔德更有信心了。经过试验，烟花终于飞上了天空。当奥斯特瓦尔德看着那五颜六色的烟火在夜空中飞舞时，他心里得到了极大的满足。他第一次感到自己有能力、有力量去完成自己想做的事情。

　　烟花制作成功，大大地提高了奥斯特瓦尔德的兴趣，他开始考虑制作一枚火箭，但火箭制作难度和危险程度更大。在犹豫一段时间后，他还是按捺不住激动的心情，决定动手制作。在小伙伴们的共同努力下，一枚像样的火箭制作成功了，但是还需要试验，到底在哪儿发射呢？小伙伴们经过讨论，认为应当在烟囱管道里发射，这样可能不会造成伤害。实际上，他们认为这些防范措施不过是多余的谨慎，因为他们当中的任何一个人对这次实验的成功都没有多少信心。然而，火箭发射成功了，它在烟囱里直冲而上。

　　这一成功鼓舞了奥斯特瓦尔德，引发了他对化学实验的兴趣。在试验的过程中不仅训练了他实验的技能，更重要的是悟出了一些书上没有讲的解决问题的途径和简便方法，这些活动使奥斯特瓦尔德一生受益匪浅。若干年后，他成为了很知名的化学家，由于他会吹玻璃，会木工和金工技术，尤其是善于为预定的目标设计和制造仪器设备，并灵活地装配和使用它们，所以总能得到所需要的实验结果。他的同事和学生无不为他超群和娴熟的实验技巧所折服。

　　在兴趣的驱使下，不久奥斯特瓦尔德又迷上了照相（图

图 3-18　迷上了照相

3-18），那时照相底板都得由摄影者自己制作，奥斯特瓦尔德就根据当时已经发明的照相原理，自己动手制作了照相机底板和相纸。家人都认为这不过是一时头脑发热，不会有什么结果，可奥斯特瓦尔德却洗出了照片，令老师和家长倍感惊奇，大家都认为他是一个既聪明又有才干的孩子。

　　这些有趣的活动锻炼了奥斯特瓦

尔德解决问题的能力，也养成了他钻研问题的习惯，但是并没有促进他学业上的进步。本来是五年制的中学，奥斯特瓦尔德却花费了七年。毕业考试他遇到了更大麻烦，俄语考试没有及格。虽然他得到了毕业证书，但是不能升入大学，必须再补习半年俄语，重新考试。可能是老师看奥斯特瓦尔德实在是过不了关，发了慈悲之心，才高抬贵手，这样奥斯特瓦尔德总算有资格上大学了。

1872 年 1 月，奥斯特瓦尔德进入多帕特大学学习，虽然有了中学的教训，他仍然对自己很放纵。大学的学制为 3 年，共 6 个学期。第一学期很快就过去了，他常常是在乐队里度过的，还参加了其他各种娱乐活动和各种讨论会。第二、第三个学期基本上也是这样过去的，他不经常去听课，即使去也基本上是在课堂上睡觉。这样的学生是不会有什么好结果的，他的父亲也为此深感忧虑。

幸好奥斯特瓦尔德不是一个荒唐到底的年轻人，只是他太多的兴趣爱好使他不能把时间和精力集中起来。在困境面前他终于振作起来，通过自学和向老师请教，他的学业有了很大的进步。他申请参加候补学位的考试，这种考试通常有三部分。第四学期他通过了第一部分的考试。第六学期末，他通过了第二部分的考试。成功使他受到了巨大的鼓舞，他宣布要参加最后一部分考试。

在很多人听来，这似乎有点吹牛，因为离考试时间只有两个星期了。人们嘲笑这个不知天高地厚的年轻人有点狂，总而言之是根本不可能成功的。奥斯特瓦尔德的一切辩解人们都听不进去，因为谁都知道，在入学二年半的时间里，他从来没有认真学习过。被逼急了的奥斯特瓦尔德只得拿人格来担保，并在考试结果上打了一箱香槟酒的赌。

等第二天早上起来，奥斯特瓦尔德冷静下来，细细一想，也确实不容乐观。他想打退堂鼓，但一想起众人对他的嘲笑，想起在众人面前信誓旦旦的赌咒，已经没有退路可走了。平心而论，面前困难是不少，但还没努力就退下来，实在不应该。奥斯特瓦尔德凭借着勇气和毅力以及极强的记忆力和自学能力，终于通过了第三部分的考试。1875年1月，他终于大学毕业了！

1887年奥斯特瓦尔德接受聘请，担任德国莱比锡大学的化学教授，他一直任此职到1906年。在这将近二十年的时间，奥斯特瓦尔德杰出的研究能力和学术组织才能充分体现出来。他组建了先进的物理化学实验室，吸引整个欧洲乃至美国的年轻研究者前来进行研究。在他领导下，莱比锡大学成为当时欧洲物理化学研究的中心。正如他的学生唐南所说："当你遇到困难时，他总会有解决的办法；当你没有困难时，他总能给你新的思路。"

图3-19　奥斯特瓦尔德在做实验

这一阶段他的研究方向主要有化学热力学、化学动力学、溶液的依数性和催化现象等（图3-19）。

奥斯特瓦尔德邀请阿伦尼乌斯和范特霍夫来访问和工作；邀请电学理论和实验基础都很扎实的能斯特作为助手以继续对于电离理论和质量作用定律的实验论证。1888年，奥斯特瓦尔德从质量作用定律和电离理论出发，推导出描述电导、电离度和离子浓度关系的奥斯特瓦尔德稀释定律。

这一定律使质量作用定律和电离理论成功地应用在处理部分电离弱酸弱碱体系，为这两个当时尚是假设的观点提供了支持。同时奥斯特瓦尔德敏锐地感觉到化学反应的级数问题，和范特霍夫共同提出了通过浓度随时间的变化来估算化学反应级数的方法，自己又提出了孤立法以解决复杂反应的级数问题。1891年，奥斯特瓦尔德使用电离理论成功解释了酸碱指示剂的原理。

奥斯特瓦尔德是催化现象研究的开创者。"催化"这一概念是由瑞典化学家贝采里乌斯最先提出的，提出后就遭到李比希的反对，随后的几十年中，对于催化剂和催化现象本质的争论一直没有停止。1888年奥斯特瓦尔德提出他所认为的催化剂本质，即"可以加快反应的速度，但不是反应发生的诱因"，这一定义被当时的化学界普遍接受。1890年他发表文章，提出了自然界广泛存在的"自催化"现象。之后他和助手布瑞迪希合作，对异相催化过程进行了研究。1895年他发表了《催化过程的本质》，提出了催化剂的另一个特点：在可逆反应中，催化剂仅能加速反应平衡的到达，而不能改变平衡常数。

由于在催化研究、化学平衡和化学反应速率方面的卓越贡献，奥斯特瓦尔德获得了1909年诺贝尔化学奖。他一生共著书77部，三百多篇论文。主要著作有：《普通化学教科书》《电化学》《自然哲学年鉴》《颜色学》《生活的道路》等，还与范特霍夫一起创办了《物理化学杂志》。

1932年4月4日一个星光闪烁的春夜，奥斯特瓦尔德在莱比锡城平静地、安详地去世了，终年79岁。一个活跃的大脑停止了思维，一颗天才的巨星陨落了！他生前留下遗嘱，把全部房地产捐赠给德国科学院。后来，他的宅第便以"奥斯特瓦尔德档案馆"闻名于世。

在1933年1月27日的纪念讲演中，唐南对奥斯特瓦尔德作了这样的评价："在他的一生中，新思想没有一刻不在他的头脑里喷涌，他流利的笔锋没有一刻不在把他洞见到的真理传播到光亮未及之处。他的一生是丰富的、充实的、成功的，他尽可能最大限度地使用了他的旺盛精力。我们可以怀着深深的真诚和敬意说，奥斯特瓦尔德为伟大的事业进行了持久的、勇敢的奋斗。"

他是一个伟大的人，做出了伟大的工作，值得更多的人爱戴和尊重。

第8节　能斯特与能斯特方程

图 3-20　能斯特

1864 年 6 月 25 日，能斯特（Walther Hermann Nernst）（图3-20）生于德国西普鲁士的布里森，是一位法官的儿子。他的诞生地点离哥白尼诞生地仅 20 英里。

1887 年能斯特获维尔茨堡大学博士学位，后来当了奥斯特瓦尔德的助手。1889 年，作为一个 25 岁的青年在物理化学上初露头角，将热力学原理应用到了电池上。这是自伏打在将近一个世纪以前发明电池以来，第一次有人能对电池电动势做出合理解释。他推导出一个简单公式，通常称之为能斯特方程。能斯特方程将电极电势和离子活度、温度联系起来，奠定了电化学的理论基础，为电化学分析的发展开辟了新的思路。这个方程将电池的电动势同电池的各个性质联系起来，沿用至今。此后电沉积重量法、电位分析法、电导分析法、安培滴定法、库仑滴定法、极谱分析法等相继出现，其中尤以极谱分析法最

化学史话

为显著。

能斯特自 1890 年起成为哥廷根大学的化学教授，1904 年任柏林大学物理化学教授，后来又被任命为那里的实验物理研究所所长。

他用量子理论的观点研究低温现象，得出光化学的"原子链式反应"理论。1906 年，他根据对低温现象的研究，得出热力学第三定律，这个定理有效地解决了计算平衡常数问题和许多工业生产难题。因此获得了 1920 年诺贝尔化学奖（图 3-21）。

此外，还研制出含氧化锆及其氧化物发光剂的白炽电灯；设计出用指示剂测定介电常数、离子水化度和酸碱度的方法；发展了分解和接触电势、钯电极性状和神经刺激理论。

图 3-21　能斯特纪念邮票

能斯特于 1930 年与西门子公司合作开发了一种叫"新巴希斯坦之翼"的电子琴，当中用无线电放大器取代了发声板。该电子琴使用的电磁感应器产生电子放大的声音，跟电吉他是一样的。

能斯特开发的电灯，称为"能斯特灯"，这项技术产品的销售为他带来一大笔可观的收入。他的一位同事不无醋意地问他："下一开发项目是不是制造钻石？"能斯特说：

"不，我现在有的是钱，买得起钻石，不需要造钻石了！"

反观能斯特取得重要成就的历程，我们可以得到一些有益的启示：能斯特思维敏捷，多才多艺，兴趣广泛。在科学及日常生活中没有一个问题他不感兴趣，对这些问题，他几乎都能够做出突出的贡献。能斯特对科学的发现以及它们在工业上的应用有着不可抑制的热情，他发现的热力学第三定律在生产实践中得到了广泛的应用，有效地指导了生产，解决了许多疑难问题。他是第一个在高压条件下研究合成氨反应的人，并曾建议哈伯在高压下做合成氨的研究，虽然哈伯最初不同意能斯特的意见，但后来哈伯还是在高压下完成了合成氨的工业化过程。

能斯特的成功也离不开他的导师奥斯特瓦尔德的培养和训练，他又追随他的导师，培养了1923年诺贝尔物理学奖获得者密立根。接着密立根进入加利福尼亚大学后，又培养了1936年诺贝尔物理学奖获得者安德森，而安德森的学生唐纳德在1960年也获得诺贝尔物理学奖。这五位光彩照人的巨星形成了师徒五代相传获诺贝尔奖历史最长的延续，在诺贝尔奖的史册上是空前的。

据美国哥伦比亚大学的朱克曼教授的调查，在1972年以前获得诺贝尔物理学、化学、生理医学奖的92名美籍科学家中，有48人曾是前诺贝尔奖获得者的学生、博士后研究生或助手。92名美国获奖者的平均获奖年龄是51岁，但不容忽视的事实是，受前诺贝尔奖获得者指导的获奖者比未受指导的获奖者获奖时，平均年龄要小7.2岁。也就是说，有名师指导者获奖的时间要早7年，证明名师的指导和良好的师徒合作关系是加速培养人才、快速取得成果的重要一环。所以自古以来虚心拜师求教和精心培育新人，就被看作是一种崇高的人生美德和风尚。在诺贝尔奖坛上，也留下了许多这方面的美谈。

由于纳粹迫害，能斯特于1933年离职，1941年11月18日在德国逝世，终年77岁。1951年，他的骨灰移葬哥廷根大学。

第9节　路易斯与活度

美国物理化学家路易斯（Gilbert Newton Lewis）（图3-22），1875年10月25日生于马萨诸塞州的一个律师家庭。他智力超群，1896年在哈佛获学士学位，1898年获硕士学位，1899年获博士学位。1900年在德国哥廷根大学进修，回国后在哈佛任教。

1905年到麻省理工学院任教，1911年升任教授。1912年起担任加利福尼亚大学伯克利分校化学学院院

图3-22　路易斯

长。曾获戴维奖章、瑞典阿伦尼乌斯奖章、美国的吉布斯奖章和里查兹奖章。

路易斯喜欢采用非正统的研究方法，他具有很强的分析能力和直觉，能设想出简单而又形象的模型和概念。有时他未充分查阅资料文献就开展研究工作，他认为，若彻底掌握了文献资料，就有可能带着前人的许多偏见，从而窒息了自己的独创精神。他培养了许多化学家。他不但是一位科学家，而且是一个学派的卓越导师和领袖。

路易斯于1901年和1907年，先后提出了逸度和活度的概念，对于真实体系用逸度代替压力，用活度代替浓度。这样，原来根据理想条件推导的热力学关系式便得以推广用于真实体系。

1916年，路易斯和柯塞尔同时研究原子价的电子理论。

路易斯主要研究共价键理论，该理论认为，两个（或多个）原子可以"共有"一对或多对电子，以便达成惰性气体原子的电子层结构，而形成共价键。路易斯在1916年《原子和分子》和1928年《价键及原子和分子的结构》中阐述了他的共价键电子理论的观点，并列出无机物和有机物的电子结构式。路易斯提出的共价键的电子理论，基本上解释了共价键的饱和性，明确了共价键的特点。共价键理论和电价键理论的建立，使得19世纪中叶开始应用的两元素间的短线开始有明确的物理意义。

1921年他又把离子强度的概念引入热力学，发现了稀溶液中盐的活度系数取决于离子强度的经验定律。1923年他与兰德尔合著《化学物质的热力学和自由能》一书，对化学平衡进行深入讨论，并提出了自由能和活度概念的新解释，该书曾被译成多种文本。1923年他从电子对的给予和接受角度提出了新的广义酸碱概念，即所谓路易斯酸碱理论。

路易斯十分重视基础教育，他要求化学系的所有教师都要参加普通化学课程的教学和建设，要求低年级学生必须打好基础，为此他选派一流的教师给低年级学生上课。路易斯认为这就好像建造万丈高楼必须打好坚实的地基一样，学生只有在低年级时打下扎实的底子，包括实验基本功，才能学好高年级和研究生课程。

路易斯重视化学教育还表现在十分支持美国化学教育杂志，他不仅自己带头在美国化学教育杂志上发表有分量的化学教育论文，而且还派出好几名知名教授去领导并编辑美国化学教育杂志。在路易斯的大力支持下，美国化学教育杂志蒸蒸日上，享誉国内外，成为一本世界化学教育最有权威的杂志。

由于路易斯指导有方，教学得法，加利福尼亚大学伯克利分校化学系培养出大量优秀人才。虽然路易斯自己没有得过诺贝尔奖，但在他领导和指导的研究生中有 5 位诺贝尔奖得主。在整个科学世界里，这是很高的殊荣！

1946 年 3 月 23 日，路易斯在加州伯克利市永远地闭上了眼睛，结束了他不平凡的一生。路易斯教授安葬的那一天，唁电从世界各地像雪片般地飞到伯克利市。路易斯的亲友、同事和学生们蜂拥而来，加入为路易斯教授送葬的行列。尤里——重氢重水的发现者，1934 年诺贝尔化学奖得主；吉奥克——超低温化学的发明者，1949 年诺贝尔化学奖得主；西博格——锌、镭、镅和锫等元素的发现者，1951 年诺贝尔化学奖得主；利比——用碳 14 测定历史年代的发明者，1960 年诺贝尔化学奖得主；开尔文——光合作用机理的研究和发现者，1961 年诺贝尔化学奖得主。这是科学史上最荣耀的送葬队伍之一了，因为有 5 位诺贝尔奖得主。而这一切都源于路易斯教授诲人不倦的教学精神，堪称当今化学界最杰出的"伯乐"。

第 10 节　尤里与氘

1912 年，路易斯在加利福尼亚大学伯克利分校任化学系主任时，收了一个年纪较大的研究生，名叫尤里（Harold Clayton Urey）（图 3-23）。经路易斯了解，尤里出身于印第安纳州农村一个农民家庭，中学毕业后，因无力上学，曾去当了三年小学教师，后来才考上蒙大拿大学。毕业以后他改攻化学专业，考上了路易斯的研究生。但路易斯并不因为尤里年龄大、化学基础

图 3-23　尤里

较差等不足而轻看他，相反却慧眼独识，认为在尤里身上有着独特的坚韧不拔、吃苦耐劳等农家子弟的特色，是一个好苗子，于是，他对待尤里十分亲切。当时路易斯自己正在研究有关氢元素和水的课题，这直接影响了尤里后来的研究方向。果然，在老师的引导和启示下，尤里在这方面做出了杰出贡献，尤里因发现氘（重氢，氢的同位素）而荣获 1934 年诺贝尔化学奖。

1893 年 4 月 29 日，尤里出生于美国印第安纳州沃克顿一位牧师的家里。6 岁时，尤里的父亲不幸去世，母亲再嫁后，他就随继父移居到加拿大蒙大拿州的一个农场。由于农场所在地是一个相当荒僻的落后地区，因此，受过高等教育的人大都不愿意到这个地区来，结果各级学校都非常缺乏教师。据尤里后来回忆说，他在上中学时，竟然没有一个老师安下心来教过他一年以上。

1911 年，尤里读完高中，正值 18 岁，对前途的憧憬、向往，和各种美妙的梦幻，萦绕着年轻人的心头！尤里盼望着读大学，他的老师也多次对他说："尤里同学，你很聪明，应该读大学深造。你的前途不可限量呀！"

"谢谢老师的鼓励，可……"可什么呢？原来，继父的农场经营得不顺利，经济日益拮据，想靠家庭支持他读大学，那几乎是不可能的事情。正好，这时蒙大拿公立学校缺乏教师，尤里的老师认为尤里学习成绩优异，于是推荐尤里去任教。尤里觉得这是一个难得的好机会，一方面可以在任教期间挣点钱，筹集进大学的费用，另一方面也可以进一步巩固所学的知识和钻研一些新知识，于是他同意任教。

尤里教了三年书，他踏实肯干，一丝不苟，教学效果非常好。三年结束，校长极力挽留他继续任教。在这个荒凉落后的地区，找一个好教师是多么的困难啊！尤里的父母也很高兴尤里能继续任教，这样可以缓解家中经济上的困难。但尤里的志愿是上大学，他从没有放弃深造的打算。

1914 年秋，尤里终于以优异的成绩考取了蒙大拿州立大学，学习动物学和化学。但上大学得花费不少钱，他攒积的钱还是不够，只得自己想办法：一是尽可能节省，没钱租公寓，他就在一处空地上搭一个帐篷，在帐篷里学习；二是在假期到修路队做工，挣了钱可以补上不足；三是发奋努力，把四年的课三年读完。西方大学是学分制，只要拿到了足够的学分，就可以毕业。

经过这一番苦读，尤里在 1917 年获得了大学学士学位。1921 年，考取美国加利福尼亚大学伯克利分校化学系研究生，在著名化学家路易斯的指导下攻读博士学位。1923 年，30 岁的尤里终于取得了他梦寐以求的博士学位。

在尤里准备向科学研究的前沿冲锋时，化学界正好有一个非常吸引人的未解之谜，等待各路豪杰来解决。尤里雄心勃勃，当然也想通过自己的研究，解开这个谜。

化学中有一个名词，叫"同位素"。同位素是指一些原子，它们的原子核外有相同数量的电子绕核旋转，但这些原子的质量却不相同。核外的电子数决定了这个原子的化学性质，因此，几种同位素虽然质量彼此不同，但化学性质是很相似的，这些同位素在"元素周期表"上占有同一位置，因此叫"同位素"。

例如，氖气有两个同位素，一个质量是 20（用 Ne20 表示），一个质量是 22（用 Ne22 表示），但 Ne20 和 Ne22 都有 10 个电子在核外旋转，因此，它们化学性质几乎完全相同，但质量却不同。氖的同位素是 1919 年发现的，有两种；氧的同位素是 1929 年发现的，有三种。那么，氢，它有没有同位素呢？这个问题使化学家和物理学家们非常感兴趣，因为氢原子最简单，利用它的同位素进行研究，一定特别方便。

尤里的导师路易斯，坚决认为氢一定有同位素。路易斯的观点，明显地影响了尤里，所以尤里也一直相信氢有同位素。时间过得很快，一晃就到了1930年。这时，关于同位素的研究已经成了大热门，很多科学家都在积极研究各种各样原子的同位素，而且由于同位素研究的进展，原子核物理也迅速发展起来。

尤里一直相信老师路易斯的判断。不过，也不能认为尤里只是盲目相信老师，他有他的道理。在尤里的实验室墙上，挂有一个图表，在这个图上：实心黑圆圈是当时已经知道的原子核，而空心圆圈是当时还不知道的原子核。尤里按照连接实心黑圆圈的折线样式，照葫芦画瓢地再往下画，整个线就连通了，而且看起来也挺连贯。正是根据这条折线，尤里预言，空心圆圈处代表还有氢的同位素 H2 和 H3（图 3-24），氦原子也还有同位素 He5。

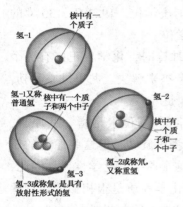

核中有一个质子
氢-1
氢-1又称普通氢
核中有一个质子和两个中子
氢-2
核中有一个质子和一个中子
氢-2或称氘，又称重氢
氢-3
氢-3或称氚，是具有放射性形式的氢

图 3-24　氢的同位素

实际上，科学家做出重要的发现，用的方法稀奇古怪，并没有一定之规。有的是因为在山上看到大雾而得到灵感；有的是做了一个梦而受到启发；有的是出外游玩时，突然茅塞顿开。由科学家发现的故事，我们可以得到一个重要的发现，勤奋当然是第一个先决条件，但如果他的兴趣太窄，知识面不广，思路不开阔，也很难做出重大发现。

尤里把 H2 称为氘[音刀]，氘是氢原子的同位素之一，它的核外电子像氢 H1 一样，只有一个，因而氘和氢的化学性质相同，但氘的质量是 2，比氢质量 1 要大一倍。虽说尤里相信有氘，但由于种种原因，1931 年以前，一直没有去寻找氘。

到 1931 年，物理学家伯奇和天体物理学家门泽尔用两种方法测氢的相对原子质量，结果他们发现，测出的两个相对原子质量的值不相同！于是伯奇和门泽尔认为，这充分说明氢有同位素氘，而且氘只占 1/4500。

尤里知道这件事后的第二天，就设计了一个光学实验，希望能够找到氘。不久，他得到了一个结果，证明氘的确存在。但是，尤里是一位非常慎重的科学家，他认为这个光学实验虽然说明氘很可能存在，但也可能出错，最好再用另外一种叫"分馏"的方法来寻找氘。"分馏"是一种加热液体产生蒸气后又凝成液体的方法。例如，加热石油，就可以由石油蒸气中，分别得到高级汽油、汽油、煤油……等等不同的物质，现在尤里让液体氢蒸发，想用这种方法分开氢和氘。结果，尤里大获成功，他用分馏法顺利找到了氘。他还估计，氘约占氢的 1/4000。

这两种实验方法完全不同，一个是光学方法，一个是热学方法，但它们得出的结果，都证明氘的的确确存在。尤里这时不再担心出错，于是在 1931 年公布了自己的发现。

很快，尤里的发现引起了注意，人们都热烈讨论他这一异乎寻常的发现。科学发现之路从来就不是平坦的，任何一种发现，都要经过重重困难的考验。尤里宣布他发现氘后，英国化学家索迪立即提出反对意见，认为尤里发现的根本不是氢的同位素。

索迪于 1921 年获诺贝尔化学奖，而且他获奖的原因还是因为他发现了同位素。可以说，索迪是研究同位素的"开山祖师"。他为什么反对呢？索迪在发现同位素时，给同位素下了一个定义，即：同一原子的同位素，不可能用化学方法将它们分开，这就是"化学上的不可分离性"。而尤里的发现正好违背了索迪的这条定义，因为尤里是用加热分馏方法把氢和氘这两种同位素分开的，而加热分馏是一种化学方法。因此索迪说："尤里发

219

现的氘是用化学方法从氢中分离出来的，所以氘并不是氢的同位素，只不过是另一种氢罢了。虽然它们的相对原子质量不同，但肯定不是同位素！"

虽然索迪在十多年前就得到过诺贝尔化学奖，是化学界的一大权威，但尤里并不盲目崇拜权威。尤里对于自己的发现很有信心，他发表自己的发现是非常慎重的，经过认真的多年思考，不是心血来潮的行动。因此，他不相信索迪的意见，认为索迪一定是弄错了。于是，尤里决心到各种科学会议上报告自己的发现。

那时科学家想参加大型科学会议，是很难筹备到路费的！尤里没有路费，可是，如果不参加会议，许多问题不当面讲清楚，那索迪的反对意见岂不会占了优势，甚至危及氘的命运吗？

尤里决心向人求援，这时有两位行政官员慷慨解囊，解决了尤里的燃眉之急。尤里顺利出席了会议，为自己的发现做了报告，对一些具体反对意见做了回答。人们逐渐了解和承认了尤里的发现，并认识到这一发现的重大价值。1934年，尤里就被授予诺贝尔化学奖。一个发现提出之后，这么短的时间就授予了诺贝尔奖，这在化学史上还是很少见的。

尤里之所以能下决心去找氘，是因为受到伯奇和门泽尔两人预言的激励。可是，谁也没有想到，正当尤里因为发现了氘而获得诺贝尔化学奖的时候，英国化学家阿斯顿发表文章说，伯奇和门泽尔的测量有错误，因此他们两人的预言（即有氘存在），也是错的。

尤里在进行实验寻找氘时，并没有注意到伯奇和门泽尔的预言有错误，他也是到1935年底才知道这一件事。当然，伯奇和门泽尔两人错了，但尤里找到了氘却是千真万确的，因此尤里的功绩并不受到任何影响。只不过这件事很有趣，尤里由于一个错误的预言，而得出了一个伟大的发现！尤里真的很幸运，想必他一定很庆幸有这么一个错误，否则他也不会下决心去找氘。

尤里在发表诺贝尔获奖演说时，在原先已经准备好了的发言稿上，又加上一段话："当我的讲演稿已经写好以后，阿斯顿用新的测量证明伯奇和门泽尔在 1931 年的预言是错误的，但我不想因此而修改我的讲演稿了。因为，伯奇和门泽尔的预言是在氘发现之前就做出的，因此这个预言十分重要，没有这个预言，我就不会去寻找氘了。"

1969 年，美国宇航员登上了月球，取回了月球上岩石的样品。科学家想利用这些岩石的样品，分析月球上是不是有过生命。这种分析极其困难，稍不注意，就会得出错误结论。科学家们感到非常棘手。尤里知道后，说："我有办法。"结果，他又成功了。这时尤里已是 76 岁高龄的人了！他的智慧和能力，在这么大年龄还不减当年，真令人惊奇和佩服(图 3-25)！

第二次世界大战期间，尤里参加了美国政府研制原子弹的"曼哈顿计划"，利用他掌握

图 3-25　尤里纪念邮票

的同位素化学方面丰富的知识，对第一颗原子弹的研制起了很大作用。尤里最初是怀着对德意志法西斯强烈的愤恨参加"曼哈顿计划"的，他和其他科学家一道努力制造出了原子弹。但是原子弹的巨大破坏力给平民带来了可怕的灾难，因此，尤里坚决反对使用原子武器。特别是他在生命最后十多年里，通过公开演讲和发表文章呼吁禁止核武器，他在临终之前还一再强调，原子能只能用于和平目的。尤里于 1981 年 1 月 6 日以 87 岁的高龄病故，他的业绩将永垂于化学史。

第11节 费歇尔与蛋白质多肽结构

图 3-26　费歇尔

19 世纪下半叶和 20 世纪之初，有机化学领域中，德国的费歇尔（Emil Fischer）（图 3-26）是最知名的学者之一。他在对苯肼、糖类、嘌呤类有机化合物的研究中取得了突出的成就，因而荣获 1902 年诺贝尔化学奖。他是第二个荣获此项殊荣的化学家，可见科学界对他的推崇。对于大多数诺贝尔奖获得者来说，获奖的成果可以说是一生中在科学上最主要的贡献。然而对费歇尔来说，他在科学征途上更令人敬仰的成就，却是在他获得诺贝尔奖之后完成的。他的研究领域集中在对有机化学中那些与人类生活、生命有密切关系的有机物质的探索，可以说是生物化学的创始人。

费歇尔于 1852 年 10 月 9 日生于德国科隆市附近的奥伊尔斯。两个哥哥早亡，余下的是五个姐姐，所以他既是幼子又是独子，在家里受到大家的喜爱。父亲老费歇尔是个富有商人，除经营葡萄酒、啤酒外，还是啤酒厂、毛纺厂、钢管厂、玻璃厂及矿山企业的董事。

费歇尔少年时代，他父亲倾注全力发展他的毛纺厂，亲自动手建立了一个小染坊，把买来的染料反复调和进行实验。由于缺乏化学知识，实验总不像做买卖那么顺心，为此他常唠叨："如果家里有一个化学家，这些困难便好解决了。"

后来相继建立的钢铁厂、水泥厂也迫切需要化学知识，致使他对化学这门科学更加崇拜。父亲的这一思想给费歇尔留下了深刻印象，他暗暗下定决心，将来一定要做一名化学家。

　　1869 年费歇尔以第一名的成绩从中学毕业，他没有忘记父亲的嘱咐"要把自己的一生献给科学，你就应该选择化学"，毅然决定投考化学系。可当他将这一决定付诸行动时，父亲却犹豫了，那么大的家产和企业由谁来继承？只能是费歇尔。于是父亲改变了主张，动员费歇尔从商："你还不满 17 岁，这么小的岁数就入大学也没什么意思，是不是花一年半载时间学点商业事务？"

　　父命难违，费歇尔只好到他姐夫经营的一个木材公司见习。此时的费歇尔心早已扑在了化学里，所以他来到木材场后，很快自建了一个简易的化学实验室。白天就关在实验室里照着书本埋头做实验，什么商业买卖，他根本不去考虑。他姐夫不得不向他父亲汇报："费歇尔在商业上不会有什么出息。"面对这一状况，他父亲实在没办法，只好让步："既然他不愿意做买卖，就让他上学吧！"

　　就这样，费歇尔实现了自己的志愿，进入波恩大学化学系。在波恩大学，化学教授是著名的凯库勒。凯库勒的讲课水平很高，给学生们留下深刻的印象，但是该校的化学实验室却非常简陋，连天平都是不准的。对此费歇尔有自己的看法，他认为学习化学就必须做化学实验，只有掌握了高超的实验技术，才能成为一个有作为的化学家。他的这一观点几乎贯穿于他一生的治学活动。他对于创立一整套假说或某一学说丝毫不感兴趣，而是致力于发现和阐明新的实验事实，依靠坚韧不拔的毅力和出类拔萃的实验技巧，开辟有机化学研究的新领域。为此，他在波恩大学学习了一年之后，就忍痛离开了他尊敬的老师凯库勒，转学到舒特拉斯堡大学，从学于实验有机化学家拜耳。

当时，正是德国以染料为中心的有机合成工业蓬勃发展的时候，许多化学家都把合成染料的研究选作自己的课题，拜耳当时主要研究对象就是曙红、靛蓝等有机染料。费歇尔在拜耳指导下所做的许多实验大多与染料有关，他的毕业论文就是关于酚染料的研究。在拜耳指导下，费歇尔不仅全面掌握了化学的最基础知识，同时获得了化学实验技巧的严格训练。1874 年他以优异成绩从大学毕业，随后留校做拜耳的助手。

1875 年拜耳应聘去慕尼黑大学，接替刚去世的李比希的教职。留恋自己老师的费歇尔跟着来到慕尼黑大学，在这里他开始研究碱性品红。由于成绩突出，1878 年被任命为讲师，第二年被提升为副教授，当时他还不满 27 岁。

1882 年，他接受了艾尔兰根大学的聘书，出任化学教授。两年后又转到维尔茨堡大学，之所以选择这所大学，是因为这里为他创造了较好的实验研究条件，在他完成教学任务后，可以专心致志地从事所喜爱的研究。在维尔茨堡大学的 10 年中，他在糖类和嘌呤类化合物的研究取得了突破性的成就。

1892 年，柏林大学化学教授霍夫曼去世。柏林大学是当时德国的最高学府，化学教授一职必是聘请德国化学界最有威望的教授出任，所以谁来接替霍夫曼的空缺是化学界所关注的。第一位候选人是凯库勒，第二位候选人是拜耳，但是他们两位均因年高而不愿离开原地。费歇尔是大家公认最合适的候选人，但他对自己在维尔茨堡的工作环境很满意，无意离开。柏林大学和教育当局热切邀请，费歇尔的父亲和妻子也都鼓励他去柏林应聘，尤其是柏林大学拥有更丰富的科学活动，更可观的研究经费和一大批优秀的学生，这使他动心了。整整思索了 10 天，最后决定去柏林接受聘任。

年仅 40 岁的费歇尔成了德国化学界的最高权威，关于蛋白质和氨基酸的研究就是在这里开始的。作为当时柏林大学的化学教授，除了完成本校教学任务外，必须兼任军医学院的化学教授，还必须参加医师、药剂师、教师的资格审定以及医疗事故的裁定。他经常参加普鲁士科学院组织的活动，连续几届被选为德国化学会会长。

1899 年开始，费歇尔选择了对氨基酸、多肽及蛋白质的研究。蛋白质与人类的生活、生命关系密切，蛋白质的结构非常复杂，一个分子往往有几千个原子。面对这一难题，费歇尔决定从它的基本组成氨基酸开始研究。为了认识所有的氨基酸，他发展和改进了许多分析方法，将各种氨基酸分离出来进行鉴别。由于他的辛勤劳动，人们认识了 19 种氨基酸，自然界中有几十万种蛋白质，而它们都是由 20 种氨基酸以不同数量比例和不同排列方式结合而成的。在进一步探索蛋白质的组成和结构及合成方法时，他发现将氨基酸合成，首先得到的不是蛋白质，而是他命名为多肽的一类化合物。将蛋白质进行分解首先得到的也是多肽类化合物。随后他合成了 100 多种多肽化合物，由简单到复杂，开始只采用同一氨基酸使其链逐步增长，发展到采用多种氨基酸使其氨基双链伸长。1907 年，他制取了由 18 种氨基酸分子组成的多肽，成为当时的重要科学新闻。

"生命是蛋白体的存在方式"，用现代的观点来看，"蛋白体"实际上就是蛋白质和核酸的复合体。鉴于这一点，可见费歇尔研究工作的重要意义，他为现代蛋白质和核酸的研究奠定了重要的基础。

费歇尔是世界上第二位诺贝尔化学奖获得者，但他在德国并非是获得诺贝尔奖的第一人。在此我们不得不思考，为什么在 20 世纪初期，德国人屡获诺贝尔奖？在 1901—1939 年的诺贝

225

第3章 世界现代化学（上）

尔奖获得者中，德国就占了 16 人，其获奖的学术成就囊括了分析测试、化学热力学、动力学、合成有机化学、天然有机化学、生物化学等诸多研究方向。这对我们当今的创新教育有什么启发呢？

第一，留给我们思考。20 年代德国刚刚经受一战的破坏、处于经济最困难的时候，一系列严重社会问题的产生，最终导致希特勒上台。可是为什么 20 世纪重要的科学发现又恰好在德国的土地上发生？那时候德国教授的生活水平并不如我们现在的专家教授，所以不能单单说一定要达到美国的生活水平和工作条件才能做出拿诺贝尔奖的贡献。

第二，条件和机制。首先，德国人非常重视实验和数据的分析；其次，德国有很强的数学传统；另外德国有非常强的哲学传统。这几个条件，对于德国能产生 20 世纪最伟大的科学发现起到了决定性的作用。但单有这样一些条件是不够的，德国在体制上最先做出了两件事：一是在大学中设立研究机构；二是德国很早就采取完全开放的学术政策。

第三，我们需要努力。没有这样一些条件的组合，没有非常开放的学术空气和思想的交流，没有多种特长的研究中心和一大批天才的学者在里面受到各种熏陶和训练，要在中国出大批诺贝尔奖获得者是不容易的。我们应当尽一切努力创造条件，把中华民族的创造力发掘出来，争取做出划时代的科学工作。

由于长期的劳累，费歇尔终于拖垮了身体，到 1919 年他的身体完全垮了，经抢救、疗养都无济于事，7 月 15 日不幸病逝，终年 67 岁。费歇尔临终前仍念念不忘化学的发展，在遗嘱中他吩咐从他的遗产中拿出 75 万马克，献给科学院，作为基金提供给年轻化学家使用，鼓励他们为发展化学科学而努力。

第 12 节　埃利希与化学疗法

埃利希（P. Elrlich）（图 3-27）是科学史上罕见的奇才，他不只属于某一学科，他是有机化学家、组织学家、免疫学家和药物学家。他在组织和细胞的化学染色方面进行了开创性的研究；他是白喉抗毒素标准化的权威，提出了抗体形成的"侧链"理论，因此 1908 年获诺贝尔生理与医学奖；1912 年和 1913 年两度获诺贝尔化学奖提名，虽未获奖，但他被公认为是化学疗法之父。

图 3-27　埃利希

1854 年 3 月 14 日，埃利希出生在德国西里西亚的斯特林小镇一个富有的犹太人家庭。他是家中唯一的男孩，上有三个姐姐，下有一个妹妹。埃利希的父亲是酿酒商，也经营过小旅馆，他勤于思考，富有眼光，颇受当地人敬重。母亲聪慧漂亮，精明强干。

埃利希的祖父，是富有的酒商，拥有一个藏书丰富的私人图书馆，晚年常向当地居民进行科普讲演。埃利希的家庭中，出过不少杰出的教育家和科学家。他的表兄威格特，是著名的组织病理学家，比埃利希大 9 岁，既是埃利希的终身挚友，又是埃利希崇拜的偶像。

埃利希 6 岁那年入当地一所小学就读，10 岁到离家 20 英里的布雷斯劳城一所人文中学求学，寄宿在一位教授家里。那时他并不很出众，讨厌听课和考试。假期里，他喜欢与其他同学玩耍打闹，爱到乡间的田野里抓小动物。一次，他和几个好友抓了一串老鼠和青蛙，偷偷放在家里的浴室里，吓得家中的小保姆惊恐万状。

尽管顽皮淘气，但埃利希很早就表现出对治疗病人的兴趣，当他还是 11 岁孩子的时候，就自己开了一张处方，让镇上的一位药剂师配制出一种止咳药水。

埃利希特别喜欢数学和拉丁文，并且成绩优异。解数学难题，他最得心应手，而拉丁文因其严密的逻辑结构，深得他的偏爱。他一生都迷恋拉丁文，在他后来的写作中，常在德文中夹杂些拉丁文词句，还常用拉丁语格言表述他的思想。

他最感恼火的是德语作文。毕业考试的时候，老师出了一道作文题"生活：一个梦"，他是最后交卷的。他写道："生活是化学事件，是普通的氧化过程；而梦则是发生在脑中的化学过程，是一种脑的磷光现象。"由此可见，科学的种子已深深地埋在他脑海中。然而，这篇作文令校长和老师非常生气，被判为劣等。幸好埃利希的拉丁文和其他几科成绩优良，校方才勉强让他毕业。

1872 年夏，埃利希进入布雷斯劳大学，表兄威格特就在这里任教。埃利希受到年轻解剖学家瓦尔德的关照，两人结下终身友谊。或许是受瓦尔德和威格特的影响，埃利希立志学习医学。按照德国大学的惯例，学生可以自由转学，无任何限制。几个月后，瓦尔德被斯特拉斯堡帝国大学聘为教授，埃利希随同转入该大学就读，在斯特拉斯堡大学读了三个学期，这对他一生的发展具有决定性的影响。

瓦尔德是杰出的解剖学家，他在德国第一个将化学引入医学；1863 年，他第一个用苏木紫进行组织染色；他利用显微镜，研究了神经纤维、听觉器官、结膜及喉的组织学，创造了神经细胞、染色体、原生细胞等新术语，他提出的神经元理论，至今仍被普遍接受。他认为埃利希天资聪颖，思维独特，不同于一般的医科学生，因此经常给予鼓励，激发其天赋。埃利希在他的影响下，对生物染色产生了浓厚的兴趣。

在一次解剖学实验课上，瓦尔德教授发现埃利希的实验台上布满了多种颜色的斑点，问道："你在干什么？"

"我正在用染料进行实验，先生！"埃利希将试管举到老师面前，手和脸上都沾满了着色剂。教授查看了试管和桌上那些已经染色的切片。很显然，这位学生并没有按照常规的实验安排操作，而是在进行创造性的探索，并获得良好的结果。教授赞许地点点头："很好，继续试吧。"

埃利希是瓦尔德最得意的门生之一，经常被邀请到家里做客，二人建立起了长期的亲密关系。瓦尔德预言，埃利希前程似锦，无可限量。

埃利希不愿去听那些枯燥刻板的课程，但是，他贪婪地阅读他感兴趣的有关组织学和铅中毒方面的著作，并具有从中快速吸收精华的能力。

在准备医学预科考试的时候，埃利希对结构有机化学和染料化学产生了浓厚的兴趣，然而，他很少去听拜耳主讲的化学课，这多少有些让人不可思议。拜耳是凯库勒和本生的学生，在染料化学方面的造诣，深不可测，被尊称为"德国染料化学之父"，后于1905年获诺贝尔化学奖。

但期末的化学考试，埃利希却获得了"极优"的成绩，拜耳向同事瓦尔德极力称赞埃利希是个化学天才。后来每每谈起这件事，埃利希都感到非常自豪，既是为这个极优的成绩，又是为自己是拜耳的"学生"。

通过医学预科考试后，1874年埃利希接受表兄威格特的劝告，返回布雷斯劳大学攻读病理解剖学，他在这里完成了博士论文的研究。在布雷斯劳，埃利希给实验解剖学家柯亨海姆、组织学家威格特、生理学家赫登海姆、植物学家和细菌学家科恩留下了深刻的印象，同时又幸运地受到这些名师的指导和影响。他在最合适的时候来到最合适的地方，因为这是布雷斯劳大学最辉煌鼎盛时期，人才济济，名师如云。

柯亨海姆——伟大的病理学家，在布雷斯劳大学创建了著名的病理学研究所。作为组织病理学家，他创立了冷冻新鲜组织用于显微研究的方法，用银盐和金盐标记神经末梢，对骨骼进行了研究，在炎症和栓塞等方面的研究，造诣精深。他是一位足智多谋的研究者，也是一位循循善诱的教师，培养出许多才华超群的学生。他对埃利希独立思维的能力和对染料、细胞相互作用的不寻常的探索精神，非常欣赏并给予了热情的鼓励。

埃利希的表兄威格特，因生物染色和神经组织学的贡献闻名于世，他对苯胺染料和显微染色的兴趣，直接影响了埃利希，他对埃利希在布雷斯劳的学习和研究关怀备至。

在布雷斯劳，对埃利希产生重大影响的第三位伟大学者赫登海姆，是卓越的生理学家和独立的思想家，对埃利希从事染料化学及染料和细胞相互作用的研究给予了大力支持。在他那里，埃利希知道了在生物学中进行可靠的实验、定量测定和独立思考的重要性。

对埃利希产生重大影响的第四位人物是科恩，他是生理植物学研究所的教授，被认为是继林耐之后最伟大的植物学家。他是最早认识到新发现的微生物世界之重要意义的，他发表的关于细菌分类和细菌生物学的论文，被认为是该领域的经典。科恩乐于助人，一直支持埃利希。从科恩那里，埃利希知道了微生物、植物细胞、显微染色的重要性和具有开放头脑的价值，知道如何提出科学假说并进行思考。

1878 年，他在柯亨海姆教授的实验室里，完成了博士论文

《关于组织染色的理论和实践》。他证明，所有选择性的组织染色，即能使组织之间产生差异的染色，都可以分为两类：一类是直接染色，色素不改变地进入一种组织；第二类即所谓的附属染色，有色物质先与另一化合物（媒染剂）结合，然后色淀与组织结合。埃利希深入研究了第一类染色，因为大多数组织染色属于这一类。这篇论文，显示出作为化学家的埃利希独特的思维能力，几乎包含了他后来所有的科学思想的胚芽，并最终得出他一生中最伟大的科学发现。

同年他被任命为助理教授，供职在柏林费里克医院，后来任该院的副院长。1890年起先后担任柏林大学副教授兼传染病研究所实验室主任。

埃利希的科学才干，受到普鲁士教育与医学事务大臣阿尔索夫的赏识。阿尔索夫是位性格直率、睿智而有魅力的政治家，对支持大学和科学研究不遗余力。他把埃利希这样天才的年轻科学家，看成是德国最宝贵的财富，即便不能为其谋得与其才能相匹配的学术职位，也要设法提供施展才华的机会。1899年，德国政府在法兰克福创办了皇家血清研究所，设备条件极为优越，还建有宽敞的实验大楼，阿尔索夫立即任命埃利希为皇家血清研究所所长。面对如此先进的设备和优良的条件，埃利希又有了新的想法，想实现10年前的夙愿，即利用染料与有毒基因结合的化学产物来治疗疾病的实验和研究，简而言之就是化学疗法的研究和实验。故而在他要求下，研究所名称被改为皇家试验治疗方法研究所。

于是，埃利希由柏林来到法兰克福，开始了他化学治疗的研究阶段。化疗药物是人工合成产生的"神奇的子弹"，当机体不能对某种病原体产生抗体时，用人工合成的化疗制剂来补充和维持机体的防御机制，成为生物医学界追求和研究的目标，这就是化学疗法的研究意义之所在。

此外，他还对癌细胞与细菌进行了比较研究，认为癌细胞是一种寄生虫，它直接影响寄主的营养和免疫力。关于这方面的研究成果都发表在1905—1909年间的论文中。这些成果对以后的癌症研究具有一定的参考价值。

埃利希手下拥有一批科研人才，组建了一支属于他自己的科研队伍，一些化学人才和得力助手纷纷投奔他的门下。其实埃利希在化学疗法研究所建成之前，就已经在进行化学疗法的研究和实验。他让化学家们根据他的构想研制出了数千种化学制品及合成化合物，还让染料公司好友提供大量染料，以供研究之用。埃利希运用这些化学制品、合成化合物及染料，在动物体内进行了无数次实验。

他在组织和细胞的化学染色方面进行了开创性的研究；1909年他和日本的烟佐桥郎大夫一起发明了治疗梅毒的特效药"606"（他们试验了六百零六次才成功），开创了化学疗法的先河；他是白喉抗毒素标准化的权威，提出了抗体形成的"侧链"理论，因此1908年获诺贝尔生理与医学奖；他发明的驱梅特效药"606"及其改进剂"914"，为千千万万的梅毒患者解除了痛苦，被看成医学的救星。1912年和1913年两度获诺贝尔化学奖提名。

在法兰克福，他受到极大尊敬（图3-28、图3-29），他的研

图3-28　埃利希纪念邮票　　图3-29　埃利希纪念邮票

究所和家所在的那条街更名为埃利希大街。二次大战以后，试验治疗方法研究所以他的名字重新命名，并设立了享有很高声誉的埃利希医学奖。

第13节　贝克兰与塑料

塑料的发明是 20 世纪人类的一大杰作，塑料无疑成为现代文明社会不可或缺的重要原料，目前已广泛应用于航空、航天、通信工程、计算机、军事、农业和轻工业等各行各业。第一种完全合成的塑料出自美籍比利时人贝克兰（Leo Hendrik Baekeland）（图 3-30），1907 年 7 月 14 日，他注册了酚醛塑料的专利。

贝克兰是鞋匠和女仆的儿子，1863 年 11 月 14 日生于比利时港口城

图 3-30　贝克兰

市根特。1884 年，21 岁的贝克兰获得根特大学博士学位，24 岁时就成为比利时布鲁日高等师范学院的物理和化学教授。1889 年，刚刚娶了大学导师的女儿，贝克兰就获得一笔旅行奖学金，到美国从事化学研究。

在哥伦比亚大学钱德勒教授鼓励下，贝克兰留在美国，为纽约一家摄影供应商工作。这使他几年后发明了一种照相纸，这种相纸可以在灯光下而不必在阳光下才显影。1893 年，贝克兰辞职创办了一个化学公司。

在新产品冲击下，摄影器材商柯达吃不消了，1898 年，经过两次谈判，柯达方以 1500 万美元的价格购得这种照相纸的专

利权。不过柯达很快发现配方不灵，贝克兰的回答是：这很正常，发明家在专利文件里都会省略一两步，以防被侵权使用。柯达被告知：他们买的是专利，但不是全部知识。又付了 10 万美元，柯达方知秘密在一种溶液里。

掘得第一桶金，贝克兰买下纽约附近一座俯瞰哈德逊河的豪宅，将一个谷仓改成设备齐全的私人实验室，还与人合作在布鲁克林建起试验工厂。

几个世纪以来，紫胶虫积存在树上的树脂状分泌物为南亚的家庭小工业提供了原料，该地区农民把树脂分泌物加热过滤，生产一种用作涂料和保护木制品的清漆。紫胶恰巧还是一种有效的绝缘物，早期的电力工人将它用于隔离缠绕在一起的线圈，还将注满了紫胶的纸一层层地压紧制成绝缘物材料。当电气化在 20 世纪初真正开始发展时，紫胶很快就变得供不应求。贝克兰独具慧眼，他迫切希望找到紫胶的合成替代物。

他的研究几乎被别人超越。早在 1872 年，德国化学家拜耳就在研究由酚和甲醛之间的反应所产生聚集在玻璃器皿底部的棘手的残渣。然而拜耳将目光放在了新的合成涂料上，而非绝缘体上。在他看来，玻璃器皿中这种令人讨厌的不易溶解的黏东西毫无研究价值可言。

但贝克兰和其他在刚起步的电力工业中寻求商机的人认为，这个黏糊糊的东西将导致某种伟大的发现。贝克兰和他的对手面临的共同挑战，是要找到某种难以掌握的成分比率及热量和压力——能生产出更有效的类似紫胶的东西。最理想的是它能在溶剂里溶解成为绝缘漆，但又能像橡胶那样具有可塑性。

1904 年贝克兰和一个助手开始了寻找工作。三年后，在实验室的记录本上记满了一页又一页的失败试验后，贝克兰终于制造出了一种他在记录本上昵称为"Bakelite（酚醛塑料）"的材料

（图 3-31）。开始加热时，酚和甲醛便产生了像紫胶样的液体，能像清漆一样涂于物体表面。再加热，液体变成了糊状的更具黏性的东西。当贝克兰将这种东西放进了合成器后，他获得了一种坚硬的、半透明的、具有无限可塑性的物质，它就是——塑料。

图 3-31　贝克兰在做实验

贝克兰将它用自己的名字命名为"贝克莱特"（Bakelite）。他很幸运，英国同行斯温伯爵士只比他晚一天提交专利申请，否则英文里酚醛塑料可能要叫"斯温伯莱特"。1909 年 2 月 8 日，贝克兰在美国化学协会纽约分会的一次会议上公开了这种塑料。

酚醛塑料绝缘、稳定、耐热、耐腐蚀、不可燃，贝克兰自称为"千用材料"。特别是在迅速发展的汽车、无线电和电力工业中，它被制成插头、插座、收音机和电话外壳、螺旋桨、阀门、齿轮、管道。在家庭中，它出现在把手、按钮、刀柄、桌面、烟斗、保温瓶、电热水瓶、钢笔和人造珠宝上。

这相当于 20 世纪的炼金术，从煤焦油那样的廉价产物中，得到用途如此广泛的材料。1924 年《时代》周刊的一则封面称：那些熟悉酚醛塑料潜力的人表示，数年后它将出现在现代文明的每一种机械设备里。1940 年 5 月 20 日的《时代》周刊则将贝克兰称为"塑料之父"。当然，酚醛塑料也有缺点，它受热会变暗、变软。

1910 年，贝克兰创办了通用酚醛塑料公司，在新泽西的工厂开始生产。但很快就有了竞争对手。假冒酚醛塑料的出现使贝克兰很早就在产品上采用了类似今天的防伪标签。1926 年专利保护到期，大批同类产品涌入市场，经过谈判，贝克兰与对手合并，拥有了一个真正的酚醛塑料帝国。

作为科学家，贝克兰可谓名利双收，他拥有超过 100 项专利，荣誉职位数不胜数，死后也位居科学和商界两类名人堂。他身上既有科学家少有的商业精明，又有科学家太多的生活迟钝。除了电影和汽车，他最大的爱好是穿着衬衫、短裤流连于游艇上。不过据说他只有一套西装，而且总是穿一双旧运动鞋。为了让他换套行头，身为艺术家的妻子在服装店挑了一件 125 美元的英国蓝斜纹西服套装，预付了店主 100 美元，要他把这套衣服陈列在橱窗里，挂上一个 25 美元的标签。当晚，贝克兰从妻子口中获悉这等价廉物美的好事，第二天就买了下来。回家路上碰到邻居、律师昂特迈耶，贝克兰的新衣服立刻被对方以 75 美元买走，成为他向妻子显示精明的得意事例。

1939 年，贝克兰退休时，儿子乔治·贝克兰无意从商，公司以 2 亿美元出售给联合碳化物公司。1945 年，贝克兰死后一年，美国的塑料年产量就超过 40 万吨，1979 年又超过了工业时代的代表——钢的产量。今天，塑料几乎用于各个领域，从补牙材料到计算机的芯片，从生活用品到电器产品。它制造成本低，耐用、防水、质轻，容易被制成不同形状，是良好的绝缘体。

第 14 节　维尔纳与配位理论

图 3-32　维尔纳

1866 年 12 月 12 日维尔纳（Abraham Gottlob Werner）（图 3-32）出生于瑞士。他从小热爱化学，12 岁时就在自己家中的车库内建立了一个小小的化学实验室。1878—1885 年在德国卡尔斯鲁厄高等技术学校攻读化学，在读书过程中他逐渐对分类体系和异构关系产生了兴趣。后在卡尔斯鲁厄德国部队服义务兵役，一年后进入瑞士苏黎世大学进一步深造。他的数学和几何考试总是不及格，令人费解的是，在他一生的科学经历中，却表现出几何空间概念和丰富想象力在化学方面的创造性应用。他还发展范特霍夫碳原子四面体结构的概念，扩展到氮原子，从而建立起了氮的立体化学的理论基础。

1891年维尔纳回到巴黎与贝特罗合作，在法兰西学院研究热化学，提出了化合物的配位理论，认为在配位化合物的结构中，存在两种类型的原子价：一种是主价，一种是副价。并且扩大了同分异构体的概念。他还制备了新体系的许多新化合物。维尔纳一直从事分子化合物价键理论的研究，为化学键的现代理论开辟了道路。由于维尔纳在研究配位理论上的贡献，为无机化学开辟了新的研究领域，他获得了1913年诺贝尔化学奖，成为第一位获得诺贝尔奖的瑞士人。

配位化合物旧称络合物，"络"字意思是"网兜、包围"的意思。1890年维尔纳首先提出络合物的配位理论。他发表了很重要的论文《关于化学亲和力和化学价理论问题》，但当时未引起科学家们的注意。一直到1904年，通过对维尔纳的《立体化学手册》中基本概念的讨论，才引起科学界重视。他发表另一篇论文《论无机化合物的结构》，提出划时代的分子结构的配位场理论，这是无机化学和络合物化学结构理论的开端。他最早提出了"配位数"的概念，指出除了金属的普通电价以外，还有第二种结合力，它能供给一定数目的配合基围绕金属原子形成新的络合离子，因此对于晶体结构中的一个原子或离子来说，其周围与之相邻结合的原子团或异号离子数，称为该原子或离子的配位数。他研究了络合物内界的几何构型，指出：内界的构型可以是立体的，也可以是平面的，因此，它们可能形成几何异构体。在探讨几何异构的基础上，他还研究了物质的旋光异构现象。他的理论几乎遍及整个无机化学系统，并且发现有机化学中也可应用。他是首先揭示出"立体化学是一种普遍存在的现象，不限于含碳化合物"的科学家。美国化学家路易斯在著作中评价说："维尔纳在无机化学上的新观点，标志着一个新化学时期的开始……"

维尔纳提出络合物配位理论时年仅 26 岁，他专业为有机化学，从事含氮有机化合物的研究。他发表了多篇引人瞩目的论文，可从未开展过无机化合物的研究，他所提出的配位理论所引用的资料皆是别人的研究成果。他以超人的智慧和创造性思维提出了具有划时代意义的配位理论，给后人留下了关于创造性思维的启示。

维尔纳在对各种无机化学现象、实验事实以及各种理论与学说进行研究分析的基础上，进行归纳整理，从中发现了现象后面的一些本质东西，认为化合物中的金属原子价键间一定还有余力，而这种余力是与其他原子结合的源泉。正是从这样的思想出发，再结合许多实验事实，提出了化合物配位结合的假说，再检验实验事实并加以认证，最后形成配位理论。从这个范例我们可以看出，所谓归纳学说，是探究者通过实验观察的事实，运用假说思维方法为指导进行归纳整理而提出的，是通向科学发现的一种创造性思维方法。

科学理论的贡献一般有两方面：一是总结和说明已知的事实，二是用形成的理论推论和预测未知的新知识。维尔纳的配位理论虽没有自己的实验过程，但他在已确定的理论上进行创新，用以总结和说明已知的实验事实，这本身就是一个伟大的发明，而且维尔纳的理论确实较完美地解释了许多事实。

维尔纳一生共发表论文 170 余篇，重要著作有《立体化学教程》和《无机化学领域的新观点》。他的主要成就有两大方面：一方面是他创立了划时代的配位学说，这是对近代化学键理论做出的重大发展。他大胆地提出了新的化学键——配位键，并用它来解释配合物的形成，其重要意义在于结束了当时无机化学界对配合物的模糊认识，而且为后来电子理论在化学上的应用以及配位化学的形成开了先河。另一方面，维尔纳建立了碳元素的立体化学，可以用它来解释无机化学领域中立体效应引起的许多现象，为立体无机化学奠定了扎实的基础。

维尔纳的名言是：

"真正的雄心壮志几乎全是智慧、辛勤、学习、经验的积累，差一分一毫也不可能达到目的。至于那些一鸣惊人的专家学者，只是人们觉得他们一鸣惊人，其实他们下的功夫和潜在的智能，别人事前是领会不到的。"

第15节　哈伯与合成氨

这是一位充满争议的化学家，他虽早已长眠地下，却给世人留下关于他功过是非的激烈争论。赞扬他的人说：他是天使，为人类带来丰收和喜悦，是用空气制造面包的圣人。诅咒他的人说：他是魔鬼，给人类带来灾难、痛苦和死亡。他就是20世纪初世界闻名的德国物理化学家、合成氨的发明者哈伯（Fritz Haber）（图3-33）。

图3-33　哈伯

哈伯1868年12月9日生于波兰东南部的布雷斯劳，父亲是犹太染料商人。由于染料业和化学关系密切，家庭环境的熏陶使哈伯从小就获得许多化学知识。哈伯天资聪颖，在学习上更是无人能比。高中毕业后，先后到柏林、海德堡、苏黎世上大学。上学期间，他还在几个工厂实习，得到了许多实践经验。他喜爱德国农业化学之父李比希的伟大职业——化学工业。读大学期间，哈伯在柏林大学霍夫曼教授的指导下，写了一篇关于有机化学的论文，因此获得博士学位。1906年起哈伯任卡尔斯鲁厄工业大学物理化学和电化学教授。

在19世纪以前，农业上所需氮肥的来源主要来自有机物的副产品，如粪类、种子饼及绿肥。随着农业的发展，对氮肥的需求量迅速增长。一些有远见的化学家指出：考虑到将来的粮食问题，为了使子孙后代免于饥饿，我们必须寄希望于科学家能实现大气固氮。因此将空气中丰富的氮固定下来并转化为可被利用的形式，在20世纪初成为一项受到众多科学家注目和关切的重大课题。哈伯就是从事合成氨的工艺条件试验和理论研究的化学家之一。

利用氮、氢为原料合成氨的工业化生产曾是一个较难的课题，从第一次实验室研制到工业化投产，约经历150年的时间。1795年有人试图在常压下进行氨合成，后来又有人在50个大气压下试验，结果都失败了。法国化学家勒·夏特列第一个试图进行高压合成氨的实验，但是由于氮氢混合气中混进了氧气，引起爆炸，使他放弃了这一危险的实验。

哈伯成功地设计出一套适合高压实验的装置和合成氨的工艺流程：在炽热的焦炭上方吹入水蒸气，可以获得几乎等体积的一氧化碳和氢气的混合气体。其中的一氧化碳在催化剂的作用下，进一步与水蒸气反应，得到二氧化碳和氢气。然后将混合气体在一定压力下溶于水，二氧化碳被吸收，就制得较纯净的氢气。同样将水蒸气与适量的空气混合通过红热的炭，空气中的氧和碳便生成一氧化碳和二氧化碳而被吸收除掉，从而得到所需要的氮气。

氮气和氢气的混合气体在高温高压及催化剂的作用下就会合成氨。但什么样的高温和高压条件为最佳？以什么样的催化剂为最好？还必须探索。经过不断的实验和计算，哈伯终于在

1909 年取得了鼓舞人心的成果。这就是在 600℃的高温、200 个大气压、以锇为催化剂，能得到产率约为 8%的合成氨。8%的转化率不高，当然会影响生产的经济效益。哈伯知道合成氨反应不可能达到像硫酸生产那么高的转化率，在硫酸生产中二氧化硫氧化反应的转化率几乎接近于 100%。怎么办？哈伯认为若能使反应气体在高压下循环加工，并从这个循环中不断地把反应生成的氨分离出来，则这个工艺过程是可行的。于是他成功地设计了原料气的循环工艺，这就是合成氨的哈伯法(图3-34)。

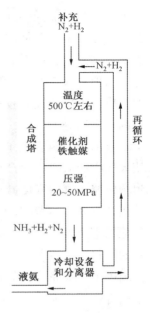

图 3-34 合成氨流程

走出实验室，进行工业化生产，仍要付出艰辛的劳动。哈伯将他设计的工艺流程申请专利后，把它交给德国当时最大的化工企业——巴登苯胺和纯碱制造公司。这个公司原先计划采用电弧法生产氧化氮，然后合成氨。两相比较，公司立即取消原先的计划，组织工程技术人员将哈伯的设计付诸实施。

首先，根据哈伯的工艺流程，他们找到了较合理的方法，生产出大量廉价的原料氮气、氢气。通过试验，他们认识到锇虽然是非常好的催化剂，但是它难于加工，因为它与空气接触时，易转变为挥发性的四氧化物，另外这种稀有金属在世界上的储量极少。哈伯建议的第二种催化剂是铀。铀不仅很贵，而且对氧和水都很敏感。为了寻找高效稳定的催化剂，两年间，他们进行了多达 6500 次试验，测试了 2500 种不同配方，最后选定了含铅镁促进剂的铁催化剂。开发适用的高压设备也是工艺的关键，当时能经受住200个大气压的低碳钢，却害怕氢气的脱碳腐蚀。最后在低碳钢的反应管子里加一层熟铁的衬里，熟铁虽没有强度，却不怕氢气的腐蚀，这样总算解决了难题。

哈伯合成氨的设想终于在1913年得以实现，一个日产30吨的合成氨工厂建成并投产，从此合成氨成为化学工业中发展较快的一个部分。

哈伯的发明震撼了全球，并产生划时代的效应。他的发明使大气中的氮变成生产氮肥永不枯竭的廉价来源，从而使农业生产依赖土壤的程度减弱。哈伯因此被称作解救世界粮食危机的化学天才。这是具有世界意义的人工固氮技术的重大成就，是化工生产实现高温、高压、催化反应的第一个里程碑。合成氨的原料来自空气、煤和水，因此是最经济的人工固氮法，从而结束了人类完全依靠天然氮肥的历史，给世界农业发展带来了福音；为工业生产、军事工业需要的大量硝酸、炸药解决了原料问题；在化工生产上推动了高温、高压、催化剂等一系列的技术进步。合成氨的成功也为德国节约了巨额经费支出，哈伯一举成名。

哈伯从此成为世界闻名的大科学家，为表彰哈伯的这一贡献，瑞典皇家科学院把1918年的诺贝尔化学奖颁给了哈伯。这样伟大的成绩获得诺贝尔奖是当之无愧的，但是哈伯获奖却受到最为广泛的争议。一些科学家，尤其是英法两国的科学家认为，哈伯没有资格获得诺贝尔奖，甚至当时获得诺贝尔其他奖项的科学家拒绝与哈伯同台领奖。这是为什么呢？其原因在于哈伯在第一次世界大战中的表现。

作为合成氨工业的奠基人，哈伯深受当时德国统治者的青睐，他数次被德皇召见，委以重任。第一次世界大战爆发后，德皇为了征服欧洲，要哈伯全力研制最新式的化学武器，哈伯首先研制出军用毒气氯气罐。1915年4月，根据哈伯的建议，德军把盛装氯气的钢瓶放在阵地前沿，借助风力把氯气吹向敌阵。这股毒气使英法军队士兵普遍感到鼻腔、咽喉不适，紧接着就是一些人窒息死亡。英法士兵从来没有见过这样的战斗，被吓得惊慌逃跑，大败而归。据估计，15000 人在这次战斗中受害。

不仅如此，在第一次世界大战期间，哈伯担任化学兵工厂厂长，负责研制、生产氯气、芥子气等毒气，并用于战争中。由于战争双方都使用化学武器，共造成近百万人伤亡。这样，哈伯的建议和行为拉开了军事史上使用杀伤性化学毒剂的序幕，此后化学战就成为战争的一种。

哈伯受到世人的强烈谴责，其功绩也因此蒙羞。尽管如此，1919 年，瑞典科学院考虑到哈伯发明的合成氨对全球经济巨大的推动作用，决定给哈伯颁发 1918 年的诺贝尔化学奖。消息传来，全球哗然。一些科学家指责这一决定玷污了科学界。但也有一些科学家认为，科学总是受制于政治，科学史上许多发明都是既可用来造福人类，也可用于毁灭人类文明。哈伯发明合成氨，可以将功抵过。鉴于此，哈伯在精神上受到很大的震动，战争结束不久，他害怕被当作战犯而逃到乡下约半年。哈伯也曾经说："我是罪人，无权申辩什么，我能做的就是尽力弥补我的罪行。"

通过对战争的反省，后来哈伯把全部精力都投入到科学研究中。在他卓有成效的领导下，威廉物理化学研究所成为世界上化学研究的学术中心之一。根据多年科研工作的经验，他特别注意创造一个毫无偏见、并能独立进行研究的环境，在研究中他又强调理论研究和应用研究相结合，从而使他的研究所成为一流的科研单位，培养出众多高水平的研究人员。

为了改变大战中给人留下的不光彩印象，哈伯积极致力于加强各国科研机构的联系和各国科学家的友好往来。他的实验室有将近一半成员来自世界各国。友好的接待、热情的指导，不仅使他得到了科学界的谅解，同时使他的威望日益升高。

然而，不久悲剧再次降落在他身上。1933年，希特勒篡夺了德国政权，建立了法西斯统治，开始推行以消灭"犹太科学"为己任的闹剧。尽管哈伯是著名的科学家，但是因为他是犹太人，和其他犹太人同样遭到残酷的迫害。法西斯当局命令在科学和教育部门解雇一切犹太人。哈伯这位伟大的化学家被改名为"犹太人哈伯"，他所领导的威廉研究所也被改组。

随后，哈伯被迫离开他为之热诚服务几十年的祖国，流落他乡。首先他应英国剑桥大学的邀请，到鲍波实验室工作。4个月后，以色列的希夫研究所聘任哈伯去领导研究工作。在去希夫研究所的途中，哈伯心脏病发作，于1934年1月29日逝世。

图3-35　哈伯纪念邮票

哈伯虽然被迫离开了德国，但是德国科学界和人民并没有忘记他（图3-35），就在他逝世1周年的那天，德国的许多学会和学者不顾纳粹的阻挠，纷纷组织集会，缅怀这位伟大的科学家。事实上，在世界人口膨胀的今天，无论哈伯的过去如何，粮食问题都是得益于哈伯的杰出贡献，但其一生也确实给人们无限的思考。

氨的高压合成法是个划时代的工业供氮方法，它开辟了人类直接利用空气游离态氮的途径，开创了高压合成氨的化学方法，直到现在，世界各国的氮肥工业在基本原理上还沿用着这种方法。1918年，哈伯因此获得诺贝尔化学奖，他的合作者博施因在促进实施与完善大规模合成氨工业化生产工艺中的杰出贡献，于1931年也被授予诺贝尔化学奖。同一项目先后两次获得了诺贝尔化学奖，可见其意义重大。他留给我们的启示是：

第一，以创造思维为指导、突破前人的研究方法，有效地选择新的突破方向，是哈伯发明氨合成法的关键。哈伯认真分析前人方法的利弊，总结正反两方面的经验和教训，以独到的眼光，敏锐的洞察力毅然决定选择新的合成路线，开辟了新的领域。这在创造性思维方法中称为变换角度进行多向思维，通过多向思维打破定势，发现新的方向，产生新的思路。

第二，及时吸收最新理论，并以此指导研究实践，是哈伯在合成氨研究中取得突破性进展的根本原因。19世纪下半叶，物理化学这门学科的崛起，在化学热力学、化学动力学、催化研究等方面取得了一定的进展。哈伯及时吸收、消化这方面的最新理论成果，并以此作为合成氨实践的理论指导。运用新理论研究合成氨过程，明确认识到由氮氢合成氨的反应是可逆的，催化剂及其催化作用将对合成氨反应产生重要影响。基于这些理论研究，哈伯对合成氨的反应条件做出了创造性的选择。

第三，锲而不舍的精神是哈伯做出氨合成法发明的前提。在合成氨的研究过程中，困难和失败是始终伴随的，不少科学家面对难以解决的理论和实践问题以及实验过程中的失败，有的放弃，有的停滞不前。而哈伯面对困难和失败不是退却，而是总结经验和教训，寻找新的突破口，以失败为成功之母，坚持不懈地进行研究，最终做出氨合成法的伟大发明。

第四，关于哈伯的争议。哈伯在研制化学武器上给人类带来灾难，世界许多科学家曾提出异议，终因其对人类的特殊贡献而获殊荣。但当纳粹政府排斥犹太人后，现实使他认识到过去的错误，哈伯本人也为此付出了沉重的代价，了解情况的人们还是对他表示理解和赞许，因此哈伯获得诺贝尔奖这个殊荣也是当之无愧的。

第16节 施陶丁格与高分子化学

图 3-36 施陶丁格

施陶丁格(Hermann Staudinger)(图 3-36)这个名字，总是与高分子化学密切联系在一起。1953 年 12 月 10 日，他因在这一领域的开创性成果，荣获诺贝尔化学奖。他提出的聚合物结构理论，以及对生物大分子的研究，为高分子化学、材料科学和生物科学的现代发展奠定了基础，同时促进了塑料工业的迅速成长。今天，施陶丁格的理论，还在不断地刺激着现代科学和技术的进步，他的高聚物"分子设计"思想，仍是研制新结构、新功能高分子材料的重要基础和指南。

施陶丁格，1881 年 3 月 23 日生于德国沃尔姆斯，其父是新康德主义哲学家。由于对植物学和显微镜工作感兴趣，1899 年中学毕业后，施陶丁格入哈雷大学跟随克里比教授攻读植物学。他的父亲告诉他，只有学好化学，才能更好地研究植物学问题。施陶丁格听从父亲的劝告，转而学习化学，但他依然对植物学怀有浓厚的兴趣。后来他在高分子化学方面的许多成果，对植物学和生物学领域都产生了重大影响。他一直在不断地探索化学和植物学、生物学之间的联系。

施陶丁格在哈雷大学待的时间很短，1899 年秋，其父移居达姆斯特，施陶丁格转学到达姆斯特技术大学，跟随科尔贝教授，学习两个学期的分析化学课程。随后又到慕尼黑大学拜耳实验室学习两个学期的有机化学。1901 年，施陶丁格返回哈雷大学，在弗兰德教授的指导下，从事丙二酸酯加成产物的研究。

1903年夏，施陶丁格获博士学位。这年秋天，他到斯特拉斯堡大学，任著名有机化学家梯尔的助手，在学问和人格方面都受到梯尔的影响。这期间，他的工作是多方面的，但主要研究将羧酸转化成醛的方法。1905年，他发现一类新的化学物质——烯酮，他用锌处理二苯氯乙酰氯，成功地分离和鉴别出二苯乙烯酮。

1907年春，他向斯特拉斯堡大学提交有关烯酮化学的"任职资格"论文，获得大学授课资格，被聘为副教授，年仅26岁。在极短的时间内，他作为从事小分子有机化学研究的化学家，获得了令人瞩目的国际声誉。施陶丁格在小分子化学领域取得了丰硕的成果，共发表研究论文215篇，获专利51项。

1910年，施陶丁格与鲁茨卡（1939年诺贝尔化学奖得主）合作，成功分离出马提亚人使用的杀虫粉除虫菊的有效成分。这种除虫菊杀虫剂，是用菊花粉通过石油醚提取制成的粉末。他们测定出除虫菊素的化学结构。施陶丁格的研究成果，为现代除虫菊酯杀虫剂的发展，打下了坚实的基础。

一战期间，协约国海军的海上封锁，使德国天然胡椒的供应严重短缺。他制备出一种哌啶和它的氢化衍生物，发现二者都具有典型的胡椒味道，弄清楚分子结构与胡椒味道之间的基本关系。1917年，施陶丁格研制的一种哌啶氢化衍生物，成为商品的合成胡椒，改善了食品短缺的战争时期德国人的口味。

合成胡椒取得的成功，刺激施陶丁格解决德国战时天然咖啡供应中断的问题。施陶丁格通过高真空装置，从烤咖啡中成功地蒸馏分离出70余种芳香化合物。从大量化合物中，他惊奇地发现，咖啡香味中最重要、最有效的成分竟是痕量的糠硫醇。这种化合物在极低浓度下，具有纯正的咖啡香味，而在高浓度下，则因奇臭无比闻名于世。通过不断试验，将 40 余种化合物混合稀释，得到一种具有典型咖啡味道的合成咖啡。二战爆发前，德国一家公司商业推出施陶丁格的合成咖啡。二战后，施陶丁格才公开发表相关成果。

1920 年施陶丁格开始对大分子化合物，尤其是聚甲醛、橡胶和聚苯乙烯的研究。1926 年，施陶丁格接替威兰德（1927 年诺贝尔化学奖得主）任弗赖堡大学教授，并担任化学实验室主任。从此以后，施陶丁格完全投入到高分子化学领域的研究中。为了促进大分子化学和聚合物科学新领域的发展，他费尽心血。1940 年，他在弗赖堡大学创立高分子化学研究所，这是欧洲第一个完全致力于聚合物研究的科研机构。1943 年，他创办第一份聚合物期刊《高分子化学学报》，为这一新领域的研究者搭建了交流研究成果的平台。施陶丁格还编写出版数部高分子化学著作，如《高分子有机化合物——橡胶和纤维素》《高分子化学、物理与技术进展》《高分子化学》和《高分子化学与生物学》等。1950 年，施陶丁格举办了第一次学术界和工业界的科学家参加的高分子学术讨论会，如今的"施陶丁格高分子讨论会"是德国最大的学术年会，每年吸引众多与会者。

1951 年，施陶丁格任弗赖堡大学荣誉教授和高分子化学研究所荣誉所长，直到 1956 年 75 岁生日时正式退休。为了创立高分子化学，从 1920 年开始，年已 39 岁的施陶丁格孤军奋战了 10 年，而像他这样的年龄，或许已经超过了在科学上做出重大贡献的高峰期，但施陶丁格于 1922 年以后在高分子研究方面的文章占总论文的 80%，一生中有四分之三的工作集中在高分子领域。因为创立高分子化学的贡献而登上 1953 年诺贝尔化学奖领奖台时，施陶丁格已是 73 岁高龄，这是他一生荣誉的顶峰。

第17节　卡罗瑟斯与尼龙纤维

卡罗瑟斯（Wallace Hume Carothers）（图3-37），1896年4月27日出生于美国洛瓦的伯灵顿。他开始受教育是在得梅因公立学校，1914年从北方中学毕业。他的父亲在得梅因商学院任教，后来担任过该院的副院长。受父亲的影响，卡罗瑟斯18岁时进入该院学习会计，他对这一专业并不感兴趣，倒是很喜欢化学等自然科学，因此，一年后转入一所规模较小的学院学习化学。1920

图3-37　卡罗瑟斯

年获理学学士学位。1921年在伊利诺伊大学取得硕士学位。1923年到伊利诺伊大学攻读有机化学专业的博士学位，在导师亚当斯教授的指导下，完成了关于铂黑催化氢化的论文，初步显露才华，获得博士学位后随即留校工作。1926年到哈佛大学教授有机化学。

1928年杜邦公司在特拉华州威尔明顿总部所在地成立了基础化学研究所，年仅32岁的卡罗瑟斯博士受聘担任该所有机化学部的负责人。卡罗瑟斯来到杜邦公司的时候，正值国际上对德国有机化学家施陶丁格提出的高分子理论展开激烈的争论，卡罗瑟斯赞扬并支持施陶丁格的观点，决心通过实验来证实这一理论的正确性，因此他把对高分子的探索作为有机化学部的主要研究方向。一开始卡罗瑟斯选择了二元醇与二元羧酸反应，想通过这一被人熟知的反应来了解有机分子的结构及其性质间关系。在进行缩聚反应的实验中，得到了分子量约为5000的聚酯分子。为了进一步提高聚合度，卡罗瑟斯改进了高真空蒸馏器并严格控制反应配比，使反应进行得很完全，在不到两年时间里使聚合物分子量达到10000～20000。

1930年，卡罗瑟斯用乙二醇和癸二酸缩合制取聚酯，在实验中卡罗瑟斯的同事希尔在从反应器中取出熔融的聚酯时发现了一种有趣的现象：这种熔融的聚合物能像棉花糖那样抽出丝来，而且这种纤维状的细丝即使冷却后还能继续拉伸，拉伸长度可以达到原来的几倍，经过冷拉伸后纤维的强度和弹性大大增加。这种从未有过的现象使他们预感到这种特性可能具有重大的应用价值，有可能用熔融的聚合物来纺制纤维。他们随后又对一系列的聚酯化合物进行了深入研究。由于当时所研究的聚酯都是脂肪酸和脂肪醇的聚合物，具有易水解、熔点低、易溶解在有机溶剂中等缺点，卡罗瑟斯因此得出了聚酯不具备制取合成纤维的错误结论，最终放弃了对聚酯的研究。就在卡罗瑟斯放弃了这一研究以后，英国的温费尔德在汲取这些研究成果的基础上，改用芳香族羧酸与二元醇进行缩聚反应，1940年合成了聚酯纤维——涤纶，这对卡罗瑟斯不能不说是一件很遗憾的事情。

为了合成出高熔点和高性能的聚合物，卡罗瑟斯和他的同事们将注意力转到二元胺与二元羧酸的缩聚反应上，他们从二元胺和二元酸的不同聚合反应中制备出多种聚酰胺，然而这些物质的性能并不太理想。1935年初，卡罗瑟斯决定用戊二胺和癸二酸合成聚酰胺，实验结果表明，这种聚酰胺拉制的纤维其强度和弹性超过了蚕丝，而且不易吸水，不足之处是熔点较低，所用原料价格很高，不适宜于商品生产。紧接着卡罗瑟斯又选择己二胺和己二酸进行缩聚反应，终于在1935年2月28日合成出聚酰胺（俗称尼龙）。这种聚合物不溶于普通溶剂，具有263℃的高熔点，由于在结构和性质上更接近天然丝，拉制的纤维具有丝的外观和光泽，其耐磨性和强度超过当时任何一种纤维，而且原料价格也比较便宜，杜邦公司决定进行商品生产开发。

　　当时的化学家们为研制廉价的人造纤维已经努力了好多年。1938 年，尼龙女袜上市，大受欢迎。制造商宣称"尼龙纤维细如蛛丝，坚如钢铁"（图 3-38）。

图 3-38　广告：尼龙纤维细如蛛丝，坚如钢铁

　　1937 年 4 月 29 日，也就是卡罗瑟斯为自己的发明申请专利权后的 20 天，困扰他多年的抑郁症终于迫使他自杀。他没有机会知道自己的发明称为"尼龙"，可能也从未想到这种聚合物竟开创了"原料革命"。

　　人造纤维具有天然纤维的许多特性，可用来制造起绒织物和人造毛皮，弹性好，制成的织物不会起皱。人造纤维与天然纤维混纺，制成的织物快干免熨，穿在身上舒服感如天然纤维。一双尼龙女袜要用一根长 6.4 公里的尼龙丝绕 300 万个圈织成。人造纤维比羊毛和棉花更易于大量成批生产。

第 18 节　列别捷夫与合成橡胶

　　人类使用天然橡胶的历史已经好几个世纪。哥伦布在发现新大陆的航行中，发现南美洲土著人玩的一种球是用硬化了的植物汁做成的，他和后来的探险家无不对这种有弹性的球惊讶不已。一些样品被视为珍品带回欧洲。后来，人们发现这种弹性球能擦掉铅笔痕迹，因此便给它起了一个名叫"擦子"（rubber），这仍是现在这种物质的英文名字。这种物质就是橡胶。1820年，苏格兰化学家赫斯尼思发现了煤焦油、石脑油等便宜的橡胶溶剂。由于橡胶在遇热时发黏、寒冷时又发脆，他把溶解在石脑油中的橡胶放在两层布中，这样避免了做成橡胶衣服后衣服之间的黏合。1823年他在英国的格兰斯哥建立了第一个制造雨衣的工厂。

美国科学家固特异为了消除天然橡胶变硬、发黏的缺点，进行了大量的实验。焦炭炼钢的技术给他很大启示，钢比铁的性能优异，原理是其中加入少量焦炭。他想，如果在生胶中加入少量的其他物质，是否可以改变性能呢？他进行了加入各种物质的实验，多次失败。1839年，他把橡胶、硫黄和松节油掺在一起用锅煮，因放出难闻的臭气，他不得不停止试验，把橡胶块扔进垃圾箱。他偶然发现洒落在烧红炉子上的橡胶颗粒不发黏，在高温下仍具有弹性，于是立刻找回刚被抛弃的那块橡胶，详细研究橡胶与硫黄的最佳比例，1884年因此获得了硫化橡胶的专利。硫化橡胶的发明对橡胶工业的发展起到了很大的促进作用。

图3-39　列别捷夫

列别捷夫（S. V. Lebedev）（图3-39），苏联化学家，1874年7月25日生于波兰卢布林，1900年毕业于圣彼得堡大学，1902年在该校工作。1915年在女子师范学院任化学教授，1917年在军事医学院任化学教授，1932年成为苏联科学院院士。他对双烯烃聚合作用进行过广泛的研究。第一次世界大战期间，他在石油化学研究中，发现了热裂化石油产生各种双烯烃的方法。后来他感到苏联缺乏橡胶的严重性，于是致力于合成橡胶研究。1910年他用金属钠作催化剂，由丁二烯制成合成橡胶，从而闻名于世。1931年丁钠橡胶开始小型生产，他同年获列宁勋章。1932年开始大量生产丁钠橡胶，这在当时是一种很好的天然橡胶代用品。

第二次世界大战爆发后，日本侵略军占领了南洋（现在的新加坡）一带，完全控制了这个世界上最大的天然橡胶园，欧美国家更加感到橡胶奇缺，加快了对合成橡胶新技术的研究工作。列别捷夫发明了合成橡胶反应器，从粮食中提取一种无色液化易聚合的"丁二烯"气体，作为合成橡胶的主要原料。这一研究成果，促进了苏联合成橡胶的迅速发展。同时，德、美、法、日等国家也都取得了合成橡胶的研究成果，到1945年，世界上共产合成橡胶87万吨，第一次超过了天然橡胶的产量。50年代中期，意大利科学家纳塔和德国科学家齐格勒提出了"定向聚合催化"的理论，将它应用到合成橡胶研究上，开辟了合成橡胶研制生产的新途径。

塑料、合成纤维和合成橡胶被称为20世纪三大有机合成技术。纵观人类从认识、使用、改良天然橡胶，再到合成橡胶，直到各种功能橡胶合成的发展历程，我们不难发现很多发明都是在社会需要的推动下产生的。当天然橡胶的数量与质量远远不能满足人们需要时，迫使人们把探索的目光放在合成橡胶身上。从人类创造发明的轨迹可以看出，任何一项创造发明都是适应社会需要而诞生的。

现如今，橡胶是制造飞机、军舰、汽车、收割机、水利排灌机械、医疗器械等所必需的材料（图3-40）。

图3-40　橡胶轮胎

合成橡胶中有少数品种的性能与天然橡胶相似，大多数与天然橡胶不同，但两者都是高弹性的高分子材料，一般均需经过硫化和加工之后，才具有实用性和使用价值。合成橡胶从20世纪40年代起得到迅速发展，它一般在性能上不如天然橡胶全面，但它具有高弹性、绝缘性、气密性、耐油、耐高温或低温等性能，因而广泛应用于工农业、国防、交通。日常生活中也有不少橡胶制品在为我们服务，如雨衣、热水袋、儿童玩具、球胆、乒乓球拍胶面、擦字橡皮、气球以及救生圈等，用于我们的生活、文教、办公室、设计绘图以及体育运动器材等各个方面，在我们每天的生活中都发挥着巨大作用。

第19节　普雷格尔与微量分析

图3-41　普雷格尔

普雷格尔（Fritz Pregl）（图3-41），1869年9月3日生于奥地利克伦茵城。他幼年丧父，母亲对他一直疼爱有加，但是他却非常任性，经常淘气惹祸，不断有人上门来"告状"。邻居们的抱怨，让母亲常常偷偷地落泪，为自己没有教育好孩子感到难过。一天，隔壁的伍德太太拉着儿子向普雷格尔的母亲告状，讥讽他是没有父亲管教的孩子。母亲终于忍不住打了普雷格尔，流着眼泪诉说着。普雷格尔羞愧地低下头，握紧母亲的手，下决心做一个优秀的男子汉。

　　他的理想是长大以后成为一名体育健将，所以常常是身在教室，心在操场。15岁那年，他如愿以偿地考入体育学院专攻体育。1887年，普雷格尔从体育学院毕业后，抱着一心想成为创纪录的体育明星的愿望，接连两次参加了奥地利全国运动会。但结果令他失望，不仅没有创纪录，连名次也没拿到，这重重地打击了他。他曾苦闷惆怅，不知自己路在何方。但凭着做运动员的顽强意志，普雷格尔并没有被失败打倒，及时地调整人生坐标，一切从头开始，另辟新路，选择化学作为人生的新起点。

经过一年的寒窗苦读，他令人惊奇地考入格拉茨大学。为了把基础打得扎实一点，普雷格尔又特意比别的同学多学习了一年，以他顽强的意志和刻苦精神，发奋努力，决心在化学的竞技场上创造辉煌。

艰苦的劳动迎来了收获，普雷格尔以探索胆酸为课题的毕业论文博得学校老师们的好评，并引起了化学界对这名倔强年轻人的关注。正如运动场上没有永远的纪录一样，要创造新的成就就要不断地提高自己。

1904年普雷格尔在研究胆酸时，由于从胆汁中获得的胆酸太少，促使他研究有机物的微量分析技术。利用他和库尔曼共同设计的可以精确到微克级的微量天平(图3-42)和微量分析技术，只用1~3毫克试样就可以进行比较迅速和准确的定量分析。

1912年他又建立了涉及碳、氢、氮、卤素、硫、羰基等元素的一整套微量分析方法，由此创立了有机化合物的微量分析法和微量化学学科，为促进有机化学、分析化学的发展，也为现代纯科学、医学和工业的发展做出了突出贡献。为表彰普雷格尔的这一贡献，1923年瑞典皇家科学院授予他诺贝尔化学奖。他创办的《微量化学

图3-42　精密天平

学报》至今仍在发行。

1930 年 12 月 13 日，普雷格尔因病去世，卒年 61 岁。遵他遗嘱，把所有诺贝尔奖金和遗产捐献给维也纳科学院作基金，利息奖给有贡献的微量分析化学家。奥地利政府决定将格拉茨医学院化学系改名为普雷格尔医药化学研究所，该名称一直沿用至今。

第 20 节　赫维西与放射性示踪

图 3-43　赫维西

同位素示踪法是利用放射性核素或稀有稳定核素作为示踪剂对研究对象进行标记的微量分析方法，示踪实验的创建者是赫维西。

赫维西（Gyorgy Hevesy）（图 3-43），瑞典化学家，1885 年 8 月 1 日生于匈牙利布达佩斯。早期在布达佩斯大学接受教育，1908 年在德国弗赖堡大学获博士学位。1920—1926 年，在丹麦哥本哈根大学理论物理学研究所工作。1926 年起，在德国弗赖堡大学任物理化学教授。1935 年离开德国去丹麦，1943 年任斯德哥尔摩大学教授。

赫维西 1911 年在英国曼彻斯特大学工作时，卢瑟福建议他进行镭 D 的研究，当时同位素概念正在形成，他分离铅和镭 D 的企图几经失败之后，反过来利用同位素之间难以分开的特点创立了放射性示踪方法。1912 年和帕内特合作，用铅 210 作为铅的示踪物，测定了铬酸铅的溶解度。

1923 年他和科斯特在哥本哈根发现了元素铪，对原子的电子层结构理论和元素周期性的阐明有重要意义。此外，他和戈尔德施米特一起提出了镧系收缩原理。1934 年他又用磷的放射性同位素研究了植物的代谢过程。还用示踪法对人体生理过程进行研究（图3-44），测定了骨骼中无机物的组成交换。由于在化学研究中用同位素作示踪物，赫维西获 1943 年诺贝尔化学奖，并获 1959 年和平利用原子能奖。此外他曾获得法拉第奖章、科普利奖章、玻尔奖章和福特奖金。著有《人工放射性》《X 射线化学分析》《放射性指示剂》《放射性同位素事件研究》等。

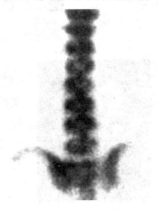

图 3-44　放射性示踪

　　1932—1933 年，赫维西和霍比首先提出同位素稀释分析法。同位素稀释分析特别适用于某些样品，这些样品所含的被探索物质的浓度很高，足以进行化学测定，不过由于某些干扰物质的存在，使得高产率的分离变得困难。这种分析先将一定量的示踪同位素以一种适当的化合物形式加到样品中，对样品进行操作使被探索物质以高纯度的可测形式复原出来。然后对这个被探索物质的产物进行化学测定和计算，由此所得的量与所加的全部示踪物的量进行比较，分析化学家就可算出产物的化学产率。这样复原产物的量就可看作是原来样品中的总量。即使被探索物质在操作中会损失百分之九十，精密分析仍可进行——这真是粗心化学家所渴望的事情！这种技术已有效地用在不能进行定量分离的有机混合物的分析方面，比如，维生素、抗生素、杀虫剂、除草剂和甾族化合物的分析中。

第 21 节　玻尔与量子力学

图 3-45　玻尔

玻尔（Niels Henrik David Bohr）（图 3-45），丹麦物理化学家。他通过引入量子化条件，提出玻尔模型来解释氢原子光谱，对 20 世纪物理化学的发展有深远影响。玻尔为丹麦皇家科学院院士，曾获丹麦皇家科学院金质奖章，诺贝尔物理学奖。

玻尔 1887 年 10 月 7 日生于丹麦首都哥本哈根，父亲是哥本哈根大学的生理学教授。他从小受到良好的家庭教育。当玻尔还是一个中学生时，就已经在父亲的指导下，进行小型的物理实验。1903 年进入哥本哈根大学学习物理，1907 年他根据著名英国物理学家、诺贝尔奖获得者瑞利的著作，在父亲的实验室里开始研究水的表面张力。自制实验器材，通过实验取得了精确的数据，并改进了瑞利的理论，研究论文获丹麦科学院的金奖。1909 年获得科学硕士学位，1911年，24 岁的玻尔完成金属电子论的论文，在哥本哈根大学取得博士学位。他发展和完善了汤姆逊和洛伦兹的研究方法，并开始接触普朗克的量子假说。

论文答辩之后，他起初在英国剑桥大学汤姆逊领导下的卡文迪许实验室工作，由于对卢瑟福的仰慕，又在曼彻斯特大学卢瑟福实验室工作了 4 个月，当时正值卢瑟福提出他的原子核模型。人们把原子设

图 3-46　波尔与爱因斯坦

想成与太阳系相似的微观体系，但是在解释原子的力学稳定性和电磁稳定性上却遇到了矛盾，这时玻尔开始酝酿自己的原子结构理论。

玻尔早在大学作硕士论文和博士论文时，就考察了金属中的电子运动，并意识到经典理论在阐明微观现象方面的严重缺陷，赞赏普朗克和爱因斯坦在电磁理论方面引入的量子学说。玻尔回到哥本哈根后，在1913年初根据卢瑟福的原子模型发展了氢原子结构的新观点。在卢瑟福的帮助下他的《论原子和分子结构》的长篇论文，于1913年分三次发表在《哲学杂志》上。玻尔在这篇著作中创造性地把卢瑟福、普朗克和爱因斯坦的思想结合起来（图3-46），把光谱学和量子论结合在一起，提出量子不连续性。他认为氢原子的原子核是一个质子，原子核带正电，原子核外有一个电子，带负电，它们之间的相互作用主要是库仑力的吸引。

玻尔的原子结构模型是原子结构上里程碑式的认识，极大启发了海森堡、薛定谔、玻恩等人，为现代量子力学的结构模型奠定了基础，成功解释了氢原子和类氢原子的结构和性质。

而此论文被他的学生罗森菲尔德誉为"伟大的三部曲"。1913年9月，经福勒的助手伊万斯所做的实验证实，玻尔的说法是正确的，这使玻尔的理论经受了一次实践的考验，并轰动了整个科学界。

玻尔是量子力学中著名的哥本哈根学派的领袖，他不仅创建了量子力学的基础理论，并给予合理的解释，使量子力学得到许多新应用，如原子辐射、化学键、晶体结构、金属态等。更难能可贵的是，玻尔与他的同事在创建与发展科学的同时，还创造了"哥本哈根精神"——这是一种独特的、浓厚的、平等自由的讨论和相互紧密合作的学术气氛。直到今天，很多人还说"哥本哈根精神"在国际学术界是独一无二的。

曾经有人问玻尔："你是怎么把那么多有才华的青年人团结在身边的?"他回答:"因为我不怕在年轻人面前承认自己知识的不足,不怕承认自己是傻瓜。"

1921 年,玻尔发表了《各元素的原子结构及其物理性质和化学性质》的长篇演讲,阐述了光谱和原子结构理论的新发展,诠释了元素周期表的形成,对周期表中从氢开始的各种元素的原子结构作了说明,同时对周期表上的第 72 号元素的性质作了预言。1922 年,元素铪的发现证实了玻尔预言的正确。1922 年玻尔获诺贝尔物理学奖。

20 世纪 30 年代中期,玻尔提出了原子核的液滴模型,对由中子诱发的核反应做了说明,相当好地解释了重核的裂变。

1943 年,玻尔从德军占领下的丹麦逃到美国,参加了研制原子弹的工作,但对原子弹即将带来的国际问题深为焦虑。1945 年二次大战结束后,玻尔很快回到了丹麦继续主持研究所的工作,并大力促进核能的和平利用。

1962 年 11 月 18 日,玻尔因心脏病突发在丹麦的卡尔斯堡寓所逝世。1965 年玻尔去世三周年时,哥本哈根大学物理研究所被命名为玻尔研究所。1997 年第 107 号元素命名为 Bohrium,以纪念玻尔(图 3-47)。

图 3-47　500 丹麦克朗正面印有玻尔头像

第22节　汤姆逊与电子

汤姆逊（Joseph John Thomson）（图 3-48），电子的发现者，世界著名的卡文迪许实验室第三任主任。1856 年 12 月 18 日生于英国曼彻斯特，父亲是一个专印大学课本的商人。由于职业的关系，他父亲结识了曼彻斯特大学的一些教授。汤姆逊从小就受到学者的影响，学习很认真，十四岁便进入了曼彻斯特大学。在大学学习期间，他受到了司徒华教授的精心指导，加上他自己的刻苦钻研，学业水平提高很快。

图 3-48　汤姆逊

二十一岁时，他被保送进了剑桥大学深造，1880 年参加了剑桥大学的学位考试，以第二名的优异成绩取得学位，两年后被任命为大学讲师。

1858 年，德国的盖斯勒制成了低压气体放电管。1859 年，德国的普吕克尔利用盖斯勒管进行放电实验时看到正对着阴极的玻璃管壁上产生绿色的辉光。1876 年，德国的戈尔兹坦提出，玻璃壁上的辉光是由阴极产生的某种射线所引起的，他把这种射线命名为阴极射线。阴极射线是由什么组成的？19 世纪末时，有的科学家说它是电磁波；有的科学家说它是由带电原子所组成；有的则说是由带负电的微粒组成，众说纷纭，一时得不出公认的结论。英法的科学家和德国的科学家对于阴极射线本质的争论，竟延续了二十多年。

最后到 1897 年，在汤姆逊的出色实验结果面前，真相才得以大白。汤姆逊的实验过程是这样的：他将一块涂有硫化锌的小玻璃片，放在阴极射线所经过的路途上，能看到硫化锌会发闪光。这说明硫化锌能显示出阴极射线的"径迹"。他发现在一般情况下，阴极射线是直线行进的，但当在射线管的外面加上电场，或用一块蹄形磁铁放在射线管的外面，结果发现阴极射线都发生偏折，根据其偏折的方向，不难判断出带电的性质。

汤姆逊在 1897 年得出结论：这些"射线"是带负电的物质粒子。但他反问自己："这些粒子是什么呢？它们是原子还是分子，还是处在更细的平衡状态中的物质？"

这需要做更精细的实验。当时还不知道比原子更小的东西，因此汤姆逊假定这是一种被电离的原子，即带负电的"离子"。他要测量出这种"离子"的质量来，为此，他设计了一系列既简单又巧妙的实验：首先，单独的电场或磁场都能使带电体偏转，而磁场对粒子施加的力是与粒子的速度有关的。汤姆逊对粒子同时施加一个电场和磁场，并调节到电场和磁场所造成的粒子的偏转互相抵消，让粒子仍做直线运动（图 3-49）。这样，从电场和磁场的强度比值就能算出粒子运动速度。而速度一旦找到后，单靠磁偏转或者电偏转就可以测出粒子的电荷与质量的比值。汤姆逊用这种方法来测定"微粒"电荷与质量之比值。他发现这个比值和气体的性质无

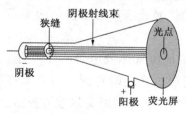

图 3-49　电子的发现

关，并且该值比起电解质中氢离子的比值还要大得多，说明这种粒子的质量比氢原子的质量要小得多。前者大约是后者的二千分之一。

汤姆逊测得的结果肯定地证实了阴极射线是由电子组成的，人类首次用实验证实了一种"基本粒子"——电子的存在。"电

化学史话

子"这一名称是由物理学家斯通尼在 1891 年采用的，原意是定出的一个电的基本单位的名称，后来这一词被用来表示汤姆逊发现的"微粒"。自从发现电子以后，汤姆逊就成为国际上知名的学者，人们称他是"一位最先打开通向基本粒子大门的伟人"（图 3-50）。

图 3-50　汤姆逊——最先打开通向基本粒子大门的伟人

汤姆逊既是一位理论学家，又是一位实验学家，他一生所做过的实验，是无法计算的。正是通过反复的实验，他测定了电子的荷质比，发现了电子，又在实验中创造了把质量不同的原子分离开来的方法，为后来发现同位素提供了基础。汤姆逊在担任卡文迪许实验室主任的 34 年间，着手更新实验室，引进新的教法，创立了极为成功的研究学派。

1905 年，他被任命为英国皇家学院的教授，1906 年荣获诺贝尔物理学奖，1916 年任皇家学会主席。他并没有因此而停步不前，仍一如既往，兢兢业业，继续攀登科学高峰。

接二连三的新发现像潮水般地从卡文迪许实验室涌出，在汤姆逊的学生中，有九位获得了诺贝尔奖。汤姆逊对自己的学生要求非常严格，他要求学生在开始做研究之前，必须学好所需要的实验技术，研究所用的仪器全要自己动手制作。他认为大学应当是培养会思考、有独立工作能力的场所，不是用"现成的机器"造出"死成品"的工厂。他要求学生不仅是实验的观察者，更要做实验的创造者。

在他成名之后，好多国家邀他去讲学，但他从不轻易应允。美国著名的普林斯顿大学曾几度请他去讲学，最后他才答应去讲六个小时，但他讲授的内容非常重要，足以说明他治学严谨，不讲则已，讲则要有新的创见。

1940年8月30日，汤姆逊在剑桥逝世。他的骨灰被安葬在西敏寺的中央，与牛顿、达尔文、开尔文等伟大科学家的骨灰安放在一起。

第23节　阿斯顿与同位素

1897年汤姆逊在阴极射线的定性和定量研究中发现了电子，阴极射线即为一股电子流。这一发现不久就引起了强烈的反响，人们才知道还存在比原子更小、建造一切元素的电子，原子也是可分的，将更多的科学家吸引到阴极射线和探索原子结构的研究中。

1898年德国物理学家维恩又发现，不仅阴极射线在磁场和静电场中会发生偏转现象，某些正离子流也同样受磁场和静电场的影响。这种从气体放电管中引出的正离子流又称阳极射线。在阴极射线研究中取得重大成果的汤姆逊，1905年转而开始研究阳极射线。在研究中他发现，把氖充入放电管做实验时，在磁场或静电场作用下，出现了两条阳极射线的抛物线轨迹。进一步研究，他又测出这两条抛物线所表征的相对原子质量各为20和22。而当时公认氖的相对原子质量为20.18。于是汤姆逊认为这可能是氖与氢的混合气体。尽管当时索迪已经提出同位素的概念，但是汤姆逊对这一概念却持否定态度，因此他对自已的实验结果无法做出更合理解释。

毕业于英国伯明翰大学的阿斯顿（Francis William Aston）（图3-51），在大学学习期间，特别是当研究生时，已显示出他在制作实验仪器和实验技巧上有着出众的才能。毕业后他的导师波印亭就将他留在身边做助手。这时，作为著名的科研机构——卡文迪许实验室主任的汤姆逊急需聘一名助手，一个擅长制作仪器并有一定实验技术的助手。为了阿斯顿有更快的发展和更好的

图3-51 阿斯顿

前途，波印亭十分慷慨地把他得意的助手阿斯顿推荐给汤姆逊。这样阿斯顿来到了人才辈出的卡文迪许实验室，开始新的科研生涯。

汤姆逊交给阿斯顿一个重要任务，改进当时他做阳极射线研究的气体放电实验装置，以便更准确测定阳极射线在电磁场中的偏转度，从而决定氖的组成和其相对原子质量。灵巧的阿斯顿在汤姆逊的指导下，制造了一个球形放电管和带切口的阴极，改进了真空泵，发明了可以检查放电管真空泄漏的螺管和拍摄抛物线轨迹的照相机，这些改进明显提高了实验的水平。同时他们也改进了实验方法，将电场和磁场前后排列，二者的方向相互垂直，并使它们的作用力与阳极射线平行而方向相反。在这种实验装置中，阳极射线在两种场的作用下，经过不同玻璃制造的棱镜后，分别向相反方向偏斜，然后又聚焦到同一点上，使感光底片感光，被检测的气体元素的同位素会因为相对原子质量不同，阳极射线的速度也不同，致使其偏斜后的曲线曲率不同，据此就可以测出同位素及其相对原子质量。

年轻的阿斯顿思想活跃，勇于接受新事物。他不同于汤姆逊，当他仔细研读了索迪的同位素假说后，立即认为这一假说是可以成立的。他采用了同位素的概念，用以解释实验中的发现。阳极射线在电磁场作用下出现两条抛物线轨迹，表明同位素确实存在。由于同位素的质量不同，所以扩散时的速度也不同，因而出现两条抛物轨迹线。为了更清楚地证实这点，他先用分馏技术，然后又用扩散法，将氖同位素进行分离，最后再精确测定它们的相对原子质量，证实了 Ne20 和 Ne22 的存在。1913 年在全英科学促进会的会议上，阿斯顿宣读了由这些工作而撰写的论文，并做了实验演示，展示了两种氖同位素的试样。对于他的这项研究，同行们给予很高评价，他也由此而获得了麦克斯韦奖。

第一次世界大战爆发后，阿斯顿应征入伍，来到皇家空军一个部门，从事战时科学研究。虽然身在军营，但是他从未忘记思考和整理前段时间对阳极射线和同位素的研究。设想假若能发明一种仪器，可以测定各种元素均有同位素的存在，那么他的研究就可以有新的突破。为此，等到战争刚宣布结束，他就急忙赶回卡文迪许实验室，开始新的攻关。

阿斯顿回到卡文迪许实验室不久，汤姆逊就任剑桥大学三一学院院长，著名物理学家卢瑟福接替了汤姆逊原先的工作，成为卡文迪许实验室的负责人。卢瑟福是最早提出放射性元素擅变理论的，因而对同位素的假说是理解的。他对阿斯顿的工作给予很大的鼓励和具体指导，使阿斯顿有足够的信心来实现自己的计划。

阿斯顿根据他原先改进的测定阳极射线的气体放电装置，又参照了当时光谱分析的原理，设计出一个包括有离子源、分析器和收集器三个部分组成，可以分析同位素并测量其质量及丰度的新仪器，这就是质谱仪（图 3-52）。这种仪器测量的结果精度达到千分之一，因此使用这一仪器能帮助阿斯顿在同位素的研究中大显身手。

他首先使用这一新仪器继续战前的研究，对氖做重新测定，证明氖的确存在 Ne20 和 Ne22 两种同位素，又因它们在氖气中的比例约为 10∶1，所以氖元素的平均相对原子质量约为 20.2（后来的研究又发现氖存在第三种同位素 Ne21，氖元素的平均相对原子质量为 20.18）。

图 3-52　质谱仪

随后，阿斯顿使用质谱仪测定了几乎所有元素的同位素。实验的结果表明：不仅放射性元素存在同位素，而且非放射性元素也存在同位素，事实上几乎所有的元素都存在同位素。阿斯顿在 71 种元素中发现了 202 种同位素。长期以来，元素一直是化学研究的主要对象，直到今天，由于阿斯顿的杰出工作，人们才发现元素具有这么丰富的内容。

阿斯顿运用质谱仪对众多元素所做的同位素研究，不仅指出几乎所有的元素都存在同位素，而且还证实自然界中的某些元素实际上是该元素的几种同位素的混合体，因此该元素的相对原子质量也是依据这些同位素在自然界占据不同比例而得到的平均相对原子质量。

质谱仪的发明者阿斯顿，首次制成了聚焦性能较高的质谱仪，并用此对许多元素的同位素及其丰度进行测量，从而肯定了同位素的普遍存在。同时根据对同位素的研究，他还提出元素质量的整数法则，因此他荣获了 1922 年的诺贝尔化学奖。

1945 年 11 月 20 日，阿斯顿在剑桥大学因病逝世，终年 68 岁。他在科学事业上的杰出贡献使他获得不少荣誉，人们为了纪念他，特地把他制作和发明的许多仪器都妥善地保存下来，展示在伦敦博物馆和卡文迪许实验室博物馆内。

第 24 节　朗缪尔与表面化学

图 3-53　朗缪尔

朗缪尔（Irving Langmuir）（图3-53）1881 年 1 月 31 日出生于纽约布鲁克林，是家中的第三子。父母常常鼓励他观察大自然，并细心记录自己的观察。11 岁时，他被发现视力不正常，矫正过后，他又观察到许多以往观察不到的事物，这令他对自然科学的兴趣增加不少。年轻时的朗缪尔爱好广泛，不仅是一位卓越的科学家，还是出色的登山运动员和优秀的飞行员。1932 年 8 月，他曾兴致勃勃地驾驶飞机飞上了九千米高空观测日食。他还曾获得文学硕士和哲学博士学位。他的哥哥也是化学家，对他的科学兴趣有不少影响。

但是，朗缪尔年幼时，他的家境十分贫寒，从小就帮助父母操持家务。他天资聪颖，酷爱读书，常常利用劳动之余看书学习。他读书的最大特点是全神贯注，对于深感兴趣的东西过目不忘。偏爱的课程，他一看即会，一听就懂。遇上兴趣不大的课程，他的两耳无论如何也听不进去，在中学时，他各门功课成绩相差悬殊。

1903 年他毕业于哥伦比亚大学矿业学院，获冶金工程师称号。1906 年在德国哥廷根大学获化学博士学位，他的导师是能斯特。获得学位后，他准备留在欧洲参加一项研究工作，但父母频频去信，催他早日回到美国。尊重父母的愿望，他当年秋天回到美国，在新泽西州史蒂文森理工学院做了三年的教授，后到通用电气公司实验室工作，直到退休。他的博士论文研究的是灯泡，后来他又研究热离子发射。他在1912年和1913年从事的研究使照明有重大的发展：往电灯泡里充满惰性气体，使灯泡的照明时间延长到原来的3倍，而且还减轻了灯泡变黑的问题。这是当年通用电气公司的广告用语："同是买一个，如今能顶三个。"

1918年朗缪尔发现氢气在高温下吸收大量热会离解成氢原子，经过持续研究，终于在1927年发明了因离解氢原子再结合而产生高温，用以焊接金属的原子氢焊接法。1919—1921年间，朗缪尔还研究了化学键理论，并发表了有关论文，提出原子结构的理论模型。1913—1942年间，他对物质的表面现象进行研究，开拓了化学学科的新领域——表面化学。1916年他发表论文《固体与液体的基本性质》，文中首次提出了固体吸附气体分子的单分子吸附层理论，并推导出吸附表面平衡过程的朗缪尔等温吸附式。朗缪尔还对液体表面有机化合物的物理化学性质进行大量研究。他对单分子膜的研究促进了催化吸附理论的研究，对有机合成和石油炼制工业的发展均有重要作用，同时也促进了酶、维生素等生命物质的研究。

朗缪尔因对表面化学研究的功绩而获1932年诺贝尔化学奖，这在工业企业界的研究人员中还是首例。他还两次获得尼科尔奖章。朗缪尔的科研活动和所取得的成果，对工业企业界产生巨大影响，促进了工业企业科学研究的发展和科技进步。

除此之外，朗缪尔是首次实现人工降雨的科学家，他被称为是人工降雨干冰布云法的发明人。在当时，流行着一种观点：雨点是以尘埃的微粒为核心"冰晶"，若要下雨，空气中除了要

269

有水蒸气外还必须有尘埃微粒。这种流行观点严重束缚着人们对人工降雨的实验与研究。因为要在阴云密布的天气里扬起满天灰尘谈何容易？

朗缪尔是个治学严谨、注重实践的科学家。他当时是纽约通用电气公司研究实验室的副主任，在他的实验室里保存有人造云，就是充满在电冰箱里的水蒸气。朗缪尔想方设法使冰箱中水蒸气与下雨前大气中水蒸气情况相同，他还不停地调整温度，加进各种尘埃进行实验。

1946 年 7 月中的一天，骄阳当空，酷热难熬。朗缪尔正紧张地进行实验，忽然电冰箱不知因何处设备故障而停止制冷，冰箱内温度降不下去。他决定采用干冰降温。固态二氧化碳气化热很大，在 -60℃ 时为 87.2 卡/克，常压下能急剧转化为气体，吸收环境热量而制冷，可使周围温度降到 -78℃ 左右。当他刚把一些干冰放进冰箱冰室中，一幅奇妙无比的图景出现了：小冰粒在冰室内飞舞盘旋，霏霏雪花从上落下，整个冰室内寒气逼人，人工云变成了冰和雪。

朗缪尔分析这一现象认识到：尘埃对降雨并非绝对必要，干冰具有独特的凝聚水蒸气的作用，可作为冰晶或冰核的"种子"，温度降低也是使水蒸气变为雨的重要因素之一。他不断调整加入干冰的量和改变温度，发现只要温度降到零下 40℃ 以下，人工降雨就有成功的可能。朗缪尔发明的干冰布云法是人工降雨研究中的一个突破性的发现，它摆脱了旧观念的束缚。有趣的是，这个突破性的发明，是于炎热的夏天在电冰箱内取得的。

朗缪尔决心将干冰布云法实施于人工降雨的实践。1946 年他虽已 66 岁，但仍像年轻人一样燃烧着探索自然奥秘的热情。一天，在朗缪尔的指挥下，一架飞机腾空而起飞行在云海上空（图 3-54）。试验人员将 207 千克干冰撒入云海，就像农民将种子播下麦田。30 分钟后，狂风骤起，倾盆大雨洒向大地，第一次人工降雨试验获得成功！

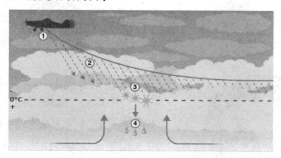

图 3-54　人工降雨

　　朗缪尔开创了人工降雨的新时代。根据过冷云层冰晶成核作用的理论，科学家们又发现可以用碘化银（AgI）等作为"种子"进行人工降雨。而且从效果看，碘化银比干冰更好。碘化银可以在地上撒播，利用气流上升的作用，飘浮到空中云层里，比干冰降雨更简便易行。

　　"人工降雨"行动在战争中作为一种新式的"气象武器"屡见不鲜。美越战争时期，由柬埔寨通往越南的"胡志明小道"车水马龙，国外支援越南抗击美国侵略者的作战物资，靠这条唯一的通道源源不断送往前线。但那里常常出现暴雨，特大洪水冲断桥梁，毁坏堤坝，大批运输车辆挣扎在泥泞的山路上，交通受到了很大的影响，其破坏程度不亚于轰炸。开始越方对这种突如其来的暴雨茫然无知，后来，经多方侦查才知道，这是由美国总统约翰逊亲自批准并实施了 6 年之久的秘密气象行动，即美国在那条路上空进行了"人工降雨"行动。

　　朗缪尔于 1957 年 8 月 16 日在马萨诸塞州去世，享年 76 岁。为了纪念他所发现的单分子层吸附理论，命名了"朗缪尔吸附等温方程"，阿拉斯加的一座山命名为"朗缪尔山"，纽约州大学的一个专科学院命名为"朗缪尔学院"。

第 25 节　德拜与 X 射线衍射

图 3-55　德拜

德拜（Peter Joseph Wilhelm Debye）（图 3-55）1884 年 3 月 24 日生于荷兰马斯特里赫特，1900 年进德国亚琛工业大学学习，1905 年获电机工程师称号。1908 年在慕尼黑大学获博士学位。1911 年他继爱因斯坦任苏黎世大学理论物理教授。以后曾在荷兰乌得勒支，德国哥廷根、莱比锡等大学任教授。

德拜早期从事固体物理研究，1912 年改进了爱因斯坦的固体比热容公式，得出在温度 $T \to 0$ 时，比热容与 T^3 成正比。他在导出这个公式时，引进了德拜温度的概念。1916 年他和谢乐一起发展了劳厄用 X 射线研究晶体结构的方法，采用粉末状的晶体代替较难制备的大块晶体。粉末状晶体样品经 X 射线照射后在照相底片上可得到同心圆环的衍射图样，它可用来鉴定样品的成分，并可确定晶胞大小。1926 年德拜提出用顺磁盐绝热去磁致冷的方法，用这一方法可获得 1K 以下的超低温。

1910 年，德拜开始研究光在各种介质中的传播，并探讨了各种效应，得出相应的结论。这些问题的研究为光学研究的发展，甚至为激光技术开辟新的应用领域打下了基础，为光导纤维设想开拓了思路。

他兼学了电机工程和物理，而他的第一个重要研究是对偶极矩的理论处理。偶极矩是电场对结构上一部分带有正电荷而

化学史话

另一部分带有负电荷的分子在取向上影响的量度。人们为了纪念德拜，将偶极矩的单位称为德拜。

德拜还扩展了阿里纽斯溶液电离的研究工作，按照阿里纽斯的说法，电解质溶解时成为带正电荷和带负电荷的离子，但不一定完全离解。然而德拜却坚持认为大多数盐（例如氯化钠）必然是完全电离的，因为 X 射线分析证明它们在溶解之前就以离子的形式存在于晶体之中。

德拜提出，每一个正离子被负电荷占优势的离子云所围绕，同时每一个负离子又被正电荷占优势的离子云所围绕。每一种类型的离子受到带相反电荷离子的"拖引"，这样看来溶液好像不完全离解而实际上却不是这样。1923 年他研究出表达这个现象的数学式，德拜-休克尔理论是现代阐明溶液性质的关键。由于德拜在偶极矩方面的研究和在 X 射线分析方面的研究，获得1936 年诺贝尔化学奖。

1935 年德拜成为柏林威廉皇家物理研究所的所长，但在第二次世界大战期间他的处境逐渐变得困难。1934 年纳粹上台后的第二年，他到柏林受命为威廉皇帝协会建立物理研究所，当时德拜仍保留荷兰国籍。第二次世界大战爆发后不久，纳粹当局要他加入德国国籍，他断然拒绝，并于 1940 年去美国，任康奈尔大学化学系主任直到 1950 年退休。1946 年加入美国国籍，1966 年 11 月 2 日在纽约伊萨卡逝世。

第 26 节　海洛夫斯基与极谱

海洛夫斯基（Jaroslav Heyrovsky）（图 3–56）是捷克著名电化学家，1890 年 12 月 20 日出生于布拉格。海洛夫斯基很小的时候，就表现出他的聪明才智，具有非凡的想象力，并爱好音乐，

图3-56　海洛夫斯基

喜欢弹钢琴，酷爱足球、登山等体育运动。他父亲是费迪南德大学的法学教授，也是一位著名的律师，对孩子的要求非常严格。

母亲很为她的三个女儿和两个儿子感到自豪，对他们的生活给予无微不至的关怀，海洛夫斯基和他的姐姐弟弟们有着非常快乐的童年。有一天，海洛夫斯基从学校回来时愁眉苦脸的，吃晚饭时心不在焉，只低着头吃饭，没吃几口菜。妈妈发现他有不开心的事，给他添了些菜，并问是否可以帮忙做点什么。海洛夫斯基才惊醒过来，抬起头看看大家，红着脸说："没什么，只不过老师布置的一道题我做错了，可我找不出错在哪儿。"

"亲爱的孩子，你要记住，无论做什么事都要专心，先吃饭吧。"爸爸发话了，小海洛夫斯基点了点头，先乖乖地吃完饭。

饭后妈妈建议出去散散步，呼吸一点大自然的新鲜空气。海洛夫斯基和妈妈一起欣赏大自然美妙景色，千变万幻的云朵分外美丽，清澈透明的溪流，蜻蜓在草丛间飞来飞去，捕捉着小虫，风中带着醉人的气息，他心情逐渐轻松起来，学校里的紧张也渐渐消除，脑子也灵活起来。散步归来，他又精神抖擞了，坐下来开始做那道做错的题。

外面姐姐弟弟正在做他们平常最爱玩的游戏，一阵又一阵的欢笑打闹声从门缝传进来，弟弟敲着他的门，过来邀请他参加游戏。海洛夫斯基从沉思中回过神来，表示要继续做题。姐姐也跑过来让他一起玩，边说边走进去看他做的题目，看见凌乱地放在桌上、写满了各种算式及图形的草稿纸，就知道他在做数学题，惊奇地问他："你的数学向来都很好呀，怎么会被难

化学史话

住呢？我帮你算吧，那你就可以玩了。"姐姐热心地说。

"不，姐姐，我要自己把它算出来，你们先去玩吧，我一会儿就可以了。我已经找出一处可能错的地方，我自己能行，让我自己来吧。"

海洛夫斯基自信地向他们保证。就在这时他找对了思路，只见他嘴边露出一丝微笑，在一张白纸上胸有成竹地重新演算起来，他拿着笔很流畅地在纸上写着，一步，一步，他飞快地算着答案，终于算出来了！他收拾好东西安心地加入姐弟们的游戏当中。

凭着这种精神，海洛夫斯基孜孜不倦地向科学高峰攀登……

1914年海洛夫斯基获伦敦大学理学士学位，1918年获该校哲学博士学位，毕业后在唐南实验室从事电化学研究。一战期间服役三年，1921年在伦敦大学又获科学博士学位，不久被破格提升为教授。1926—1954年，任布拉格大学教授。

1922年，他用滴汞电极研究电解溶液时发生的电化学现象，总结出电流-电极电位曲线，从而发现了极谱，从此闻名于世。1925年与日本化学家志方益三发明了极谱仪（图3-57），使极谱仪分析法广泛用于分析各种物质。1935年推导了极谱波的方程式，说明了极谱定性分析的理论基础。1941年海洛夫斯基将极谱仪与示波器联用，提出示波极谱法。

图3-57　极谱仪

海洛夫斯基因发明和发展极谱法而荣获1959年诺贝尔化学奖，他是第一个获此殊荣的捷克斯洛伐克人，为自己和祖国赢得了巨大的荣誉。他所以能够取得这样的成就，与他从小热爱科学、认真学习、总是亲自进行实验、对观察到的各种现象善于给以恰当的解释是分不开的，当然这与他父母的指导也是分不开的。

1950年他任捷克斯洛伐克极谱研究所所长，1952年被选为捷克科学院院士，1965年被选为伦敦皇家学会会员，曾任伦敦极谱学会理事长和国际纯粹与应用物理学联合会副理事长。1967年3月27日在布拉格逝世。

第27节　弗莱明与青霉素

图3-58　弗莱明

　　1881年8月6日，弗莱明（Alexander Fleming）（图3-58）出生于苏格兰洛克菲尔德一个农舍里，农舍面前是一片崎岖不平的农田，后面则是植物丛生的荒原。弗莱明的家庭是一个大家族。他父亲的首任妻子，在生了4个孩子后死了。60岁的父亲又娶了第二位妻子，不久，他们又有了4个孩子，弗莱明便是其中的老三。

　　弗莱明7岁时，父亲去世，由大哥和母亲将他和几个兄弟养大，童年可说是无忧无虑，有许多时间从事户外活动。平常由较大的孩子照顾家畜及处理家庭琐事，包括汲水及添木生火，较小的男孩则照料羊群。弗莱明成天与大他2岁的哥哥和小他2岁的弟弟在一起，他们在谷仓里嬉戏，在农场及荒地上闲荡，还到溪流中探险。溪流地处峡谷中，形成了瀑布及池塘，他们在那儿游泳和钓鱼，生活悠闲而愉快。

　　弗莱明说："我很幸运，生长在偏远农场上的一个大家庭里。我们没什么钱可花，事实上，也没地方可花钱。不过，在那样一个环境里，找寻快乐是很简单的。农场上有许多动物玩伴，溪里还有鱼。在大自然的怀抱里，我们学到了许多，那是城里人们所学不到的。"

弗莱明求学生涯也是由小山村里开始，当他 5 岁时，进入当地一所简朴的小学就读。十几个同学都是来自附近农舍，由一位年轻的老师教导，他们集中在唯一的一间教室里上课，天气晴朗时，干脆就到河边上课。

多年后，弗莱明成为知名人士，他仍很怀念这一生中所受过最棒的教育——也就是在荒地小学里那段无忧无虑、融入大自然的岁月。童年时那着迷于大自然的一切，耳濡目染之余，蕴育发展出他犀利的观察力及超人的记忆力，那些都成为他日后发现青霉素的先决条件。

1893 年，他的哥哥汤姆已经成为合格的眼科医生，开始在伦敦执业。1895 年夏，汤姆让家人搬过来，并且建议弟弟到伦敦继续完成学业。就这样，弗莱明离开了从小生长的故乡苏格兰，搬进大城市伦敦。

1901 年，在弗莱明 20 岁时，他的一个终身未婚的舅舅去世，留下一笔较为可观的遗产，弗莱明分到了 250 英镑。汤姆敦促他善加利用这笔财富，建议他学习医学。7 月，弗莱明通过 16 门功课的考试，获得进入圣玛丽医院附属医学院的资格。

弗莱明是一个脚踏实地的人，他从不空谈，只知默默无言地工作。起初人们并不重视他。他在伦敦圣玛丽亚医院实验室工作时，那里许多人当面叫他小弗莱，背后则嘲笑他，给他起了一个外号叫"苏格兰老古董"。有一天，实验室主任赖特爵士主持例行的业务讨论会，一些实验工作人员口若悬河，哗众取宠，唯独小弗莱一直沉默不语。赖特爵士转过头来问道："小弗莱，你有什么看法?"小弗莱只说了一个字"做"。

他的意思是说，与其这样不着边际地夸夸其谈，不如立即恢复实验。到了下午五点钟，赖特爵士又问他："小弗莱，你现在有什么意见要发表吗?"

"茶。"原来，喝茶的时间到了。这一天，小弗莱在实验室里就只说了这两个字。

1906 年 7 月，他通过了一系列测试，获得独立开诊所的资格。但他的人生命运被弗里曼所改变。弗里曼是赖特手下的助理，他的游说使弗莱明并不十分情愿地成为接种部的助理。

第一次世界大战爆发，赖特率他的研究小组奔赴法国前线，研究疫苗，防止伤口感染。这给了弗莱明一个极其难得的系统学习致病细菌的好机会，在那里他还验证了自己的想法：即含氧高的组织中，伴随着氧气的耗尽，将有利于厌氧微生物的生长。他和赖特证实用杀菌剂消毒创伤的伤口，事实上并未起到好的作用，细菌没有真正被杀死，反倒把人体吞噬细胞杀死了，伤口更加容易发生恶性感染。他们建议使用浓盐水冲洗伤口，这项建议到了二战时期才被广泛采纳。此外他做了历史上第一个医院内交叉感染的科学研究。如今医院内交叉感染是个非常受重视的问题。另外他还推动了输血技术的改良，做了有关柠檬酸钠的抗凝作用和钙的凝血作用的研究，并利用新技术给 100 名伤员输血，全都获得成功。

1921 年 11 月，弗莱明患了重感冒，他在培养一种新的黄色球菌时，索性取了一点鼻腔黏液，滴在固体培养基上。两周后，当弗莱明在清洗前最后一次检查培养皿时，发现一个有趣现象：培养基上遍布球菌的克隆群落，但黏液所在之处没有，而稍远的一些地方，似乎出现了一种新的克隆群落，外观呈半透明如玻璃般。弗莱明一度认为这种新克隆是来自他鼻腔黏液中的新球菌，还开玩笑地取名为 A.F(他名字的缩写)球菌，而他的同事则认为更可能是空气中的细菌污染所致。很快他们就发现，这所谓的新克隆根本不是一种什么新的细菌，而是由于细菌溶化所致。

1921 年 11 月 21 日，弗莱明的实验记录本上，写下了抗菌素这个标题，并素描了三个培养基的情况。第一个为加入了他鼻腔黏液的培养基，第二个则是培养的一种白色球菌，第三个的标签上则写着"空气"。第一个培养基重复了上面的结果，而后两个培养基中都长满了细菌克隆。很明显在这个时候，弗莱明已经开始做对比研究，并得出明确结论，鼻腔黏液中含有"抗菌素"。随后他们更发现，几乎所有体液和分泌物中都含有"抗菌素"，甚至指甲中也有，但通常汗水和尿液中没有。他们也发现，热和蛋白沉淀剂都可破坏抗菌功能，于是他推断这种新发现的抗菌素一定是一种酶。当他将结果向赖特汇报时，赖特建议将它称为溶菌酶。

为了进一步研究溶菌酶，弗莱明曾到处讨要眼泪，以至于一度同事们见了他都避让不及，而这件事还被画成卡通登在了报纸上。1922 年 1 月，他们发现鸡蛋的蛋清中有活性很强的溶菌酶，这才解决了溶菌酶的来源问题。1922 年稍晚些的时候，弗莱明发表了第一篇研究溶菌酶的论文。

1927 年，一篇关于金葡菌（医院内导致交叉感染的主要致病菌）变异的研究文献，引起了弗莱明的关注。文献称，金葡菌在琼脂糖平板培养基上，经历约 52 天长时期室温培养后，会得到多种变异菌落，甚至有白色菌落。出于对该文的疑虑，弗莱明决定重复该文的发现。1928 年初，他让助手普利斯着手重复该项发现，但普利斯不愿继续做细菌学研究，而转做病理学研究。于是，弗莱明只有自己动手。

1928 年 7 月下旬，弗莱明将众多培养基未经清洗就摞在一起，放在试验台阳光照不到的位置，就去休假了。9 月 1 日，他

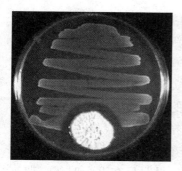

图 3-59　青霉素

因溶菌酶的发现等多项成就，获得教授职位。9 月 3 日，度假归来的弗莱明，刚进实验室，其前任助手普利斯来串门，寒暄中问弗莱明最近在做什么，于是弗莱明顺手拿起顶层第一个培养基，准备给他解释时，发现培养基边缘有一块因溶菌而显示的惨白色，因此发现青霉素（图 3-59），并于次年 6 月发表，最终使其荣获 1945 年诺贝尔医学奖。

1940 年起，弗莱明因是青霉素的发现者，开始名动一时，但他始终在各种重要场合的演讲中，将青霉素的诞生完全归功于牛津小组所做的研究。

通常在潮湿的条件下看到某些菌生长，这是司空见惯的事件。只有像弗莱明这种正寻找细菌生长规律的人，才会对这种突然从培养皿中生长起来的霉菌引起注意，并在发现它具有杀菌作用后，产生能否用于人体的念头。弗莱明发现青霉素，在思维上给人们的最大启示当属科学发现的偶然性与必然性。很多科学成果的发现过程，确有偶然的一面，但从人类的认识规律和科学技术发展的背景分析，很多发现又有着历史的必然性。偶然性在科学研究中起着提供机遇的重要作用，在科学史上，由偶然发现导致科学技术重大进步的事例不胜枚举。因此，我们不能否定弗莱明发现青霉素具有一定的偶然性，但这还远远没有道出科学发现的真谛。有些科学研究者之所以能出色地利用和发现其他人认为微不足道的偶然事件，而取得新的科学发明，主要在于他所具有丰富的背景意识以及思想上的敏感性，因而能把握契机，把无意识的干预变为有意识的想法，揭示偶然现象背后的必然规律。

青霉素是一种高效、低毒、临床应用广泛的重要抗生素，它的研制成功大大增强了人类抵抗细菌性感染的能力，带动了抗生素家族的诞生。它的出现开创了用抗生素治疗疾病的新纪元。图3-60是二战时期的一幅宣传画，上面写着："感谢青霉素，伤兵可以安然回家！"

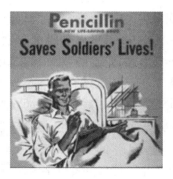

图 3-60　二战宣传画：感谢青霉素，伤兵可以安然回家

第 28 节　查德威克与中子

图 3-61　查德威克

查德威克（James Chadwick）（图 3-61）1891 年 10 月 20 日出生在英国柴郡，曼彻斯特维多利亚大学毕业。中学时代并未显现出过人天赋，他沉默寡言，成绩平平，但坚持自己的信条：会做则必须做对，一丝不苟，不会做又没弄懂，绝不下笔。而正是他这种实事求是的精神，使他在科学研究事业中受益一生。

原子是由带正电荷的原子核和围绕原子核运转的带负电荷的电子构成。原子的质量几乎全部集中在原子核上。起初，人们认为原子核的质量应该等于它含有的带正电荷的质子数。可是，一些科学家在研究中发现，原子核的正电荷数与它的质量居然不相等！也就是说，原子核除去含有带正电荷的质子外，还应该含有其他粒子。那么，那种"其他粒子"是什么呢？解决这一难题、发现"其他粒子"是"中子"的就是查德威克。

在查德威克发现中子的 5 年前，科学家玻特和贝克用 α 粒子轰击铍时，发现有一种穿透力很强的射线，他们以为是 γ 射线，未加理会。居里夫人的女儿依伦和她的丈夫约里奥也曾在"铍射线"的边缘徘徊，最终还是与中子失之交臂。

进入大学的查德威克，由于基础知识扎实而在研究方面崭露超群才华。他被著名科学家卢瑟福看中，毕业后留在曼彻斯特大学实验室，在卢瑟福指导下从事放射性研究。两年后，他因"α 射线穿过金属箔时发生偏离"的成功实验，获英国国家奖学金。

正当他的科研事业初露曙光之际，第一次世界大战把他投入了平民俘虏营，直到战争结束，才获得自由，重返科研岗位。1923 年，他因原子核带电量的测量研究取得出色成果，被提升为剑桥大学卡文迪许实验室副主任，与主任卢瑟福共同从事粒子研究。

1931 年，约里奥·居里夫妇公布了他们关于石蜡在"铍射线"照射下产生大量质子的新发现。查德威克立刻意识到，这种射线很可能就是由中性粒子组成的，这种中性粒子可能就是解开原子核正电荷与它质量不相等之谜的钥匙！

查德威克立刻着手研究约里奥·居里夫妇做过的实验，一连 3 个星期，他都泡在实验室里，夜以继日地做实验，几乎没怎么睡觉。

"你难道不困吗？"有同事忍不住问道。

"工作起来就不太困了。"41 岁的查德威克告诉对方。

剑桥大学卡文迪许实验室的这位副主任，很清楚自己此时的工作是多么重要。他足足在实验室里，几乎不眠不休地沉醉了 3 个星期。这种疯狂的行为，很容易让人想起查德威克十多年来经历的一幕幕实验场面：

1913年，担任卢瑟福实验助手的查德威克因为一次实验的成功，获英国国家奖学金，有机会到德国柏林跟随盖格做研究。盖格是放射性研究方面的权威，发明了盖格计数器。在盖格的指导下，整天痴迷于做实验的查德威克，实验水平得到很大提高。正当这个22岁的年轻人孜孜不倦埋头做实验时，第一次世界大战爆发，英德两国交战。朋友们劝查德威克赶紧回国，但年轻人不愿意放弃在德国的研究。经过短暂的犹豫不决之后，查德威克决定留在德国。

不久，德国士兵便闯进他的实验室，带走并拘禁了查德威克，还用各种酷刑强迫他承认自己是间谍，查德威克拒不承认。无奈之下，德军把他关押进战俘营。在那里，查德威克遇到了英国军官埃利斯，两个无事可做的人成为好友，查德威克开始教对方原子物理。

而在战俘营外，查德威克对科学的执着精神，深深感动了不少德国同行。在他们的呼吁下，德国科学院出面交涉，德国军方同意查德威克在战俘营的一个旧马棚里建立自己的实验室。实验室不仅简陋，而且四周弥漫着马粪和马尿味。但只要一开始做实验，查德威克便沉浸其中。一直到战争结束，这个实验狂人才获得人身自由。关押期间，他的实验不曾间断，而他所教的那个英国军官埃利斯，也在战争结束后，成为原子物理学家。

查德威克被释放回到自己的祖国后，恩师卢瑟福再次把这个不善交际、喜欢闷头做实验的学生留在自己身边。这个学生最终也没有令恩师失望。经过3个星期的疯狂实验，查德威克发现了卢瑟福曾预言的中性粒子！

1932年，查德威克通过严格的实验，肯定了自己的结论，并发表论文《中子的存在》。据说，看到查德威克的论文后，约里奥·居里夫妇都非常懊悔自己局限于传统理论而与伟大的发现失之交臂。

此时的查德威克开始觉得困了，持续了3周的实验结束后，他的第一句话是：

"现在我需要用麻药让自己睡上两个星期。"

一觉醒来后，查德威克又通过进一步的实验测定了中子的质量。由此开始，原子核的内部结构在世人面前，逐步变得清晰起来（图3-62），利用核能也成为可能。因为这一发现，查德威克获得了1935年的诺贝尔物理学奖。

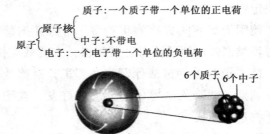

图3-62　原子的构成

当人类开始研制原子弹时，正是这个实验狂人最早计算出原子弹爆炸的临界质量，并在人类首次使用原子弹那年，成了查德威克爵士。

第29节　昂内斯与超导

图3-63　昂内斯

1853年9月21日，昂内斯（Heike Onnes）（图3-63）生于荷兰东北部城市格罗宁根，1879年获格罗宁根大学博士学位。1882年任莱顿大学教授，并创建了闻名于世的低温研究中心——昂内斯实验室。

昂内斯在低温领域的研究，是从1877年液化空气的工作开始的。1906年成功地液化了氢气，1908年又进一步液化了当时被认为是永久气体的氦气。此后，他把研究转向测量金属电阻随温度的变化关系。1911年他发现水银在4.22~4.27K的低温下电阻完全消失，接着又发现一些其他金属也具有以上特性。他称这现象为"超导现象"，由此开辟了崭新的低温学领域。后来他又发现了超导体的临界电流和临界磁场。由于对低温学所做出的突出贡献，昂内斯获得1913年诺贝尔物理学奖。

1913年昂内斯在诺贝尔领奖演说中指出：低温下金属电阻的消失"不是逐渐的，而是突然的"，水银在4.2K进入了一种新状态，由于它的特殊导电性能，可以称为超导态。

1932年霍尔姆和昂内斯都在实验中发现，隔着极薄一层氧化物的两块处于超导状态的金属，没有外加电压时也有电流流过，这一发现引起了世界范围内的震动。之后，人们开始把处于超导状态的导体称之为"超导体"。超导体的直流电阻率在一定的低温下突然消失，被称作零电阻效应。导体没有了电阻，电流流经超导体时就不发生热损耗，电流可以毫无阻力地在导线中形成强大的电流，从而产生超强磁场。

人们对低温的研究，使人类跨进了一个从未见过、从未想象过的神奇世界，最有趣、最能引起化学家兴趣的是各种金属在低温世界的变化。钢铁经过低温处理后，其强度会增加两倍；铅块到了-100℃以下，会变得像弹簧一样富有弹性……不过，所有这些奇妙的变化，都比不上金属的导电性在低温世界发生的变化，这种变化引起了全世界科学家的极大兴趣。超导现象的发现在科学上具有极其重大的意义，这不仅是人类因此知道了一个新的科学现象，而且是人们认识到如果能在比较高的温度下实现超导，那么它将会有不可估量的应用价值。今天超导已成为科学研究最重要的领域之一，受到世界上许多国家的重视。我们可以得到的启发是：

第一，科学发现就是要打破神秘感。人类从远古对自然现象的畏惧，到试图解释自然现象，再到利用自然和改造自然，这人与自然的关系史正是人类的发现与发明史。曾经风、雨、雷、电对古人来说是不可思议的神秘现象，现如今这些自然现象连小学生都能解释，所以我们有理由相信在不久的将来，超导现象对人类也会不再神秘。

第二，学科交叉是创新思想的源泉。超导体的探索是涉及物理、化学等学科领域的复杂科学问题，学科交叉点往往就是科学新的增长点，最有可能产生重大的科学突破，使科学发生革命性的变化。交叉学科所形成的综合性、系统性知识体系，有利于有效解决人类社会面临的重大科学问题和社会问题，尤其是全球性的复杂问题。科学发展、社会进步、经济发展需要各门类科学之间交叉、渗透和融合。

第三，超导的应用前景无限广阔。超导不光可以实现大电流、大功率的电力无损耗长距离传输，利用超导体的抗磁性可以实现磁悬浮列车、无磨损轴承，同时利用超导体的电子性可以研制出运算速度更高的电子计算机、高性能微波元件等，特别是利用超导可以制造出能测量比人脑磁信号弱几千倍的超导量子干涉仪，从本质上揭示人类大脑的奥秘。总之，21 世纪将是超导技术大显身手、异彩纷呈的新世纪。

第 30 节　卡勒与维生素

卡勒（Paul Karrer）（图 3-64）1889 年 4 月 21 日生于俄罗斯莫斯科，是一位牙科医生的儿子。1911 年，卡勒在苏黎世大学获化学博士学位，后留校在维尔纳教授身边进修一年。维尔纳以研究络合物配位理论而负有盛名，是1913年诺贝尔化学奖获得者。这样，卡勒刚刚二十出头就颇有名气了。当时，化学疗法之父埃利希正在从事有机砷的研究，就邀请卡勒到德国与他一道工作。跟随埃利希，他领悟到一个真理：有机化学方兴未艾，只要努力钻研，就能取得可观的成就。

图 3-64　卡勒

卡勒在法兰克福工作了6年后回到苏黎世大学任化学教授，1919年任化学系主任、化学研究所所长。

卡勒是研究类胡萝卜素、维生素 C 和维生素 E 的先驱，1933年他与霍沃思等合成维生素 C，1934年与库恩合成维生素 E，1939年又分离出维生素 K1。由于在研究维生素方面所取得的重大成就，1937年与霍沃思同获诺贝尔化学奖。

图 3-65　维生素

维生素又名维他命（图 3-65），通俗来讲，即维持生命的元素，是维持人体生命活动必需的一类有机物质，也是保持人体健康的重要活性物质。维生素在体内的含量很少，但不可或缺。各种维生素的化学结构以及性质虽然不同，但它们却有共同点：维生素均以维生素原的形式存在于食物中；维生素不是构成机体组织和细胞的组成成分，也不会产生能量，它的作用主要是参与机体代谢调节；大多数维生素，机体不能合成或合成量不足，不能满足机体的需要，必须经常通过食物获得；人体对维生素的需要量很小，日需量常以毫克(mg)或微克(μg)计算，但一旦缺乏就会引发相应的维生素缺乏症，对人体健康造成损害。

维生素的发现是 20 世纪的伟大发现之一。1897 年，艾克曼在爪哇发现只吃精磨的白米可患脚气病，未经碾磨的糙米能治疗这种病。1911 年冯克鉴定出在糙米中能对抗脚气病的物质是胺类，它是维持生命所必需的，所以建议命名为"维他命"(Vitamine)。以后陆续发现许多维生素，它们的化学性质不同，生理功能不同；也发现许多维生素根本不含胺，但这个命名延续使用下来。

当卡勒成了维生素的专家后，一批又一批青年慕名前来向他学习，他都热情精心指导，其中不少人在化学方面有了成就。第二次世界大战后，应各国邀请，他做了一次环球讲演，介绍服用维生素药片的方法及效用。但是，人们发现他并不服用这东西，有人问他为何自己不服用。他说："我知道什么食物中含有什么维生素。当我知道自己需要什么维生素时，就多吃点含那种维生素的食物，这和吃维生素片不是一样吗？"

第 31 节　霍沃思与糖

图 3-66　霍沃思

霍沃思(Walter Norman Haworth)(图 3-66)，1883 年 3 月 19 日生于英国乔利。毕业于曼彻斯特大学；1910 年获哥廷根大学哲学博士；1912 年任英格兰圣安德鲁大学化学教授；1920 年任纽卡斯尔阿姆斯特朗学院教授；1925—1948 年任伯明翰大学教授；1928 年被选为英国皇家学会会员；1934 年获戴维奖章；1944—

1946 年任英国化学学会会长。

霍沃思在圣安德鲁大学工作期间，与欧文从事糖类化学研究。在此以前，欧文鉴定糖类的方法已首选将糖类转化为甲基醚。霍沃思则把此方法用于鉴定糖分子中产生闭环的关节点方面。他还研究糖类分子结构，指出甲基糖苷通常存在于呋喃糖环结构中。霍沃思"端基"法是测定多糖重复单位特性的有效方法。

糖类是分布最广的有机化合物之一，其中葡萄糖在自然界中含量最多，又是最容易得到的单糖。远古的波斯人和阿拉伯人就已经知道了它能从葡萄中获得，所以称作葡萄糖。由于糖类是一种重要的物质，所以对其结构的确定与制取方法所进行的研究工作开展较早。但是，在纯化学方面，对它的了解与研究要远比其他种类的有机物所进行的研究慢得多。这是因为，在进行化学研究时，它的精制很困难，分离和鉴别的方法也不容易掌握，所以关于糖类结构问题长期成为化学领域一个难题。

糖是人体所必需的一种营养素，经人体吸收之后马上转化为碳水化合物，以供人体能量，主要分为单糖和双糖。单糖——葡萄糖，人体可以直接吸收再转化为人体之所需；双糖——食用糖，如白糖、红糖及食物中转化的糖，人体不能直接吸收，须经胰蛋白酶转化为单糖再被人体吸收利用。

由于糖果的价格昂贵，直到 18 世纪还是只有贵族才能品尝到它。但是随着殖民地贸易的兴起，它已不再是什么稀罕的东西，众多的糖果制造商开始试验各种糖果的配方，大规模生产糖果，从而使糖果进入平常百姓家。

糖的主要功能是提供热能，每克葡萄糖在人体内氧化产生 4 千卡能量，人体所需 70% 左右的能量由糖提供。此外，糖还是构成组织和保护肝脏功能的重要物质，植物的淀粉和动物的糖原都是能量的储存形式。

　　许多研究表明：只要适量摄入，掌握好吃糖最佳时机，对人体是有益的。如洗浴时，大量出汗和消耗体力，需要补充水和热量，吃糖可防止虚脱；运动时，要消耗热能，糖比其他食物能更快提供热能；疲劳饥饿时，糖可迅速被吸收提高血糖；当头晕恶心时，吃些糖可提升血糖以稳定情绪，有利恢复正常。据报道，美国科学家对千余名中小学生实验表明，饭后吃一些巧克力（图3-67），下午1、2节课打瞌睡者才2%，而对照者（不吃巧克力）却高达11%。此外，对数百名驾驶员试验发现，当他们按要求每天下午2点吃点巧克力、甜点或甜饮料时，车祸要少得多。

图3-67　掌握好吃糖时机，对人体是有益的

　　霍沃思做的许多研究工作是关于糖结构方面的研究，他创立了一种环状的代表糖分子的结构式，这种结构式更为准确体现出糖分子结构，而且用它来描述有糖参加的化学反应时更为有用。这种结构式至今被称为霍沃思分子式。

　　他研究过维生素C，维生素C在结构上同单糖的结构有关，而且他是首次合成维生素C的人之一。他建议把维生素C叫"抗坏血酸"，这个名字到现在还被普遍采用。他与卡勒共享1937年诺贝尔化学奖，并于1947年被授予爵士称号。

第32节　库恩与类胡萝卜素

库恩（Richard Kuhn）（图 3 - 68）1900 年 12 月 3 日生于奥地利维也纳，1918 年在维也纳大学学习，1921 年在慕尼黑大学读博士学位，1922 年获博士学位后留校研究糖化酶。1926—1928 年任苏黎世大学教授，1929 年回德国任海德堡大学教授，1937 年任凯泽医学研究所所长。

图 3-68　库恩

胡萝卜素在人体内可以分解为维生素 A。人体如果缺乏维生素 A，会导致皮肤粗糙，头发没有光泽，眼睛在亮度较差时无法看清物体，严重的可致夜盲等。其实这只是维生素 A 作用的一个很小部分，人的生长和发育，包括骨骼及牙齿的生长、全身所有皮肤的完整性以及身体抗病能力等都离不开维生素 A。由于维生素 A 在人体内不能自行合成，必须在食物中补充，而以植物性食物为主的人，通常较难摄取足够的维生素 A，因此用胡萝卜素——维生素 A 的有效来源来作补充，则是理想的选择。

图 3-69　胡萝卜素是维生素 A 的有效来源

胡萝卜中（图 3-69）富含有胡萝卜素，20 世纪时，人们认识到了胡萝卜素的营养价值而提高了胡萝卜的身价。美国科学家研究证实：每天吃两根胡萝卜，可使血中胆固醇降低10%～20%，有助于预防心脏疾病和肿瘤。中医认为胡萝卜味甘，性平，有健脾和胃、补肝明目、清热解毒、壮阳补肾、降气止咳等功效。在膳食中经常摄取丰富胡萝卜素的人群，患动脉硬化、癌肿以及退行性眼疾等疾病的机会明显低于摄取较少胡萝卜素的人群。例如：眼睛的视力取决于眼底黄斑，如果没有足够的胡萝卜素来作保护与支持，这个部位就会发生病变，也就是老化，视力就会衰退。

1831年库恩使用液-固色谱法，用碳酸钙做吸附剂分离出三种胡萝卜素异构体，即α-胡萝卜素、β-胡萝卜素、γ-胡萝卜素。库恩测定出了纯胡萝卜素的分子式；同年，他又扩大液-固吸附色谱法的应用，制取了叶黄素结晶；并从蛋黄中分离出叶黄素；另外还把腌鱼腐败细菌所含的红色类胡萝卜素制成了结晶。从此，吸附色谱法才迅速为各国的科学工作者所注意和应用，促使这种技术不断发展。

因库恩对类胡萝卜素和维生素研究工作的贡献，瑞典皇家科学院授予他1938年度诺贝尔化学奖。但由于德国纳粹的阻挠，库恩未能前往斯德哥尔摩领奖。按规定，发出授奖通知一年内未去领奖，奖金自动回归诺贝尔基金会。战后，当库恩在1949年7月去斯德哥尔摩补做受奖学术报告时，只领回了诺贝尔金质奖章和证书。

1938年库恩又成功分离出维生素B6，并测定了它的化学结构。以后，库恩主要从事抗生素的合成和性激素的研究工作，继续在化学领域做出贡献。

第 33 节　卢齐卡与香料

卢齐卡 (Leopold Ruzicka) (图 3-70) 是瑞士生物化学家，1887 年 9 月 13 日生于南斯拉夫，毕业于德国卡尔斯鲁厄高等技术学校。获瑞士巴塞尔大学医学博士学位。

卢齐卡主要研究有机合成，贡献之一是确定异戊二烯规则，即凡符合通式 $(C_5H_5)_n$ 的链状或环状烯烃类，都叫萜烯。在研究萜烯过程中，发现灵猫酮和麝香酮，并确定了其化学结构。

图 3-70　卢齐卡

以下是一个有关卢齐卡的故事：

汽车在南斯拉夫国境线边的哨卡被拦下，化学家卢齐卡以为这只是一次例行检查。阔别多年的祖国就在眼前，他难以掩饰内心的欣喜。但是，这位 42 岁的科学家很快就发现自己错了，这次短期旅行恐怕难以继续。卫兵验过入境签证和身份证明后，正准备放行，一名中士却叫停了他们，中士怀疑卢齐卡的身份。

此时是 1929 年，南斯拉夫王国刚刚成立，一些西欧商人乘机来做投机生意牟取暴利，严重影响了国家的经济。而卢齐卡的证件显示，他既是瑞士苏黎世大学教授、荷兰乌特勒支大学化学系主任，又是瑞士一家香水制造厂的厂长。正是厂长的身份，让他遭受怀疑。

其实，当局已经邀请卢齐卡回国效力，但他还是想先做一次短期旅行，考察一下新政府的诚意。毕竟在此之前，卢齐卡曾有过非常不愉快的经历：20多年前，制桶匠的儿子卢齐卡中学毕业后，难以割舍对化学的兴趣，离开寡母，独自出国到瑞士苏黎世工业学院学习。在那里，这个原本不怎么用功学习的小伙子，开始没日没夜地做实验，并取得了优异的成绩。

当他在德国卡尔斯鲁厄工业大学获博士学位后，这个意气风发的年轻人便迫不及待地回到故土。然而，当时南斯拉夫的贝尔格莱德尚在奥匈帝国的统治下，对学术研究有种种限制。学有所成的卢齐卡博士尽管满怀报国热情，但在政府那里并不受欢迎。他的才学不仅不被赏识，科学活动还被肆意阻挠。

"他们摧残科学人才，无疑是扼杀一个人宝贵的生命。我不得不离开我的故乡。"后来，卢齐卡回忆道。不过在当时，面对这一切，他毫无反击之力。一怒之下，卢奇卡又回到苏黎世。他自筹资金，利用自己学到的知识建起香水制造厂，开始研究天然香味化合物。卢齐卡的研究为人工制作香料提供了可行性，也让他在科学界获得了一席之地。在同行们越来越重视卢卡奇时，新成立的南斯拉夫政府也注意到这个流落他乡的科学家，并向他发出邀请。

收到祖国的邀请，这个背井离乡的人自然激动不已。然而，这颗火热的报国之心，迅速在边境哨卡里变得冰凉无比。

中士通过电话向贝尔格莱德方面请示时，卫兵们则把卢齐卡小汽车里的行李从头到尾彻查好几遍。整整3个小时，仍未等来任何放行的消息。备感屈辱的科学家，从卫兵手里要回自己的证件，然后收拾好行李，钻进车里，原路返回，从此再未踏上祖国的土地。

回到苏黎世后，失望之极的卢齐卡随即加入瑞士国籍。而他从科学研究中，看到了新的希望，开始致力于研究大环化合物和多萜烯化合物。在这个过程中，他不仅确定了异戊二烯规则，还发现并合成了许多释放香气的物质。同时，经过实验，卢齐卡确定了睾丸激素等几种雄性激素的分子结构。这一系列成绩，最终引起科学界同行的注意。瑞典皇家科学院更是将1939年的诺贝尔化学奖授予卢齐卡，以表彰他对环状分子和萜烯的研究。

获奖的喜悦并没有持续太久。两年后，那个令卢齐卡十分伤心但又时常挂念的祖国，随着德军全面入侵而沦亡了。不过，在失去祖国的日子里，这位诺贝尔奖得主并不孤独，他从出国读书开始便交游甚广，当初这位博士流落瑞士时，正是他在大学时结交的朋友向他伸出了援手。卢齐卡的朋友，既有来自梵蒂冈的神学家，也有来自莫斯科的科学家，他们见证了卢齐卡的荣耀。获得诺贝尔奖之后，卢齐卡陆续获得了很多荣誉，但每次他都公开声称，自己所得的一切荣誉都归功于整个团队和合作者，这也让卢齐卡这一生赢得了尊重。1976年9月26日卢齐卡在苏黎世去世，享年89岁。

第34节　瓦克斯曼与链霉素

瓦克斯曼（Selman Abraham Waksman）（图3-71），1888年7月22日生于俄国普里鲁基。于1910年离俄赴美，进入拉特格斯大学学习，1915年毕业，1916年成为美国公民。后来，他去加利福尼亚大学深造，1918年在该校获博士学位，此后回到拉特格斯大学任教。

1945年，弗莱明获诺贝尔医学奖，为表彰他发现了有史以来第一种对抗细菌传染病的灵丹妙药——青霉素。但是青霉素对有些病菌并不起作用，如包括肺结核的

图3-71　瓦克斯曼

病原体结核杆菌。

肺结核是对人类危害最大的传染病之一，在进入 20 世纪之后，仍有大约 1 亿人死于肺结核，肺结核病对人类的危害，即使那些最可怕的传染病如鼠疫、霍乱也应列于其后。肺结核在西方俗称"白色瘟疫"，夺走了很多人包括很多名人的生命。波兰作曲家肖邦、俄国作家契诃夫、捷克作家卡夫卡、德国哲学家席勒、英国抒情诗人雪莱、英国浪漫派诗人济慈、英国作家劳伦斯、美国哈佛大学早期捐助者约翰·哈佛等都死于肺结核。

在中西方的文学作品中，常常也可看到"肺结核"的影子。法国作家小仲马根据自己的人生经历创作的小说《茶花女》中，主人公玛格丽特死于"肺结核"。中国古典文学名著《红楼梦》中林黛玉所患之病也是"肺结核"。建筑学领域，林徽因 1955 年 4 月 1 日因肺结核病逝于北京，年仅 52 岁。鲁迅也是因肺结核而过早去世的。

从以上的介绍中可以看出，如果这些人不是被肺结核夺去宝贵的生命，他们都可能会在各自的领域里取得更大成绩。从某种意义上说，人类的历史也是一部与疾病抗争的历史。

1943 年美国科学家瓦克斯曼从链霉菌中得到了链霉素，这是继青霉素后第二个生产并用于临床的抗生素，开创了结核病治疗的新纪元。1945 年，特效药链霉素的问世使肺结核不再是不治之症；从此，肆虐人类生命几千年的结核病终于得到有效控制和终结。

瓦克斯曼是个土壤微生物学家，自大学时代就对土壤中的放线菌感兴趣，1915 年他还在拉特格斯大学上本科时发现了链霉菌。人们长期以来就注意到结核杆菌在土壤中会被迅速杀死，1932 年瓦克斯曼受美国抗结核病协会的委托，研究了这个问题，发现这很可能是由于土壤中某种微生物的作用。1939 年，在药业巨头默克公司的资助下，瓦克斯曼领导其学生开始系统研究从土壤微生物中分离抗细菌的物质，后来将这类物质命名为抗生素。

1943 年 10 月 19 日发现了一种新的抗生素，也即链霉素。几个星期后，在证实链霉素的毒性不大之后，两名医生开始尝试将它用于治疗结核病患者，效果出奇的好。1944 年，美国和英国开始大规模临床试验，证实链霉素对肺结核的治疗效果非常好。随后被证实对鼠疫、霍乱、伤寒等多种传染病也有疗效。

1945 年 5 月 12 日在人类身上第一次成功应用了链霉素（图3-72）。由于这一发现，瓦克斯曼荣获 1952 年诺贝尔医学和生理学奖。他把奖金转作拉特格斯大学的研究基金。由于链霉素的发现，人们为获得其他的抗菌素开始对土壤微生物进行积极和系统的探索，不久人们又发现了四环素。

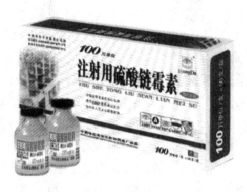

图 3-72　链霉素

瓦克斯曼一生培养各国研究生共 77 名，发表论文及综述500 余篇，专著 28 部，其中《土壤微生物原理》享有盛誉，《放线菌及其抗生素》《我和微生物共同生活》等著作也很有影响。

1942 年他作为第一位土壤微生物学家当选为美国科学院院士，不久又当选法国科学院院士。1954 年由他创建的瓦克斯曼微生物研究所，现在是国际微生物学术活动的中心之一。

第35节　哈恩与核裂变

　　哈恩(Otto Hahn)(图3-73)是德国杰出的放射化学家，1879年3月8日，出生于莱茵河畔的法兰克福。1897年入马尔堡大学，1901年获博士学位。

图3-73　哈恩

　　1904—1905年，哈恩曾先后在拉姆塞和卢瑟福指导下进修。历史向哈恩提供了难逢的机遇，而哈恩则奋力抓住了它。在拉姆塞的劝导下，他放弃了进入化学工业界的念头，投身放射化学这一新领域做深入的探索。1905年哈恩专程前往加拿大蒙特利尔的麦吉尔大学，向当时公认的镭的研究权威卢瑟福教授求教，并且得以与鲍尔伍德等著名放射化学家一起讨论问题。在卢瑟福这位一生培养出14位诺贝尔奖获得者的大师身边，哈恩学到了许多东西。卢瑟福对科学研究的热忱和充沛的精力，激励了哈恩。

　　哈恩的重大发现是"重核裂变反应"。20世纪30年代以后，随着正电子、中子、重氢的发现，使放射化学迅速推进到一个新的阶段。科学家纷纷致力于研究如何使用人工方法来实现核裂变。正当哈恩和梅特涅一起致力于这一研究时，第二次世界大战爆发，德军占领奥地利后，梅特涅因是犹太人、为躲避纳粹的疯狂迫害，只得逃离柏林到瑞典斯德哥尔摩避难。哈恩如失臂膀，但并未放弃这方面的努力，他又开始了新的尝试和探索。1938年末，当他用一种慢中子来轰击铀核时，竟出人意料地发生了一种异乎寻常的情况：反应不仅迅速强烈、释放出很高的能量，而且铀核分裂成为一些比原子序数小得多的、更轻的物质成分，难道这就是核裂变？哈恩经过多次试验验证后，终于肯定了这种反应就是铀235的裂变。核裂变的意义不仅在于中子可以把一个重核打破，关键的是在中子打破重核的过程中，同时释放出能量。

不久哈恩又有了更为惊人的发现，原来铀核在被中子轰击而分裂时，同时又能释放出两三个新的中子来！这就可以引起一串连锁反应：一个原子核裂变，其释放的中子又能够导致两三个附近的原子核再次裂变，一变二、二变四、四变八（图3-74），形成一种"链式反应"。而每一个原子核裂变时，都能释放

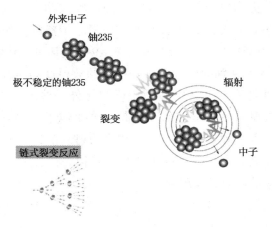

图3-74 核裂变

核裂变

当一个中子撞击铀235的原子核时，铀235的原子核会分裂成2个，同时产生2～3个中子和射线，并释放出大量的能量。这就是核裂变能核能。

裂变反应是由中子引起的，而反应结果又产生新的中子。新的中子引起新的核裂变，裂变反应就会不断地进行下去，同时不断产生能量。这种反应就叫作链式裂变反应。

出巨大的能量来。如果仔细观察，会发现一个原子核分裂后的"碎片"，它们加在一起的质量比原来稍微轻了一点，这一点损失的质量就是巨大能量的来源。

核裂变的发现无疑是释放原子能的一声春雷。在此之前人们对释放原子能的争议中，怀疑论者还占上风，不少人以为要打破原子核，需要额外供给强大的能量，根本不可能在打破过程中还能释放出更多能量。而铀核裂变的发现，当时就被认为"以这项发现为基础的科学成就是十分惊人的，那是因为它是在没有任何理论指导的情况下用纯化学的方法取得的"。

尽管当时哈恩发现核裂变没有伦琴教授发现 X 射线的影响大，但就其对于改变人类生活与社会发展所产生的后果而言，核裂变的意义更为重要。人工核裂变的试验成功，是近代科学史上的一项伟大突破，它开创了人类利用原子能的新纪元，具有划时代的深远意义。哈恩也因此荣获 1944 年诺贝尔化学奖。

哈恩 1904 年从镭盐中分离出一种新的放射性物质钍，以后又发现放射性物质锕、放射性物质镁和另外一些放射性核素，为阐明天然放射系各核素间的关系起了重要作用。放射化学中常用的反冲分离法和研究固态物质结构的射气法都是哈恩提出的。他还在同晶共沉淀方面提出了哈恩定律。1921 年发现了天然放射性元素的同质异能现象。

对于发现核裂变的哈恩，无论是上层的当权者，还是科学家，都知道他不是纳粹主义的拥护者。哈恩曾讲过这样的话："我对你们唯一的希望就是，任何时候也不要制造铀弹。如果有那么一天，希特勒得到了这类武器，我一定自杀。"

哈恩不愿让纳粹政权掌握原子能技术，拒绝参与任何研究。1945 年春他被送往英国拘禁。1946 年初获释回德国后，担任普朗克协会会长。以哈恩名字命名的"哈恩和平奖"奖项是继诺贝尔和平奖之后的又一和平大奖，每两年颁发一次。

核能还有另一种形式，称为核聚变。它与裂变相反，是两个原子核聚合在一起产生的巨大能量，典型的例子如氢弹。与利用铀的裂变相比，核聚变的"原料"近乎取之不尽，足以一劳永逸地解决人类能源问题，但可惜的是，我们至今尚没有找到一种方法能够控制它的反应速度，从而实现民用。可以说，一旦找到这种方法，那它的发明人将足以在历史上享誉不衰。

第4章

世界现代化学（下）

　　现代科学技术的发展经历了 5 次伟大的革命。1945—1955年，第一个 10 年，是以核能释放为标志，人类开始了利用核能的新时代。1955—1965 年，第二个 10 年，是以人造地球卫星的发射成功为标志，人类开始摆脱了地球引力，飞向外层空间；1965—1975 年，第三个 10 年，是以重组 DNA 实验的成功为标志，人类进入了可以控制遗传和生命过程的新阶段；1975—1985 年，第四个 10 年，是以微处理机的大量生产和广泛应用为标志，揭开了扩大人脑能力的新篇章；1985—1995 年，第五个10 年，是以软件开发和大规模产业化为标志，人类进入了信息革命的新纪元。在这段时间内，人类在化学方面合成的分子数目已超过了 1000 万，与 18、19 世纪时期的经典化学比较起来，它的显著特点是从宏观进入微观，从静态研究进入动态研究。无机化学、有机化学、物理化学和分析化学在继续发展的同时，逐步趋向综合，碳 60 的发现使无机化学和有机化学传统的栅栏消失，化学研究的成果以及各种科技领域的广泛渗透直接促进了现代化学的发展。

　　20 世纪中叶以来，科学技术发展速度之快、作用范围之广、产生影响之深远，是历史上前所未有的。目前在全世界内，正在进行着以微电子学和电子计算机技术为主要标志的新技术革命，形成了一系列高新技术。化学也犹如一匹飞奔的骏马，它具有传统意义上的四条腿：无机化学、有机化学、分析化学和物理化学，如今又添上了微电子学和计算机技术的两翼而鹏程万里。

在化学反应理论方面，由于对分子结构和化学键认识的提高，经典的、统计的反应理论进一步深化，在过渡态理论建立后，逐渐向微观的反应理论发展，用分子轨道理论研究微观的反应机理，并逐步建立了分子轨道对称守恒原理和前线轨道理论。飞秒化学、交叉分子束方法和现代核磁共振技术的应用，使不稳定化学物种的检测和研究成为现实，从而化学动力学从经典的、统计的宏观动力学深入到微观反应动力学。换位合成法、核糖体和准晶体的发现，对于绿色化学、制药、生物技术和化学工业的发展都有极大的推动作用。

让我们一起了解 20 世纪下半叶的化学，共同思考我们的青春，开创化学学科美好的未来！

第 1 节　麦克米伦、西博格与超铀元素

麦克米伦（E. M. McMillan）（图 4-1）1907 年 9 月 10 日出生在加利福尼亚，1928 年获加利福尼亚大学伯克利分校工学院学士学位，1929 年获硕士学位，后入普林斯顿大学，1932 年获博士学位。1932 年到加利福尼亚大学伯克利辐射实验室工作，随劳伦斯从事加速器的实验研究，1947 年当选为美国科学院院士。

图 4-1　麦克米伦

二次世界大战期间，麦克米伦从 1940 年 11 月至 1945 年 9 月以休假形式参加了美国国防研究项目。1945 年他提出"位相稳定"概念，据此建造的同步回旋加速器可将人工加速粒子的能量提高到几百兆电子伏特，足以实现许多很重要的核反应实验。1954 年麦克米伦回到加利福尼亚大学辐射实验室，1958 年任实验室主任。

麦克米伦参加了第一颗原子弹的研制工作。1945 年，麦克米伦找到了回旋加速器维持无定限速度同步化的途径，他为利用这一原理的加速器定名为同步加速器。由于麦克米伦发现 93 号元素镎而与西博格共获 1951 年诺贝尔化学奖，时年 44 岁。

1940 年以前，92 号元素铀一直被认为是元素周期表上最后一个元素。1934 年，意大利科学家费米用中子轰击铀，发现了原子序数为 93 和 94 的两种元素，称之为超铀元素。1937 年，德国物理化学家哈恩又增加了超铀元素的数目，直至原子序数为 96 的元素，但是由于量太少未能检测出来。他们这些获得超铀元素的实验并没有被人们所接受。

1940 年，麦克米伦和他的同事艾贝尔森也用中子去照射铀，虽然开始并没有检测和分离到新元素，但是却发现用中子照射的铀明显地不同于已知元素的放射性。麦克米伦意识到很可能这里面含有费米当年得到的超铀元素。后来经过进一步的试验和测定，终于证明了这种新的核素就是寻找已久的第 93 号元素。由于 92 号元素铀（Uranium）的名称来自天王星（Uranus），所以 93 号元素镎（Nepturiium）就命名为来自太阳系的海王星（Neptune）。麦克米伦还预言：可能还有另外一种新元素和 93 号元素混杂在一起。

1940 年他与艾贝尔森合作分离出这种元素，证实了麦克米伦的发现。镎是许多超铀元素的第一个，这些超铀元素是重要的核燃料，它的发现对化学和核理论有重大贡献。

在麦克米伦发现93号元素镎的同一年，28岁的美国化学家西博格等人在回旋加速器中轰击铀靶，第一次得到钚（Plutonium）同位素。这第二个超铀元素的命名源于冥王星（Pluto）。钚能发生裂变链式反应，是重要的原子堆燃料，它在战争中对原子弹的制造起到了重大作用。

西博格（Glenn Seaborg）（图4-2），美国核化学家，1921年4月19日生于美国密歇根州。1934年在加利福尼亚大学洛杉矶分校毕业，此后转入加利福尼亚大学伯克利分校，在路易斯指导下研究化学，1937年获博士学位。1939年西博格任加利福尼亚大学伯克利分校讲师，并从事回旋加速器轰击普通化学元素产生放射性同位素的检验工作，发现了许多放射性同位素。

图4-2　西博格

1941年西博格与吉尔伯特等人在回旋加速器中轰击铀靶，第一次得到钚同位素，并证实钚239极易进行裂变。1942年西博格领导一个化学家小组，在芝加哥大学进行从铀中分离钚的研究，发展了一种萃取技术。钚后来被用于制造原子弹，1945年8月9日在日本长崎投下的就是一颗以钚制造的原子弹。

第二次世界大战后，西博格于1946年重返加利福尼亚大学伯克利分校任化学教授，继续研究核化学。从1940年到1958年，共发现9个新元素，原子序数从94到102，他发现的新元素是钚（94）、镅（95）、锔（96）、锫（97）、锎（98）、锿（99）、镄（100）、钔（101）和锘（102）。后由费米指导的芝加哥大学实验室首次工业化生产，这是核武器研制成功的一个关键步骤。由于西博格发现并详尽地研究超铀合成元素，而于1951年与麦克米伦共获诺贝尔化学奖,西博格时年仅 30 岁。

1944 年西博格还提出锕系理论,预言了这些元素的化学性质和在周期表中的位置。根据西博格多年探索得到的规律,他将门捷列夫元素周期表上的元素数目扩大到 168 个,这预示着从原子序数 121 起到 153 止,将出现一个新的元素内过渡系,现称锕系元素。1958 年西博格就任加利福尼亚大学伯克利分校校长,1961 年任美国原子能委员会主席,推进了美国核工业的发展。

纵观超铀元素的发现,我们可以从中得到如下启示:

第一,良好的科研环境是滋生发明、发现的沃土。但丁说过:"要是白松的种子掉在英国的石头缝里,它只会长成一棵很矮的小树。但要是它掉在南方肥沃的土地里,就会长成一棵大树。"尽管我们现在也强调个人的勤奋与拼搏精神,但是我们也不能否认社会大环境对创造的影响作用。

第二,在科学探索的征途上,科学家之间需要有协作和竞争的精神,协作与竞争可以促进科学的发展。单个人的知识和能力是有限的,在大多数情况下,已经很少再能看到 20 世纪以前的那种靠某一个科学家的个人奋斗就可以取得重大突破的事例。在这种情况下,特别需要科学家之间和研究团体内外的互相协作,优势互补,共同攻关。

第三,人类对自然界的探索是无限的,人们曾经认为 92 号元素是元素的尽头,超铀元素的发现,证明科学探索是永无止境的。实验技术的革新也会使科学发现不断突破,所以在科学实验中,要善于发现和引入先进的科学仪器,这有利于强化思维方法,拓展操作能力,更深刻揭示物质运动的本质和规律,超铀元素的发现也正是伴随技术进步而不断延伸的。

第2节　费米与核反应堆

费米（Enrica Fermi）（图4-3）1901年9月29日出生于罗马。父亲是铁路职工，母亲是中学教师。中学时是优秀学生，各方面都名列前茅。小费米对机械非常着迷，曾和哥哥一起设计飞机引擎等。他酷爱数理化，10岁时听大人议论圆，就独自弄懂了表示圆的公式。17岁时以第一名考入比萨大学师范学院，他的入学试卷"声音的特性"详细探讨了振动杆的实例，写出了振动杆偏微分方程，求得其本征值与本征函数并对杆的运动做傅里叶展开。主考教授对这一通篇无错的答卷惊讶万分，交口称赞，认为是意大利科学复

图4-3　费米

兴的希望。图书馆里的书籍是他最好的老师，在比萨大学，他被认为是相对论和量子理论的最高权威，大学三年级就发表了两篇研究论文。

1922年他获得博士学位，继而去德国哥廷根大学随玻恩工作，后又去荷兰莱顿大学随厄任费斯脱工作。1924年回到意大利，在罗马大学任教。1929年被选为意大利皇家学会会员，1950年被选为英国皇家学会会员。为了纪念他所做出的贡献，原子序数为100的元素以他的姓氏命名为镄。美国原子能委员会设了费米奖金，1954年首次奖金授予他本人。他在理论和实验方面都有第一流的建树，这在现代科学家中是屈指可数的。

他在1934年用中子代替α粒子对周期表上的元素逐一攻击

直到铀，发现了中子引起的人工放射性，还观察到中子慢化现象，并给出理论，为后来重核裂变的理论与实践打下了基础，为此，获 1938 年诺贝尔物理学奖。

1938 年意大利颁布了法西斯的种族歧视法，费米的妻子是犹太血统，因此他在 1938 年 11 月利用去瑞典接受诺贝尔奖的机会，携带家眷离开意大利去美国，先在纽约哥伦比亚大学、后在芝加哥大学任教。

在 1939 年哈恩发现核裂变后，费米马上意识到次级中子和链式反应的可能性。在裂变理论的基础上，费米很快提出一种假说：当铀核裂变时，会放射出中子，这些中子又会击中其他铀核，于是就会发生一连串的反应，直到全部原子被分裂。这就是著名的链式反应理论。根据这一理论，当裂变一直进行下去时，巨大的能量就将爆发。如果制成炸弹，它理论上的爆炸力是 TNT 炸药的 2000 万倍！

1942 年 12 月，费米领导的科学家小组建成世界上第一座人工裂变反应堆。他在芝加哥大学体育场的壁球馆试验成功首座受控核反应堆（图 4-4），实现了可控核裂变链式反应。

图 4-4　核反应堆内部

我们知道，原子是由原子核与核外电子组成，原子核由质子与中子组成。当铀235的原子核受到外来中子轰击时，一个原子核会吸收一个中子分裂成两个质量较小的原子核，同时放出2~3个中子。这裂变产生的中子又去轰击另外的铀235原子核，引起新的裂变。如此持续进行就是裂变的链式反应。链式反应产生大量热能，用循环水带走热量才能避免反应堆因过热烧毁。导出的热量可以使水变成水蒸气，推动汽轮机发电。由此可知，核反应堆最基本的组成是裂变原子核+热载体。但是只有这两项是不能工作的，因为高速中子会大量飞散，需要使中子减速，核反应堆要依人的意愿决定工作状态，这就要有控制设施；铀及裂变产物都有强放射性，会对人造成伤害，因此必须有可靠的防护措施。

从50年代中期起，世界上大量建造用于各种研究工作的反应堆，同时开始建立把反应堆用来发电的核电站。核电站的燃料资源丰富，经济性好，燃料用量很小。60年代中期起，许多国家已在大力发展核电站。

核能是一种具有独特优越性的动力，因为它不需要空气助燃，可作为地下、水中和太空缺乏空气环境下的特殊动力；又由于它耗料少、高能量，是一种一次装料后可以长时间供能的特殊动力。例如，它可作为火箭、宇宙飞船、人造卫星、潜艇、航空母舰等的特殊动力。

将来核化学可能会用于星际航行，现在人类进行的太空探索，还只限于太阳系，故飞行器所需能量不大，用太阳能电池就可以。但如果要到太阳系外其他星系探索，核动力恐怕是唯一的选择。

费米在1944年加入美国籍，到洛斯阿拉莫斯实验室研制原子弹，对原子弹研制成功起了决定性作用，成为美国原子能委员会的委员和专家组主要成员。第二次世界大战结束后的1946

年，他到芝加哥大学任核科学研究所主任，按照他的建议该校成立研究生院。各国青年学者慕名前来学习，其中就有从我国西南联大来的杨振宁和李政道，他们所取得的一系列重大成就，与费米的引导和帮助有很大关系。费米是美国原子能大规模释放和利用的主要专家，他培养了第一代高能物理和化学人才，由于他在理论和实验两方面的卓越才能，善于不用复杂的推算而将概念讲得清楚透彻，重视研讨和抓住实质的要害之处，因而培养了很多优秀的第一批高能人才，仅诺贝尔奖获得者就有格莱、盖尔曼、张伯伦、李政道和杨振宁等。

费米，堪称 20 世纪科学界的一个全才，在理论和实验上都有非常深的造诣，是可以跟爱因斯坦比肩的大师，非但目光锐利，善于抓住主要问题，而且思维敏捷，实验与理论都堪称一流，简直是完美。

第 3 节　吉奥克与超低温

吉奥克（William Francis Giauque）（图 4-5），美国物理化学家，1895 年 5 月 12 日生于加拿大尼亚加拉瀑布城。小时候的吉奥克就养成了良好的自律品质，无论做什么事，总是有条有理，并且说到做到。

有一天，他和同学约好第二天七点钟到岩石边去玩。第二天早上，天空阴沉沉的，风呼呼地刮，吉奥克揉揉双眼，看看窗外的天空，爬出了温暖的被窝。

图 4-5　吉奥克

"天这么冷，你还是不要去了，说

不定同学也不去了。"妈妈担心地说。

"我已经答应了，就算现在下冰雹，我也得赶到。"吉奥克语气坚定，他答应别人的事从不反悔。

吉奥克来到约定地点，没有一个人。他等啊等，约定的时间已过，风越刮越猛，天也越来越暗。吉奥克决定回家，他不想再等迟到的同学，他认为天气不好不能成为迟到的理由。正是由于吉奥克从小养成遵守时间、说到做到的好习惯，帮助他长大攻克了一个个难关，最终获得诺贝尔化学奖。

他中学毕业后，原想进发电厂工作，做一名工程师，因故未能如愿，而被纽约的虎克电化学公司录用，从事实验室工作。他深受化学工厂良好的组织管理和环境的影响，因而改变志向，决定做一名化学工程师。在工厂工作两年后，于1916年进入加利福尼亚大学学习化学，他在那里受到路易斯的影响，对热力学产生兴趣。1920年以最优成绩毕业，获理学学士学位，1922年获化学博士学位，留校任教，1934年任教授。

吉奥克攻读博士时学过物理课程，在吉布森教授指导下做博士论文，研究甘油晶体和玻璃的熵及其低温热力学性质，这对他日后的研究方向影响很大。他的研究目标是试图通过精确的实验研究，证明热力学第三定律是基本的自然定律。

低温一般是指液态空气温度81K以下的温度。随着科学技术的不断进步，可以产生越来越低的温度，如液态氢的温度为4.2K，而采用非饱和绝热气化法，最低温度可达0.3~0.5K。在极低的温度下，许多物质具有异于常温的物理化学性质，如超电导性、超流动性等。这些现象的发现和研究，促使人们进一步探索在极低温情况下物质的物理化学性质，以扩大对物质运动规律的认识；同时推动了产生超低温实验方法的研究，人们试图得到接近自然界最低温度的极限——绝对零度。在这一进程中，吉奥克创造性地提出利用顺磁物质在磁场中熵值减小，从而在绝热时获取超低温的实验方法，可达到千分之几开氏度的超低温，这是具有里程碑意义的进步。

吉奥克除了完成了低温物质特别是冷凝气体的熵及其热力学性质的大量实验研究，同时又从理论方面应用量子统计和分子光谱与能级的数据进行验证。正是从这些研究中，发现氧分子的带光谱、低温下氧的热容量实验值异常，从而得出结论：空气中除存在氧16原子外，还有氧17和氧18两种同位素。当时的化学家们尚不知道氧的这两种同位素的存在。

他指导了大量的低温化学热力学研究工作，得到的实验数据和理论分析精确可靠，受到科学界的高度信赖。由于吉奥克在化学热力学和超低温的产生以及物质在低温下物理化学性质的研究所取得的优异成就，而荣获1949年诺贝尔化学奖。

第4节　狄尔斯、阿尔德与双烯合成法

图4-6　狄尔斯

狄尔斯（Otto Paul Hermann Diels）（图4-6），德国有机化学家，1876年1月23日生于汉堡。1895年入柏林大学攻读化学，1899年在费歇尔指导下获博士学位。1906年任柏林大学化学教授，1916年起，任基尔大学教授，兼化学研究所所长，1926年任该校校长。

狄尔斯长期从事天然有机化合

物，特别是甾族化合物的研究。1906 年开始研究胆甾醇的结构，从胆结石中分离出纯的胆固醇，并通过氧化作用将它转变成"狄尔斯酸"。1927 年他用硒在 300℃使胆甾醇脱氢，得到一种被称为"狄尔斯烃"的芳香族化合物。这对胆甾醇、胆酸皂苷、强心苷等结构的确定起了重要的作用。

　　1928 年他和助手阿尔德发明双烯合成，这个反应的应用范围很广泛，被称为狄尔斯-阿尔德反应。狄尔斯和阿尔德在 1928 年首先明确地解释这个合成反应的过程，并同时强调指出了他们的发现有广泛的使用价值。由于狄尔斯与阿尔德共同发明了双烯合成法而共同获得 1950 年诺贝尔化学奖。他著有《有机化学导论》一书。

　　阿尔德（Kurt Alder）（图 4-7），德国有机化学家，生于肯尼斯舒特，先后在柏林大学、基尔大学攻读化学，1926 年获哲学博士学位。1930 年任基尔大学副教授，1934 年升任教授。1940 年任化学研究所所长。

　　阿尔德对有机化学的贡献是双烯合成，因和狄尔斯共同取得这一成果，通常称为狄尔斯-阿尔德反应。狄尔斯-阿尔德反应提供了制备萜烯类化合物的合成方法，推动了萜烯化

图 4-7　阿尔德

学的发展。双烯合成首先在实验室合成，并在工业操作中获得广泛应用，利用这一反应可制备许多工业产品。

　　在 20 世纪 30 年代以前，胆固醇类的甾族化合物是一些有机化学家的热门研究课题。狄尔斯的早期工作就是把胆固醇脱水脱氢变成由三个苯环组成的菲和五碳环构成的化合物，这种碳环结构是各种甾族化合物的基本骨架。在这种基本骨架中，6 个

碳原子的环又是基本的碳架。尽管自然界中含 6 个碳原子环的化合物很多，而开链的化合物成 6 个碳原子的环，当时科学家还束手无策。

当时狄尔斯任基尔大学校长，是有一定声望的教授，阿尔德是狄尔斯的学生。1926 年，在狄尔斯的指导下，阿尔德完成了《关于偶氮酯反应机理和起因》的著名论文获得博士学位，此时的阿尔德仅 21 岁。毕业后，阿尔德留在狄尔斯的实验室做狄尔斯的助手。两年后阿尔德和他的老师一起发明了举世闻名的"双烯合成法"。

双烯合成反应的发现，为合成六元环化合物提供了一个简单、有效的途径，它不仅产率高，而且反应的立体专一性强，是有机合成中的一个十分重要的反应。有人把它与 20 世纪初格林尼亚发现格氏试剂相提并论，这一点也不过分。

值得一提的是，他发现双烯合成产物的复杂结构，原来是个很有理论意义的立体化学问题。在当时的历史条件下，他对一个有机反应的立体异构剖析得如此清楚是很不简单的。有关这方面的研究，迄今对绝大多数人来说仍是一个难题。他还预言在自然界广泛存在着的生物合成中，也必定会以类似于双烯合成这样的方式出现，后来人们果真从蒽醌型染料与另一种可促进血液凝固的化合物所发生的反应中，找到了有关这方面的线索和证据，从而为制造人造血浆提供了理论依据。也正是他的继续深入研究，双烯合成被广泛应用在大规模的工业生产和实际应用领域，其中包括合成染料、合成药物、合成橡胶、杀虫剂、塑料、润滑油等。从双烯合成法的发明中，我们可以得到如下启示：

第一，良师引路是成功的捷径。诺贝尔奖获得者、美国经济学家萨缪尔逊曾说："怎样才能获得诺贝尔奖呢？我可以把这个方法告诉大家，其中一个条件就是要有伟大的导师。"狄尔斯和阿尔德在研究双烯合成反应时，前者是年逾半百的教授和基尔大学校长，后者只是他的学生，一个初出茅庐的年轻研究人员。阿尔德的成功源于狄尔斯的指引，他们长期合作，亲如挚友，在科学界中一直被传为佳话。

第二，合成需要有组合思维的方法。许多人认为，创造力没有什么奥秘，不过是现有要素、事物或属性的有机组合，形成新的结构。实际上，创造性思维可以看作观念的重新组合，经过重新组合，获得新的统一整体，新整体的功能要大于其各部分之和。组合的思路是无穷无尽的，它可以给人们提供创造性的想象天地。

第三，阿尔德和狄尔斯从双烯合成的规律出发，使这一合成在更广泛的领域得到运用。实现化合物的人工合成是人们研究化学的目的，它以化学理论为基本前提，通过复杂的演绎步骤而实现。最初的人工合成，具有较大的模拟性，但就合成途径而言，则是以基本的化学反应规律为指导，以演绎为其方法论作为基础。

第5节　卡尔金与非晶态材料

卡尔金（B. A. Calkin）（图4-8），苏联化学家，1907年1月23日生于彼得罗夫斯克。1930年毕业于莫斯科大学，1937年任卡尔波夫物理化学研究所胶体化学实验室主任，1955年在莫斯科大学建立高分子物理化学教研室并任教研室主任，1953年当选为苏联科学院院士。

卡尔金早期的研究工作主要是在胶

图4-8　卡尔金

体溶液方面。他发现高分子溶液遵守相律，是均相溶液，而不是胶体体系。1950年卡尔金提出非晶态高聚物的三个物理状态——玻璃态、高弹态和黏流态的概念，并指出这三个状态的转变点与分子链的柔顺性、分子间的作用力有关，高弹态向黏流态的转变还与分子量的大小有关，而且在一定温度下转变点与作用力的频率有关。这项研究为表征高聚物性能的热-力曲线方法奠定了基础。1956年开始研究非晶态高聚物的结构，发现高聚物长链分子或蜷曲成球，或排列成链，它们是组成非晶态高聚物复杂结构的最简单结构单元。在非晶态高聚物中这种结构可以变得很大和相当完善，但并没有发生结晶。卡尔金还把形成超分子结构的现象应用于高分子合成，在模板聚合方面做出了贡献。

非晶态材料是一类新型的固体材料，包括我们日常所见的玻璃、塑料、高分子聚合物以及新近发展起来的金属玻璃非晶态合金、非晶态半导体、非晶态超导体等。晶态物质内部原子呈周期性，而非晶态物质内部则没有这种周期性。由于结构不同，非晶态物质具有许多晶态物质所不具备的优良性质。玻璃就是非晶态物质的典型，玻璃和高分子聚合物等传统非晶态材料的广泛应用也早已为人们所熟悉，而各种新型非晶态材料由于其优异的机械特性（硬度高、韧性好、耐磨性好等）、电磁学特性、化学特性、高耐蚀性及优异的催化活性，已成为一大类发展潜力很大的新材料，且由于其广泛的实际用途而备受人们的青睐。

今天对非晶态物质的制备和结构研究已取得很大的进展，各种具有特殊功能的非晶态材料不断涌现，非晶态材料科学已成为一门重要的分支学科。

第6节　鲍林与杂化轨道

1901 年 2 月 18 日，鲍林（Linus C. Pauling）（图 4-9）出生在美国俄勒冈州波特兰市。他幼年聪明好学，11 岁认识了心理学教授捷夫列斯。捷夫列斯有一所私人实验室，他曾给幼小的鲍林做过许多有意思的化学演示实验，使鲍林从小萌生了对化学的热爱，并使他走上了研究化学的道路。鲍林读中学时，各科成绩都很好，尤其是化学成绩一直是全班第一名。他经常埋头在实验室里做化学实验，立志当一名化学家。

图 4-9　鲍林

1917 年，鲍林以优异成绩考入俄勒冈州大学化学工程系，他希望通过学习化学最终实现自己的理想。然而，鲍林的家境不好，父亲是一位药剂师且在其 9 岁时去世，母亲多病。由于经济困难，鲍林在大学曾停学一年，自己去挣学费。复学以后，他靠勤工俭学维持学习和生活，曾兼任分析化学的实验员，在四年级时还兼任一年级的实验课教师。

尽管如此，鲍林仍然在艰难的条件下，刻苦攻读。他对化学键的理论很感兴趣，同时认真学习了原子物理、数学、生物学等。这些知识为鲍林以后的研究工作打下了坚实的基础。1922 年，鲍林以优异成绩大学毕业，同时考取了加州理工学院的研究生，导师是著名化学家诺伊斯。诺伊斯擅长物理化学和分析化学，知识非常渊博，对学生循循善诱，为人和蔼可亲，学生们评价他"极善于鼓动学生热爱化学"。

诺伊斯告诉鲍林，不要只停留在书本知识，应当注重独立思考，同时要研究与化学有关的物理知识。1923 年，诺伊斯写了一本新书，名为《化学原理》，在此书正式出版之前，他要求鲍林一个假期把书上的习题全部做一遍。鲍林用了一个假期的时间，把所有习题都准确地做完了，诺伊斯看了鲍林的作业，十分满意。

诺伊斯十分赏识鲍林，并把鲍林介绍给许多知名化学家，使他很快地进入了学术界的环境中，这对鲍林以后发展十分有用。鲍林也称 1922 年拜师诺伊斯是其一生中最幸运的事。

鲍林在诺伊斯的指导下，完成的第一个科研课题是测定辉铝矿的晶体结构。这一工作完成得很出色，不仅使他在化学界初露锋芒，同时也增强了他进行科学研究的信心。

1925 年，鲍林以出色成绩获化学哲学博士。他系统研究了化学物质的组成、结构、性质三者的联系，同时还从方法论上探讨了决定论和随机性的关系。鲍林最感兴趣的问题是物质结构，他认为，对物质结构的深入了解将有助于人们对化学运动的全面认识。鲍林获博士学位以后，于 1926 年 2 月去欧洲，在索末菲实验室工作一年。然后，他又到玻尔实验室工作半年，还到过薛定谔和德拜实验室。

这些学术研究使鲍林对量子力学有了极为深刻的了解，坚定了他用量子力学方法解决化学键问题的信心。鲍林从读研究生到去欧洲游学，所接触的都是世界一流专家，直接面临科学前沿问题，这对他后来取得学术成就十分重要。

1927 年，鲍林结束了两年的欧洲游学回到美国，在帕莎迪那担任理论化学助理教授，除讲授量子力学及其在化学中的应用外，还讲授晶体化学，并开设了有关化学键本质的学术讲座。1930 年，鲍林再次去欧洲，到布喇格实验室学习有关射线的技术，后来又到慕尼黑学习电子衍射方面的技术。

1931 年他在美国俄勒冈州大学任教授，在科学研究方面主要从事分子结构的研究，特别是化学键的类型及其与物质性质的关系。他提出的元素电负性标度、原子轨道杂化理论等概念，为每个化学工作者所熟悉。

杂化轨道理论认为：电子运动不仅具有粒子性，同时还有波动性，而波又是可以叠加的。所以鲍林认为，碳原子和周围氢原子成键时，所使用的轨道不是原来的 s 轨道或 p 轨道，而是二者经混杂、叠加而成的"杂化轨道"（图 4-10），这种杂化轨道在能量和方向上的分配是对称均衡的。由于鲍林在杂化轨道理论研究以及用化学键理论阐明复杂的物质结构，而获得了 1954 年诺贝尔化学奖。

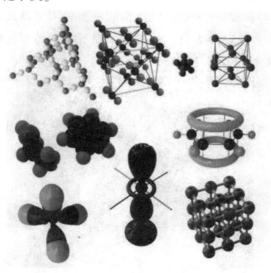

图 4-10　杂化轨道

鲍林还把化学研究推向生物学，他实际上是分子生物学的奠基人之一。他花了很多时间研究生物大分子，特别是蛋白质的分子结构，为蛋白质空间构象打下了理论基础。

在化学键方面成就卓著的鲍林，除 1954 年荣获诺贝尔化学奖外，还曾荣获 1962 年诺贝尔和平奖——他是至今唯一一位单独两次获不同诺贝尔奖项的人。

　　鲍林坚决反对把科技成果用于战争，特别反对核战争。他认为，核战争可能毁灭地球和人类，因此号召科学家致力于和平运动。鲍林花费了很多时间和精力研究防止战争、保卫和平的问题。

　　1957 年，鲍林联合全球 2500 名科学家发表著名的《鲍林呼吁书》，表明全世界科学家反对核战争、热爱和平的愿望（图 4-11）；1958 年，鲍林又得到 1 万多名科学家的支持，他把宣言交给了联合国秘书长哈马舍尔德，向联合国请愿。同年，他写了《不要再有战争》一书，以丰富的资料说明了核武器对人类的重大威胁。1959 年 8 月，他参加了在日本广岛举行的禁止原子弹氢弹大会。

图 4-11　反对战争，热爱和平

与取得的科学成就相比，鲍林更看重自己获得的诺贝尔和平奖。鲍林是公认的现代最伟大的化学家之一。我们从鲍林的科学发现过程和他的成长过程中可以感悟到很多有价值的东西：

第一，成长在一个良好的环境里。鲍林在成长的过程中确实很幸运，他遇到了很多好老师，有很好的学习环境。他不仅受到老师和学校善意的对待，更重要的是老师和学校具有开放意识、现代的教学观念，懂得教学规律和人才培养的规律。鲍林从读研究生到去欧洲游学，所接触的都是世界第一流的专家，直接面临科学前沿问题，这对他后来取得学术成就十分重要。

第二，在科学活动中孜孜不倦，勇于探索，是他做出巨大贡献的必然结果。鲍林从小就爱学好问，对周围的事情很感兴趣，是品学兼优的学生。由于父亲早逝，家庭生活艰难，从小学到大学一直半工半读。他珍惜所获得的学习条件，勤奋刻苦学习，不轻易浪费时间。在 50 年研究中，他孜孜不倦，积极进取，勇于探索，将自己的一生献给了化学理论的研究，在许多领域做出了巨大贡献。

第三，实验研究和理论探讨相结合的创新研究方法。鲍林既重视化学经验知识的作用，又注重量子力学对化学结构问题的指导，用量子力学理论来研究原子和分子的电子结构并揭示化学键的本质。鲍林用该方法所提出的"杂化""共振"以及"电负性"等重要化学概念，并非单纯依靠量子力学的研究，还借助于化学的经验知识；另外他注重用量子力学来分析化学问题，发展简单理论，而不是去进行复杂的量子力学计算。

1994 年 8 月 19 日，鲍林以 93 岁高龄在加利福尼亚逝世。鲍林曾被英国《新科学家》周刊评为人类有史以来 20 位最杰出的科学家之一，与牛顿、居里夫人及爱因斯坦齐名。

第 7 节　谢苗诺夫与链式反应

谢苗诺夫（Nikolay Nikolaevich Semenov）（图 4-12）于 1896 年 4 月 15 日出生在俄罗斯伏尔加河畔的萨拉多夫。他少年时代受过良好的教育，在中学阶段就对物理和化学有浓厚的兴趣，学习认真，成绩优异。

图 4-12　谢苗诺夫

1917 年，年仅 21 岁的谢苗诺夫，以优异成绩毕业于圣彼得堡大学数学力学系，是苏联著名的物理学家约飞的学生和助手。这段大学生活为他打下良好的数学和物理基础，也为他以后在理论化学方面的深入研究创造了条件，使他的知识结构优于一般化学家。

1920—1930 年，谢苗诺夫在约飞创办的列宁格勒化学物理研究所工作，被任命为列宁格勒化学物理所所长，同时，在列宁格勒工学院兼职任教，从 1928 年起担任该学院的教授。1932 年，他被选为苏联科学院院士。1944 年，苏联科学院化学物理所迁到了莫斯科，作为该所所长的谢苗诺夫也同时迁居莫斯科，并担任莫斯科大学的教授。

谢苗诺夫的科研工作，几乎全部用来研究化学反应历程和化学动力学，他对链式反应历程做了深入而全面的研究。链式反应的发现，标志着理论化学的研究进入到一个新阶段。传统的化学，只注重反应物和产物的研究，对于反应物如何转变成产物，转变的复杂机理和过程则很少注意。

1927 年以后，谢苗诺夫系统研究了链反应机理，在此项研究中，曾试图对反应历程进行数学描述。他认为，化学反应有着极为复杂的过程，在反应过程中有可能形成多种"中间产物"。在链式反应中，这种"中间产物"就是"自由基"，"自由基"的数量和活性决定着反应的方向、历程和形式。链反应不仅有简单的直链反应，还会形成复杂的"分支"，所以，谢苗诺夫还提出了"支链式"反应的新概念。

谢苗诺夫指出，链式反应有着普遍的意义和广泛的实用价值。在理论上，谢苗诺夫广泛研究了各种类型的链式反应，提出链式反应的普遍模式，他还试图用这种反应机理解释新发现的化学振荡现象。在应用上，谢苗诺夫把链式反应机理用于燃烧和爆炸过程的研究，揭示出燃烧和爆炸的联系和区别。他指出：燃烧是缓慢的爆炸，爆炸则是激烈的燃烧，并指出了燃烧和爆炸的机制。

谢苗诺夫通过研究，丰富和发展了链式反应的理论，奠定了支链式反应的理论基础和实验基础。他认为，不仅在链式反应的开始，而且在反应过程中，化学反应系统都会不断地产生活性质点。这些活性质点，会对反应进程产生影响，会使反应中出现许多分支，如同树杈一样，不断分支扩展（图4-13）。活性质点的状态，还会影响到反应的进展情况，会使某些反应速度增大，而使另一些反应过程减慢或难以进行。

1956年，诺贝尔基金会为了表彰谢苗诺夫和英国化学家欣谢尔伍德在化学反应动力学和反应历程研究中所取得的成就，让他两人分享了该年度的诺贝尔化学奖。谢苗诺夫是获得这种最高国际科学奖的第三位俄国学者，也是苏联建国后，第一位荣获这种奖的科学家。

谢苗诺夫科学研究的方法留给我们许多启示：

第一，谢苗诺夫倡导各种不同专业的科学家互相协作。他认为，化学理论的研究，应当和其他自然科学互相联系、互相

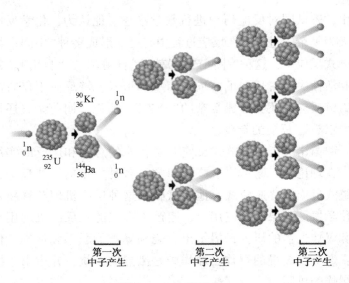

第一次
中子产生 　　　第二次
中子产生 　　　第三次
中子产生

图 4-13　支链反应

渗透，要积极采用其他自然科学的理论方法，特别是数学和物理的理论方法。他还指出，各种专家协同研究重大课题，对新技术革命和科学的未来具有重大意义。

第二，主张理论联系实际。谢苗诺夫通过对化学反应历程的研究，不仅使人们在认识论和方法论上有了较大的提高，同时也将理论与实践有机结合起来，促进了科学技术的进步。他还是一位出色的教育家，他的教育思想和科学思想是一致的。他要求青年科技工作者，无论是做教学工作的还是研究工作的，都要理论联系实际，努力解决国家和民族最急需、最紧迫的问题，使科学成果迅速转化为直接生产力。

第三，提倡科学为人类幸福和社会进步服务。化学是主要的基础学科之一，从事化学研究同样承担了为社会进步服务的责任。作为一个世界著名的科学家，谢苗诺夫十分强调防止把科学成果用于危害人类的安全。他在荣获诺贝尔奖时发表讲演，向全世界科学家呼吁：“世界科学家要共同努力，使科学为世界的进步和人类的幸福做出积极的贡献！”

第8节　伍德沃德与维生素B$_{12}$

　　伍德沃德（Robert Burns Woodward）（图4-14）1917年4月10日生于美国马萨诸塞州的波士顿。他从小喜爱读书，善于思考，学习成绩优异。1933年夏，16岁的伍德沃德以优异的成绩，考入美国麻省理工学院。在全班学生中，他是年龄最小的，素有“神童”之称，学校为了培养他，为他一人单独安排了许多课程。他聪颖过人，只用3年时间就学完了大学的全部课程，并以出色成绩获得了学士学位。

图4-14　伍德沃德

　　伍德沃德获学士学位后，只用一年的时间，学完了博士生的所有课程，顺利通过论文答辩获博士学位。从学士到博士，普通人往往需要6年左右的时间，而伍德沃德只用了一年，这在他同龄人中是最快的。获博士学位后，伍德沃德在哈佛大学执教，1950年被聘为教授。他教学极为严谨，且有很强的吸引力，特别重视化学演示实验，着重训练学生的实验技巧。他培养的学生，许多成了化学界的知名人士，其中包括获得1981年诺贝尔化学奖的霍夫曼。伍德沃德在化学上的出色成就，使他名扬全球。1963年，瑞士人集资办了一所化学研究所，此研究所就以伍德沃德的名字命名，并聘请他担任了第一任所长。

伍德沃德是20世纪在有机合成化学实验和理论上，取得划时代成果的罕见化学家，他以极其精湛的技术，合成了胆甾醇、皮质酮、马钱子碱、利血平、叶绿素等多种复杂有机化合物。据不完全统计，他合成的各种极难合成的复杂有机化合物达24种以上，所以被称为"现代有机合成之父"。

1965年，伍德沃德因在有机合成方面的杰出贡献而荣获诺贝尔化学奖。获奖后，他并没有因为功成名就而停止工作，而是向着更艰巨复杂的化学合成方向前进。他组织了14个国家的110位化学家，协同攻关，探索维生素 B_{12} 的人工合成问题。在他以前，这种极为重要的药物，只能从动物的内脏中经人工提炼，所以价格极为昂贵，且供不应求。

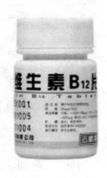

图4-15　维生素 B_{12}

维生素 B_{12}（图4-15）的结构非常复杂，伍德沃德经研究发现，它有181个原子，在空间呈魔毡状分布，性质极为脆弱，受强酸、强碱、高温作用都会分解，这就给人工合成造成极大困难。伍德沃德设计了一个拼接式合成方案，即先合成维生素 B_{12} 的各个局部，然后再把它们对接起来，这种方法后来成了合成所有有机大分子普遍采用的方法。

伍德沃德合成维生素 B_{12} 时，共做了近千个复杂有机合成实验，历时11年，终于在他谢世前几年实现了。合成维生素 B_{12} 过程中，不仅存在一个创立新合成技术的问题，还遇到一个传统化学理论不能解释的有机理论问题。为此，伍德沃德参照了日本化学家福井谦一提出的"前线轨道理论"，和他的学生兼助手霍夫曼一起，提出了分子轨道对称守恒原理，这一理论用对称性简单直观地解释了许多有机化学过程，如电环合反应过程、环加成反应过程、σ 键迁移过程等。该原理指出：反应物分子外层轨道对称一致时，反应就容易进行，这叫"对称性允许"。反应物分子外层轨道对称性不一致时，反应就不易进行，这叫"对称性禁阻"。

分子轨道理论的创立，使霍夫曼和福井谦一共同获得了 1981 年诺贝尔化学奖。因为当时伍德沃德已去世 2 年，而诺贝尔奖不授给已去世的科学家，所以学术界认为，如果伍德沃德还健在的话，他必是获奖人之一，那样，他将成为少数两次获得诺贝尔奖的科学家之一。正如霍夫曼在瑞典受奖演说中所说："倘若伍德沃德教授还在世的话，一定会和我一起再次获得诺贝尔奖。"

伍德沃德是出名的工作狂，一辈子都扑在化学研究上。他的化学知识是百科全书式的，对细节过目不忘。他的过人之处在于能博览群书，又能融会贯通，将别人看来是琐碎的研究成果整合成完整的知识来解决具体问题。他讲课富有传奇色彩，往往能持续三四个小时。他不喜欢用幻灯片，而爱用不同颜色的粉笔画出漂亮的结构式来。在哈佛，他周六的研讨课常常讲着讲着就讲到了深夜。他偏爱蓝色，他的衣服、汽车是蓝色的，甚至停车的车位都涂成蓝色。

1979 年 7 月 8 日，年仅 62 岁的伍德沃德突然因心脏病发作，不幸过早病逝，成为科学界的一大损失。伍德沃德作为一位全面的化学巨匠（图 4-16），不仅给我们留下重要的科学理论与方法，他的人生经历也给我们以启示：

第一，兴趣是最好的老师。伍德沃德从小就对化学特别感兴趣。

图 4-16　化学巨匠伍德沃德

在读小学和中学时，经常一个人躲在家中地下室做化学实验，16岁进入麻省理工学院学习，立志要成为一名化学家，20岁获博士学位。他整个身心扑到了化学事业上，当别人问及他获得成功的诀窍时，他说："最主要的是强烈的兴趣和明确的目标，根据已确定的目标订出周密的计划，然后尽一切可能使其实现。"

第二，勤奋踏实、勇于追求的工作精神。他养成了一种热爱工作、勇敢追求的作风，学习和工作起来，经常忘记一切，有时几天不回家。在有机合成过程中，以惊人的毅力夜以继日工作，有时每天只睡4个小时，其他时间均在实验室工作。他在合成维生素 B_{12} 的艰巨工作中，由于没有得到预料的结果，便孜孜不倦地追根溯源，经过几十年的有机合成实践才最终完成。

第三，善于与他人合作。科学发展到了今天，要完成一项高水平研究，其复杂程度已绝非任何杰出的个人所能单独担负和完成，只有在集体配合下，经过长期共同努力才有可能达到。每个科学工作者对个人的研究都有一种深厚的感情，这本来是一种很自然的事，但同时也要充分估量个人的研究和其他人研究的关系，只有这样，才能开阔自己的眼界，从不同角度考虑自己的问题。

第四，谦虚和善，不计名利。伍德沃德发表论文时，总喜欢把合作者的名字署在前边，对他的这一高尚品质，和他共过事的人都众口称赞。他一生共培养研究生、进修生500多人，学生已布满世界各地。伍德沃德在总结他的工作时说："之所以能取得一些成绩，是因为有幸和世界上众多能干又热心的化学家合作。"他的名言是："没有通用的反应，所有反应都必须逐个做才能确定结果。"

第 9 节　福井谦一与前线轨道理论

图 4-17　福井谦一

福井谦一(Fukui Kenichi)(图 4-17)于 1918 年 10 月 4 日出生在日本奈良县井户野町一个职员家庭。他父亲毕业于东京商科大学，供职于一家英国公司。家境富裕的福井自幼便受到良好教育，不仅学习过《论语》等传统典籍，同时也受到欧美文化和先进科学技术的熏陶。中学时代的福井数学与德语成绩优异，但这位日后的理论化学家却对化学不感兴趣。在进入大学的升学考试中，福井受到家族亲戚的影响，选择了自己最不喜欢的化学作为终身专业。

1938 年福井考入京都大学工业化学系，进入大学的福井没有放弃自己对数学的兴趣，选修了大量数学和理论物理方面的课程，这一时期打下了坚实的数理基础。1941 年福井大学毕业，进入京都大学燃料化学系攻读硕士学位，当时的欧洲量子理论正处于空前的发展之中，福井接触到当时理论科学研究前沿。1943 年任京都大学讲师，1948 年获得博士学位。毕业后留在京都大学燃料化学系，在一间条件简陋的研究室中从事理论研究。

1951 年起福井任京都大学物理化学教授，同年，发表了前线轨道理论的第一篇论文《芳香碳氢化合物中反应性的分子轨道研究》，奠定了福井理论的基础。福井初期的工作并不为人们所认可，他的同事和上司认为福井不专心从事应用化学的研究，将量子力学引入到化学领域中，是不切实际和狂妄的；日本学术界对福井的理论也并不重视，直到 60 年代，欧美学术界开始大量引用福井的论文之后，日本人才开始重新审视福井理论的价值。由于福井在前线轨道理论方面开创性的工作，京都大学逐渐形成了一个以他为核心的理论化学研究团队，福井学派也成为量子化学领域一个重要学派。

福井谦一思想活跃，治学严谨，在长期从事化学、化工教学和研究中取得优异成绩，撰写了大量论文和著作，特别是集研究成果之大成的《化学反应同电子的轨道》《定向和立体选择理论》等著作，在化学界影响很大。1981年福井谦一与提出分子轨道对称性守恒原理的美国科学家霍夫曼分享了诺贝尔化学奖，同年被选为美国国家科学院外籍院士。

福井是第一个分享诺贝尔化学奖的东方人。他获得诺贝尔化学奖，在日本科学界引起很大反响，很多日本学者把福井获奖看成是推进日本科学新进展的良好机会。世界各国化学界同行也高度赞赏福井谦一创立的前线轨道理论，认为他的理论是认识化学反应过程发展道路上的一个重要里程碑，对继续进行深入研究的人们具有极大的鼓舞作用。福井谦一的成功给我们如下启示：

第一，要敢于突破。福井本来是京都大学工程系的大学生和研究生，所从事的学习、教学工作属于应用化学，是一位杰出的实验化学家，然而与众不同的是，他特别注重理论问题的研究，在量子力学方面造诣很深。这主要在于他把基础研究与应用研究有机地结合起来，找到突破的方向，形成独特的风格，站在理论的高度，使经验色彩浓厚的化学尽可能非经验化。

第二，抓住主要矛盾。福井在全面分析各轨道和电子在化学反应中变化情况时，能抓住主要矛盾，充分看出分子中结合得最松散的电子，即能量最高的电子在反应过程中的特殊作用，创造性地提出了前线电子和前线轨道理论。他应用量子力学计算电子密度和描绘能级图的方式，把简单分子轨道理论向前推进一大步，在不使用大型计算机做复杂计算时，也能较好推测和解释一些化学反应的条件、产物和反应机理。

第三，不轻言放弃。虽然前线轨道理论长期遭到冷遇，但他也没有放弃，直到60年代中期，由于霍夫曼和伍德沃德理论的建立使这一理论才受到普遍重视。福井前线轨道理论长期被忽视的原因是多方面的，起初，前线轨道理论没有找到适当的数学方程式，主要是借助于简单的休克尔分子轨道理论对大量化学实验资料进行概括，并非依靠高深的数学推导和精确的计算，似乎是理论与经验结合的定性方法。这与当时西方利用大型计算机做精确计算，以求化学纯理论的潮流大相径庭。看起来前线轨道理论好像把复杂问题简单化了，然而恰恰体现了福井谦一的独创精神和前线轨道理论的真正价值。其次，前线轨道理论长期被忽视还由于日本在工艺技术方面的发展优势，掩盖了基础理论研究上的某些相对薄弱环节。福井提出前线轨道理论的初期，日本正处于战败后的经济恢复阶段，战争的灾难和沉重的压力还没有完全解除，科学尚处于重新起步的发展时期。在这种情况下，福井高水平创造性的科学发现，在日本国内没有碰到知音是不足为怪的。前线轨道理论长期被忽视的另一原因，是日语在对外进行学术交流时的语言障碍，学习和掌握日语比较困难，特别是对于习惯使用英语等西方语言的人问题就更大了，这就大大限制了日语论文和书籍的影响力，由于语言上的障碍，影响了日本科学对外的传播。

第四，高水平的科学发现往往在国内碰不到知音。这种现象，不只在日本有，在其他国家也存在，科学创造需要很多条件，物质的、精神的、社会的、心理的，社会环境影响尤为突出。由于各国具体情况不同，需要把发展科学的一般规律同本国实际情况结合起来，制定适宜的政策，以利于发挥人的聪明才智，鼓励探索勇气和创造精神，使本国的科学事业较快而顺利地发展。在国际上，广泛进行学术交流，取人之长，补己之短，对科学发展和繁荣经济十分有利。但学习外国的先进科学技术，不应盲目崇拜，特别要防止民族自卑心理束缚科学创造精神和创新意识。

第 10 节　霍夫曼与分子轨道对称守恒

图 4-18　霍夫曼

1937 年 7 月 18 日，霍夫曼（Roald Hoffmann）（图 4-18）降生在波兰兹沃切夫一个幸福的犹太家庭。1939 年德国希特勒发动侵略战争后，为逃避纳粹的迫害，家人把他藏在乡下农院的阁楼里。而村中其他犹太儿童都惨遭杀害，只有他因过着这种禁闭的日子，才幸免于难。

1946 年他随家人离开波兰，经捷克、奥地利和西德，1949 年，华盛顿生日那天，一家人来到美国，后入美国籍。

1958 年，他开始在哈佛的研究生生活，并于 1962 年获博士学位。在哈佛的最后一年是激动人心的，霍夫曼很快掌握了有机化学，并接触到一位天才——伍德沃德先生，他思路清晰，化学知识渊博，对现代化学有着无与伦比的审美意识。他传授给霍夫曼很多知识。

其间，霍夫曼和伍德沃德合作，进行维生素 B_{12} 的合成研究。霍夫曼应用自己在量子化学方面的丰富知识，从分子轨道的各方面对他们观察到的实验结果进行计算和研究，并以日本化学家福井谦一提出的前线轨道理论为工具，进行分析和讨论，终于在 1965 年提出了分子轨道对称守恒原理，又称伍德沃德-

霍夫曼规则。这个理论把量子力学由静态发展到动态，被誉为"认识化学反应发展道路上的一个里程碑"。1981年，霍夫曼因对分子轨道对称守恒原理的开创性研究，和福井谦一共获诺贝尔化学奖。

1981年获得诺贝尔奖之后，霍夫曼又在兴趣的指引下开始了新的探索——对无机和有机分子的结构和反应性进行研究，而且在固体与表面化学方面也有突出贡献，著有《固体与表面》。有人问霍夫曼是如何选择研究题目的，他说："我的自然哲学素质并不适于研究大问题，我喜欢研究奇妙的化学园地里内容丰富的小问题，同时关注它们之间的联系。我认为世界都是有关联的，小问题和大问题也是有关联的，把很多小问题搞清楚，大问题也就会搞清楚了。没有绝对的大问题和小问题，世界是由很多沙子组成的，每个沙子都搞清楚了，世界是什么样子就清楚了。"

霍夫曼第一次真正接触诗歌是在哥伦比亚大学，是范多伦引他入门的。范多伦是一位杰出的教师和评论家，20世纪50年代他的影响达到了顶峰。霍夫曼一直对文学保持兴趣，特别是对德国和俄国文学。70年代中期，霍夫曼开始写诗，但是直到1984年，他的第一首诗才得以发表，并在1987年、1990年、1999年、2002年先后出版了5本诗集。曾有学生问他为什么要进行文学创作，他说："我年龄大了，搞科研对我已经结束了，这是年轻人的活，我的责任是传播科学思想。"

霍夫曼多才多艺，会6国语言，对社会公益活动很也热心，1986—1988年曾担任美国电视台科教片"化学世界"的主持人，共拍摄了26集，在全美播出（图4-19）。

1993年，霍夫曼又和一位哲学家陶伦斯合作，出版了一本化学图像的剪贴诗画集《想象中的化学》（Chemistry Imagined）。

霍夫曼最著名的科普著作是由哥伦比亚大学出版社1995年

图4-19　霍夫曼担任电视台"化学世界"的主持人

出版的科普散文集《相同与不同》，将科学、教育、文学、哲学融为一体，此书后来被译成韩文、德文、中文、西班牙文、俄文和意大利文等多国文字出版。其中，他曾谈到，写诗比化学研究困难多了，但他依然乐此不疲。

霍夫曼认为：画画这种方法对化学表达很好，甚至是我们的一部分，因为人类最直接的感官就是视觉和几何图案，所以画画是一个让人们理解你的发现的非常直接的方法。因此，他的科普著作中有许多精美的图片。

第11节　克里克与DNA双螺旋结构

克里克(F. Crick)(图4-20)1916年出生在英国，父亲是一位鞋厂老板，因为他幼时总是问许多科学问题，父母便给他买了一本百科全书。

1934年中学毕业后，他考入伦敦大学物理系，3年后大学毕业，随即攻读博士学位。然而，1939年爆发的第二次世界大战中断了他的学业，他进入海军部门研究鱼雷，也没有什么成就。战争结束，步入"而立之年"的克里克在事业上仍一事无成。1950年，他34岁时考入剑桥大学物理系攻读研究生学位，想在

图4-20　克里克

著名的卡文迪许实验室研究基本粒子。

这时，克里克读到薛定谔的一本书《生命是什么》，书中预言一个生物学研究的新纪元即将开始，并指出生物问题最终要靠物理学和化学去说明，而且很可能从生物学研究中发现新的物理学定律。克里克深信自己的物理学知识有助于生物学的研究，但化学知识缺乏，于是他开始发奋攻读有机化学、X射线衍射理论和技术，准备探索蛋白质结构问题。

1951年，美国一位23岁的生物学博士沃森来到卡文迪许实验室，他也是受到薛定谔《生命是什么》的影响。克里克同他一见如故，开始了对遗传物质脱氧核糖核酸DNA分子结构的合作研究。他们虽然性格相左，但在事业上志同道合。沃森和克里克经常和在伦敦工作的威尔金斯共同研究和讨论问题。

克里克试图用数学计算方法来解决DNA分子结构问题。他整天沉浸于数学公式里，沉默寡言。一天，他在常去的小酒店吃饭时，感到一阵剧烈的头痛，于是连实验室也没去就回家了。他坐在煤气取暖器旁边什么也没做，过了一会儿又觉得实在无聊，于是他又动手算了起来。很快他发现问题的答案已经找到了，他太激动了！他开始考虑这DNA分子一定是某种形式的螺旋体，也就是说它是呈一圈一圈盘旋形状的。

与此同时沃森正埋头忙于他的X光摄片工作，他一心想要拍摄几张能显示DNA结构的片子来。他想，如果能找到一个正确的拍摄角度，使他的片子能显示出分子的结构那该多好啊。他打开X光摄影机，开始冲洗一张刚从25度角拍摄的片子。当他把湿淋淋的片子凑到灯前一看，马上发觉自己成功了，螺旋形的线条看得清清楚楚。

断定了DNA的结构是一个螺旋体以后，紧接着需要解决的是，这个螺旋体究竟是由单链、双链还是三链构成呢？为了解决这个问题，他们继续双螺旋结构的提出，揭开了生物遗传信

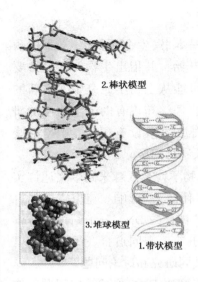

2.棒状模型

3.堆球模型

1.带状模型

图 4-21　DNA 双螺旋结构

息传递的秘密。双螺旋结构（图4-21）使人们有可能更好地解释环境和遗传的关系，解释为什么遗传性状会发生突然改变，从而有利于进行各种酶的合成，为生命的起源揭示更多的内幕。

1953 年 4 月，沃森和克里克在美国《自然》杂志上发表了《脱氧核糖核酸结构》的著名论文。这篇论文的文字不多，但它可以与著名生物学家达尔文的《物种起源》相提并论，它开创了分子生物学的新时代。受沃森和克里克发现的启发，后来威尔金斯在《自然》杂志上发表论文，以大量的数据论证 DNA 双螺旋结构的正确性。沃森、克里克和威尔金斯三位科学家由于对揭示生命之谜做出重大贡献，共同获得 1962 年的诺贝尔生理学或医学奖。

后来，克里克又单独首次提出蛋白质合成的中心法则，即遗传密码的走向是：DNA→RNA→蛋白质。他在遗传密码的比例和翻译机制研究方面也做出了重大贡献。

DNA 双螺旋结构的发现，被认为是 20 世纪自然科学最伟大的三个发现（相对论、量子力学和 DNA 双螺旋结构）之一，为基因工程奠定了基础。50 多年来，在研究 DNA 过程中涌现出的基因克隆、基因组测序以及聚合酶链式反应等技术，直接促进了现代生物技术产业的兴起。一些高产、抗病虫害的优质转基因农作物产品，已走进千家万户。我们可以从中获取几点深刻的启示：

第一，将一个学科发展成熟的知识、技术和方法应用到另一学科的前沿，能够产生重大的创新成果。学科交叉又是创新思想的源泉，物理分析方法和化学分子键知识对建立正确的DNA双螺旋结构模型起到了决定性的作用。因此，要善于利用自身积累的知识优势，发现学科交叉的切入点，及时开辟新的发展方向。

　　第二，进入新领域的青年科学家应该像克里克那样，不畏艰险、不怕失败，坚定不移地努力实现认定的目标。要敢于争论，更要善于合作，像沃森和克里克既会顽强地坚持己见，又能灵活地倾听对方意见，在争论中互相尊重，发挥各自的长处，最后服从真理，达成共识。

　　第三，实验是检验理论的唯一标准，保持理论和实验的密切结合是取得重大发现、证明理论正确的关键。当重大发现的时机已经成熟，在何时、何地、由何人发现则是由很多因素综合决定，确定最有发展前途的研究方向，创造适合重大发现的环境条件，识别和支持优秀人才，也是各级科学研究机构的领导者应当关注并加以重视的问题。

　　第四，DNA结构的发现使当代医学受益良多。分子生物学使科学家能更深入研究基因等遗传因素在疾病发作中的作用，为设计药物提供了新的手段，同时也催生了基因诊断以及基于DNA技术的治疗新方法，还促进了法医鉴定技术的提高。用基因工程技术开发出的干扰素、胰岛素和抗体等，成为近年来发展最快的新型治疗手段。科学发展的实践证明，他们这一创造性的发现大大促进了生物科学在分子水平上的研究，使生物学的面貌焕然一新，所以这个模型也被誉为20世纪自然科学最伟大的发现之一。

第12节　拉曼与拉曼效应

图4-22　拉曼

拉曼（C. V. Raman）（图 4 - 22）1888 年 11 月 7 日出生于印度南部的特里奇诺波利。父亲是一位大学物理教授，自幼对他进行科学启蒙教育，培养他对音乐和器乐的爱好。他天资出众，16 岁大学毕业，以第一名获物理学金奖，19 岁又以优异成绩获硕士学位。1906 年，他仅 18 岁，就在英国著名科学杂志《自然》发表论文，是关于光的衍射效应的。

由于生病，拉曼失去了去英国某著名大学做博士论文的机会。独立前的印度，如果没有取得英国的博士学位，就意味着没有资格在科学文化界任职。但会计行业是当时唯一例外的行业，不需先到英国受训。于是拉曼就投考财政部以谋求一份职业，结果获得第一名，被授予了总会计助理职位。

拉曼在财政部工作很出色，担负的责任也越来越重，但他并不想沉浸在官场之中。他念念不忘自己的科学目标，把业余时间全部用于继续研究声学和乐器理论。印度科学教育协会里面有实验室，拉曼就在这里开展他的声学和光学研究。经过十年的努力，拉曼在没有高级科研人员指导的条件下，靠自己努力做出了一系列成果，发表了许多论文。

1917 年加尔各答大学破例邀请他担任物理学教授，使他从此能专心致力于科学研究。他在加尔各答大学任教十六年期间，仍在印度科学教育协会进行实验，不断有学生、教师和访问学者到这里来向他学习、与他合作，逐渐形成了以他为核心的学术团体。许多人在他的榜样和成就的激励下，走上了科学研究的道路，加尔各答大学和拉曼小组在这里成了众望所归的核心。1921年，由拉曼代表加尔各答大学去英国讲学，说明他们的成果已经得到国际的认同。

1923年4月，他的学生之一拉玛纳桑第一次观察到光散射中颜色改变的现象。实验是以太阳作光源，经紫色滤光片后照射盛有纯水或纯酒精的烧瓶，然后从侧面观察，出乎意料观察到很弱的绿色成分。拉玛纳桑不理解这一现象，把它看成是由于杂质造成的二次辐射，和荧光类似，因此在论文中称之为"弱荧光"。然而拉曼不相信这是杂质造成的现象，如果真是杂质的荧光，在仔细提纯的样品中，应该能消除这一效应。

在以后的两年中，拉曼的另一名学生克利希南观测了经过提纯的65种液体的散射光，证明都有类似的"弱荧光"，而且他还发现，颜色改变了的散射光是部分偏振的。众所周知，荧光是一种自然光，不具偏振性。由此证明，这种波长变化的现象不是荧光效应。

拉曼和他的学生们想了许多办法研究这一现象。他们试图把散射光拍成照片，以便比较，可惜没有成功。他们用互补的滤光片，用大望远镜的目镜配短焦距透镜将太阳聚焦，试验样品由液体扩展到固体，坚持进行各种试验。

与此同时，拉曼也在追寻理论上的解释。1924年拉曼到美国访问，正值不久前康普顿发现X射线散射后波长变长的效应，而怀疑者正在挑起一场争论。拉曼显然从康普顿的发现中得到了重要启示，这时他已经认识到颜色有所改变、比较弱又带偏振性的散射光是一种普遍存在的现象。

1928年2月28日下午，拉曼决定采用单色光作光源，做一个有判决意义的实验。他从目测分光镜看散射光，看到在蓝光和绿光的区域里，有两根以上的尖锐亮线，每一条入射谱线都有相应的变散射线。

不久，人们开始把这一种新发现的现象称为拉曼效应。拉曼发现反常散射的消息传遍世界，引起强烈反响，许多实验室相继重复，证实并发展了他的结果。1928年关于拉曼效应的论文就发表了57篇之多，科学界对他的发现给予很高的评价。拉曼是印度人民的骄傲，也为第三世界的科学家做出了榜样。他大半生处于独立前的印度，竟取得如此突出的成就，实在令人钦佩。特别是拉曼是印度国内培养的科学家，他一直立足于印度国内，发奋图强，艰苦创业，建立了有特色的科学研究中心，走到了世界的前列。

拉曼效应对于研究分子结构和进行化学分析都非常重要。1930年诺贝尔物理学奖授予拉曼，以表彰他研究光的散射和发现了以他的名字命名的定律。

第13节　托德与核酸

图 4-23　托德

托德（A. R. Todd）（图 4-23），英国生物化学家。1907 年 10 月 2 日出生于格拉斯哥，中学毕业后入格拉斯哥大学学习，1928 年获学士学位。经短期科学研究训练后转入德国法兰克福大学攻读学位，1931 年获博士学位，论文题目为《胆汁酸化学》。回英国后，1931—1934 年跟随诺贝尔化学奖获得者罗宾森做花色素及其他有色物质的研究，1933 年获牛津大学博士学位。

1934 年他到苏格兰爱丁堡任教，两年后又转往李斯特预防医学研究所工作，1937 年任伦敦大学化学系高级讲师，1938 年在曼彻斯特大学任化学实验室主任，1944 年任剑桥大学有机化学教授。

托德最大贡献是对核酸、核苷酸及核苷酸辅酶的研究，建立其连接方式。他指出：在核酸里，一个核苷酸核糖与另一个核苷酸核糖由一个磷酸连接起来，核酸就是用这种方式把许多核苷酸连成一个长链结构。

核酸是由许多核苷酸聚合成的生物大分子化合物，为构成生命的最基本物质之一。核酸广泛存在于所有动物、植物细胞、微生物体内，核酸常与蛋白质结合形成核蛋白。不同核酸，其化学组成、核苷酸排列顺序不同。根据化学组成不同，核酸可分为核糖核酸（简称 RNA）和脱氧核糖核酸（简称 DNA）。DNA 是储存、复制和传递遗传信息的主要物质基础。

核酸在生长、遗传、变异等一系列重大生命现象中起决定性作用。现已发现近 2000 种遗传性疾病都和 DNA 结构有关。如人类红血细胞贫血症是由于患者的血红蛋白分子中一个氨基酸的遗传密码发生了改变；白化病患者则是 DNA 分子上缺乏产生促黑色素生成的酪氨酸酶的基因所致；肿瘤的发生、病毒的感染、射线对机体的作用等都与核酸有关。20 世纪 70 年代以来兴起的遗传工程，使人们可用人工方法改组 DNA，从而有可能创造出新型的生物品种。如应用遗传工程方法已能使大肠杆菌产生胰岛素、干扰素等珍贵的生化药物。

托德还测定了维生素 B_1、维生素 E 的化学结构，证明大麻植物可用于生产麻醉剂，研究了磷酸盐生物反应机理及生物颜料等问题。

托德因核苷酸与核苷酸辅酶结构的研究成果，荣获 1957 年诺贝尔化学奖。他曾担任过国际纯粹化学与应用化学联合会主席，1952年被选为英国政府科学政策顾问委员会主席。

最新研究表明：小到感冒，大到艾滋病、天花，以及近年来被人们所熟知的禽流感、猪流感，新冠肺炎，都是由病毒感染引起的。病毒是由核酸（DNA或RNA）和蛋白质外壳构成的、在细胞内生存的寄生物。它们侵袭细胞后，会利用细胞自己的遗传物质和蛋白等复制更多相同病毒。在此过程中，病毒会产生双链RNA，这种物质在人体自身细胞内都是不存在的。而如果人体内被病毒感染的细胞能及时"自杀"，进入自我凋亡过程，就可以消灭病毒。该项研究成果在抗病毒医疗方面具有类似于青霉素被发现的意义，有潜力成为一种治疗病毒的"万能药"，使很多至今无法根治的由病毒引起的疾病有被治愈的可能。如果真是这样，那么人类和病毒的战争也许从此可以画上一个完美的句号！

第14节　桑格与胰岛素

桑格（Frederick Sanger）（图4-24）是一位英国生物化学家，曾经在1958年及1980年两度获诺贝尔化学奖。在此之前，居里

图4-24　桑格

夫人因发现放射性物质和发现并提炼出镭和钋荣获1903年诺贝尔物理学奖和1911年诺贝尔化学奖；美国物理学家巴丁因发明世界上第一支晶体管和提出超导微观理论分别获得1956年和1972年诺贝尔物理学奖；美国化学家鲍林因为将量子力学应用于化学领域并阐明了化学键的本质、致力于核武器的国际控制而荣获1954年诺贝尔化学奖和1962年诺贝尔和平奖；桑

格是第四位两度获得诺贝尔奖的科学家，并且是唯一一位获得两次诺贝尔化学奖的人。

桑格 1918 年 8 月 13 日生于英国格洛斯特郡，高中毕业后，进入剑桥大学圣约翰学院，并于 1939 年完成自然科学学士学位。他原本打算研究医学，但后来对生物化学产生兴趣，剑桥在当时也正好有许多早期的生物化学先驱，于是就到剑桥分子生物学实验室进行工作。桑格在 1943 年获得哲学博士学位，并留校继续从事生物化学研究工作。

1951 年开始，他在医学研究理事会的资助下从事研究，1955 年研究确定了牛胰岛素的化学结构，从而奠定了合成胰岛素的基础，并促进了对蛋白质分子结构的研究。

用桑格自己的话说，他是个非常腼腆、不擅长与人共事的人，既无领导能力，又无筹措资金的本事，所以只好用不多的经费独自搞研究。他问自己，究竟什么样的研究会对社会产生巨大影响呢？考虑的结果，他觉得能对社会产生巨大影响的，就是找出测定蛋白质、核酸以及多糖类等高分子基本物质结构排列顺序的方法。一旦找出这种测定方法，将大大方便广大研究人员对分子结构的研究。

1940 年，当时只有蛋白质可以分离纯化，于是他决定从胰岛素的氨基酸排列入手。虽说胰岛素的分子量很小，但却是医学上的一个重要物质。

桑格首先提出了一个测定蛋白质氨基酸排列顺序的方法，就是先给蛋白质一端的氨基酸着色、切割，然后用曼琴的纸上色层分离法分离测定氨基酸。他用这种方法确定了胰岛素的氨基酸排列顺序，为此荣获 1958 年诺贝尔化学奖。获奖使他得到剑桥大学的教授职务。为了尽可能保证有充裕的研究时间，学校免去了他的授课任务。

桑格的第二个目标是找出测定 RNA 的碱基排列方法。原理与确定氨基酸排列顺序相同，先标识 RNA 的核苷酸末端，然后用滤纸将其分离。然而，就在这项研究快要完成之时，霍利（1968 年诺贝尔生理学或医学奖获得者）宣布已解决了 RNA 的碱基排列顺序问题。桑格博士的研究成了"二手货"。不过，想到这种方法只用少量 RNA 便可以测定碱基的排列顺序，非常实用，所以桑格没有气馁，马上又投入下一个项目的研究中去。

他选的第 3 个研究项目是找出测定 DNA 的碱基排列方法，原理仍和前两次相同。只是当时考虑到与碱基种类相应的特殊酶还没有发现，可能无法切断 DNA 链。如果切不断，就考虑以该 DNA 为模板，合成出所需的片段。在分离片段上他没有采用滤纸，而是使用了琼脂。1980 年，桑格博士再次获诺贝尔化学奖。

桑格为什么能开发测定氨基酸排列和碱基排列的方法并且两次获得诺贝尔化学奖呢？前面提到，桑格博士性格内向、腼腆，不擅领导又无力筹钱，这些对获奖极为不利。但是这种性格恰恰使他免于面对多种选择，减少了外来干扰，精力全部集中在自己做出的唯一选择上。将不利变成有利，所以他能一次再次地获奖。

追溯桑格获奖的原因，首先，如果他不到英国剑桥分子生物学实验室工作，不会两次获奖。其次，如果不是一位叫佩鲁兹的剑桥分子生物学实验室第一任主任的推荐和邀请，桑格也不会到剑桥分子生物学实验室工作，就没有太大的可能两次获诺贝尔奖。

桑格 1939 年毕业后一年，当时的剑桥分子生物学实验室主任佩鲁兹就聘请桑格到剑桥分子生物学实验室工作，相当多的人对佩鲁兹的选择感到不可思议，为什么要选这样一位没什么影响和资历的年轻人到鼎鼎大名的剑桥分子生物学实验室工作呢？要知道多少才华横溢的人千方百计想到那工作都不能如愿。再说，桑格并未做出过什么惊人的成绩，所以劝告者一再请佩鲁兹三思而行。佩鲁兹显然更相信自己的判断力，尽管有人反对，但他还是认为应该邀请桑格到剑桥分子生物学实验室来工作。在佩鲁兹做这个决定时有两点很简单的理由：一是那里需要年轻富于闯劲和思想解放的年轻人，这是佩鲁兹一贯的观点和剑桥的风格；二是当时那里缺少化学专业方面的人才。

当然在这个决定的背后还有一个谁也想不到的主要原因。佩鲁兹通过自己的了解，认为桑格很有思想，有一种与他人不同的原创性和创新思维。这不仅体现在桑格的硕士论文上，提出了连博士课题都不曾具有的创意和思想，而且也体现在桑格毕业后极短的工作经历中。

佩鲁兹有权独立聘用研究人员，所以他就以这样简单的理由和直觉把别人梦寐以求的机会送给了桑格，同时佩鲁兹和剑桥分子生物学实验室为桑格提供了工作和生活所必需而又充分的条件，结果就是桑格努力和才干的超常发挥，以自己两次获诺贝尔奖的成果不仅证明了佩鲁兹的眼光和选拔人才的正确，而且为剑桥分子生物学实验室和剑桥大学增添了荣誉。

虽然桑格的成果和经历有典型性和偶然性，但实际上是与他所生活的那个环境的文化、思维方式和体制分不开的，只要现实需要，有创意者和才干者，无论年龄大小，有无资格，都可以上阵。

桑格于1982年退休，英国医学研究理事会于1993年成立了桑格中心。这座研究机构现在称为桑格研究院，地点位于英国剑桥，是世界上进行基因组研究的主要机构之一。

第 15 节　利比与放射性碳测年法

利比(W. F. Libby)(图 4-25)，美国物理化学家，1908 年 12 月 17 日出生于科罗拉多州大峡谷区。1927 年进入加利福尼亚大

学伯克利分校学习，1931 年毕业获学士学位，1933 年获博士学位。同年受聘加利福尼亚大学化学系讲师，1941 年获古根海姆纪念研究基金资助去普林斯顿大学做研究。因二次大战爆发，基金项目终止，利比奉命告假离开加利福尼亚大学化学系去哥伦比亚大学参加曼哈顿研究计划，用气体扩散法分离铀同位素，直至战争结束。

图 4-25　利比

战后，利比被芝加哥大学化学系和费米原子核研究所受聘为化学教授，1950—1962 年任美国原子能委员会委员，是美国国家科学院、海德堡科学院院士，美国哲学会、物理学会、化学会、地球化学会、航空与航天学会会员。1954 年 10 月被美国总统艾森豪威尔任命为原子能委员会委员，1962 年任地球物理与天体物理研究所所长。

利比主要研究辐射化学、热原子化学、示踪技术与同位素示踪以及水文和地球物理方面的应用，对研制第一颗原子弹、宇宙探索、环境科学、气候变化预测、地震预报、消除污染等也有贡献。1947 年创立了放射性碳 14 测定年代的方法，在考古学中得到了极其重要的应用，因而荣获 1960 年诺贝尔化学奖。

碳 14 测年法以碳的放射性为依据。碳是自然界中广泛存在的元素，天然碳有三种同位素，即碳 12、碳 13 和碳 14。碳 12

和碳 13 不具有放射性，碳 14 具有放射性，放射性碳 14 在自然界含量极少。利比创立的测年法，正是利用碳 14 的这种特性。

碳 14 的半衰期为 5730 年，这就意味着经过 5730 年后原来碳 14 的含量就只剩下一半了，再过 5730 年后就只剩一半的一半，虽然碳 14 不断地在衰减，但是新的碳 14 也在大气圈外层源源不断地产生，基本上可以"收支平衡"，使得大气圈内碳 14 总体含量保持不变。大家可以想象一下，植物通过光合作用吸收二氧化碳，动物吃植物，还要呼吸，所以每个活着的生命体内的碳元素总在与外界进行交换，从而也保持了空气中基本的水平。一旦生命体死去以后，它再也无法吸收新的碳 14，而体内的碳 14 又在衰减。放射性元素的衰变是时间的函数，碳 14 也不例外。不论刮风还是下雨，经过 5730 年后一半的碳 14 就会衰变为氮并释放出 β 粒子(一个电子)。当生物失去新陈代谢作用，碳 14 循环进入生物体内的过程就止。这时，留在体内的碳 14 就只能按照其固有的半衰期 5730 年的衰变速率逐渐减少。因此，埋藏地下深层的样品(图 4-26)，只要按碳 14 的放射性衰变公式进行计算，便可推出待测物品的存在年代。

图 4-26　碳 14 可推出化石的存在年代

这个方法适应于考古学和地质研究，常用样品为木炭、贝壳、骨骼、纸张、皮革、衣服以及某些沉积碳酸盐等。利比 1947 年创立了碳 14 测年法，在 1950 年后这一方法被广泛应用于考古学的年代测定，解决了不少遗址的年代测定问题，甚至被当时的西方史学界称为"断代史上的一次革命"。

第16节　泽维尔与飞秒化学

泽维尔(Ahmed H. Zewail)(图4-27)1946年2月26日生于埃及。1967毕业于埃及亚历山大大学，1969年获得硕士学位，

同年赴美国宾夕法尼亚大学化学系攻读，1974年获博士学位。1976年起在加州理工学院任教，1990年成为加州理工学院化学系主任。他是美国科学院、美国哲学院、第三世界科学院、欧洲艺术科学和人类学院等多家科学机构的会员。

图4-27　泽维尔

1999年诺贝尔化学奖授予泽维尔，表彰他应用超短激光闪光照相技术观看到分子中的原子在化学反应中如何运动，从而有助于人们理解和预期重要的化学反应，为整个化学带来了革命。

我们知道，从分子的角度来说，化学反应的本身就是分子体系的波函数随时间的变化在势能面上运动的过程。实验中，通过观察在不同时刻体系的性质，就可以得到这种演化的图像，从而理解反应的具体动力学过程。但是，由于分子内部化学反应过程中，分子间相互作用的过程是在非常短的时间里发生的，比如说，活化配合物理论中关于"过渡状态"的概念，长时间来一直是个理论假设，反应物越过这个过渡状态就形成了产物。由于飞越过渡状态的时间非常短，被认为不可能通过实验手段进行测定。

20世纪80年代末泽维尔做了一系列试验，他用可能是世界

上速度最快的激光闪光照相机拍摄到一百万亿分之一秒瞬间，处于化学反应中的原子化学键断裂和新键形成的过程。这种照相机用激光以几十万亿分之一秒的速度闪光，可以拍摄到反应中一次原子振荡的图像。他创立的这种物理化学被称为飞秒化学，飞秒即毫微微秒（是一秒的千万亿分之一）。他用高速照相机拍摄化学反应过程中的分子，记录其在反应状态下的图像，用以研究化学反应。过去人们是看不见原子和分子的化学反应过程的，现在则可以通过泽维尔教授开创的飞秒化学技术研究单个原子的运动过程。

泽维尔的实验使用了超短激光技术，犹如电视节目通过慢动作来观看足球赛精彩镜头那样，他的研究成果可以让人们通过"慢动作"观察处于化学反应过程中的原子与分子的转变状态，从根本上改变了我们对化学反应过程的认识。泽维尔通过"对基础化学反应的先驱性研究"，使人类得以研究和预测化学反应，因而给化学以及相关科学领域带来了一场革命。可以预见，运用飞秒化学，化学反应将会更为可控，新的分子将会更容易制造。1998 年埃及发行了一枚印有他本人肖像的邮票以表彰他在科学上取得的成就（图 4-28）。

图 4-28　泽维尔纪念邮票

泽维尔的科学道路给我们如下启示：

第一，善于抓住科学中的核心问题。泽维尔所从事的研究属于超快化学反应动力学领域，而他则紧紧地抓住了"缩短脉冲宽度"的运用这一条。他的实验室所采用的激光脉冲一直是世界上脉宽最窄的。短脉冲激光的脉冲宽度由几十皮秒进展到几百飞秒，到现在的几飞秒，短脉冲激光技术有了飞速的发展。激光技术的每一次进步都历尽艰难，把它运用于实验研究也要历尽辛苦。泽维尔日益求"短"，终于取得科学上的突破，我们不禁由衷钦佩泽维尔抓住关键问题，集中力量改进和运用最重要技术的精神和态度。

第二，执着的科学精神。由于早期的飞秒技术并不像现在这样成熟，激光脉宽有几百皮秒，实验的难度是难以想象的。要把激光脉宽不断压缩是一件很困难的工作，而要设法把超短激光脉冲用于探测化学反应，更需要巧妙的设计和精心的实验。泽维尔锲而不舍，孜孜以求，几十年如一日，坚持在这一领域探索。在泽维尔的领导下，他的研究小组不仅开辟了飞秒化学这一领域，让人类向揭开化学反应本质迈进了关键性的一步，更使加州理工学院成为世界上研究飞秒化学的中心，培养了许多一流的科学家。

第三，强烈的民族感。泽维尔虽然在美国工作，可他始终都未忘记他是一个埃及人。他热爱自己国家悠久灿烂的文化，珍视阿拉伯民族给他的一切。他爱好和平，多少年来从未忘记为祖国的科技建设贡献自己的力量。1974年，他在自己博士论文的扉页上就写了下面的格言："没有理由认为阿拉伯人已经失去了那些曾经成为西方知识源泉的天赋、信念、知识和想象力！"

第17节　李远哲与交叉分子束

1936年11月29日，李远哲（Yuan Tseh Lee）（图4-29）出生于中国台湾新竹，他的父亲是一位画家。童年时代的李远哲非常爱玩，棒球、网球、乒乓球都打得很好。李远哲兴致勃勃地回忆说："我可以把球打到对方球台上的任一指定点，误差不会超过一英寸。"

李远哲读初中时，在学习上已开始"独树一帜"。一次考试，几何老师出了五道题，李远哲全用与老师所讲的不同方法去做，结果老师给他的卷子判了零分。李远哲不服气，据理力争："老师，我的方法虽然同您教的不一样，但是没有错呀！"

图 4-29　李远哲

这个老师还行，决定让李远哲给全班同学讲一讲再说。第二天，李远哲在黑板上讲了他的解法，得到全班同学的赞赏。最后老师给了他 100 分。

李远哲在中学时代看了大量的书。他读了《居里夫人传》后，这样说道："我第一次感到当科学家不仅能从事很有意义的科学研究工作，而且可以享有非常美好的人生。"李远哲下决心要像居里夫人那样，把一生都献给科学事业。

高中毕业后，李远哲被保送到台湾大学化学系，后到新竹清华大学读研究生。研究生毕业后，去美国加利福尼亚大学伯克利分校留学，1965 年获化学博士学位，随后到哈佛大学化学系随赫希巴哈从事分子反应动力学研究。1967—1968 年间，李远哲几乎每天工作十五六个小时，自己设计，自己动手，把一台交叉分子束实验装置建立起来（图 4-30）。他的导师看后感叹地说："这么复杂的装置，大概只有中国人才能做出来！"他称赞李远哲是"化学中的莫扎特"。

李远哲曾获得美国化学学会的哈里逊豪奖、德拜物理化学奖、劳伦斯奖、美国国家科学奖、英国皇家化学法拉第奖，在

图4-30　交叉分子束实验装置

1986年荣获了诺贝尔化学奖。李远哲是继美国物理学家李政道、杨振宁和丁肇中之后，第四位获得诺贝尔奖的美籍华人，也是第一位获得这项奖的原籍为台湾的科学家。

李远哲获奖，是由于他对交叉分子束方法的研究，对了解化学相互反应的基本原理，做出了重要突破，为化学动力学开辟了新领域。分子束是一门新学问，交叉分子束方法是李远哲攻读博士学位后，与同时获诺贝尔化学奖的指导教授赫希巴哈共同研究创造的。李远哲不断改进这项创新技术，将这种方法运用于研究较大分子的重要反应。他设计的"分子束碰撞器"和"离子束交叉仪器"能分析各种化学反应的每一阶段过程。目前，分子束已在工业上发挥巨大作用。例如，开发超大型集成电路时，借用分子束的技术，把极高纯度的半导体原子积存在电脑板上。交叉分子束实验装置的另一个十分重要的功能是任何其他方法所不具备的，那就是不但可以用来研究单次碰撞的化学反应，还可以通过一系列的物理基本原理推断基元反应的产物是什么。此外，若把分子束技术和激光结合在一起，还能进行非常精细的工作，例如能研究原子轨道和分子空间的反应。过去只是从理论上知道反应的途径与轨道的对称性关系，现在则看到了这种现象，这是一个重大的飞跃。分子束实验技术和激光技术的结合，使人们对基元反应的了解向前迈了一大步。

李远哲获诺贝尔奖的消息传出后，他本人和华人学术界以及他任教的加州大学伯克利分校的师生都很兴奋，纷纷向他表示祝贺，赞扬他刻苦勤奋的钻研精神。李远哲作为一位在科学创造上取得骄人成果的华裔化学家，他的成功给我们的启示是：

第一，对科学的好奇与执着。好奇心人皆有之，但是对自然科学现象具有好奇心的人就不多了，这种好奇心是科学研究的驱动力，是创新型人才最需要具备的素质。一个有成就的科学家，他最初的动力绝不是想要拿什么奖，或者追逐什么样的名和利，而是因为想对未知领域进行探索。有人问李远哲："你有没有想到能获诺贝尔奖？"李远哲说："从未想过。"获奖那天，他正在做学术报告，新闻里播出了他获奖的消息。做完报告后，人们纷纷上前向他表示祝贺，这时的他还以为是报告做得好的缘故。

第二，思维方式和研究方法上独具特色。李远哲在分子束实验研究方面之所以能取得重大成绩，和他在思维方式和研究方法上的独具特点分不开。他强调，搞理论化学的人要善于动手做实验，也十分强调实验研究必须同理论分析和计算相结合。李远哲具备典型的杰出实验科学家的特点：理论上的洞察能力和一双灵巧的手。他在实验室中建起的仪器装置，设计绝妙的方案，让每一位有知识功底的人拍手称妙，心悦诚服。一系列的事实在李远哲的实验室中被发现，对化学动力学的发展产生了关键性的影响，也为李远哲打开了成功之门。

第三，想做一些新的东西，必须要在实验室亲自动手。现在科学研究是相当社会化的活动，在实验室工作的教授手下有很多研究生，包括博士后研究生。教授获得成功后很忙，一忙就离开实验室，不能好好指导研究生。实际上，一旦离开实验室活动，指导学生做研究就只能是方向性的，而要真正具体指导学生，非在实验室动手不可。

1994 年，李远哲回到台湾接受台湾中研院院长之重担，同时决定放弃美国国籍，全力投入推动国内科研的发展，体现出他浓郁的爱乡情怀与无私奉献的品格。十多年来，他一直与中国科技大学开展学术交流，并帮助科大化学系开展化学动力学的研究工作。中国科技大学和中国科学院化学研究所、上海复旦大学授予他荣誉教授头衔。他还指导大连生物研究所和北京化学研究所建立了三套分子束装置。

第 18 节　恩斯特与核磁共振技术

图 4-31　恩斯特

恩斯特（R. Ernst）（图 4-31），瑞士物理化学家，1933 年生于瑞士温德萨，1962 年获得苏黎世著名的瑞士联邦技术研究院博士学位。1963 年加入瓦里安公司从事傅里叶变换核磁共振的研究。1991 年，以发明傅里叶变换核磁共振分光法和二维核磁共振技术而获得诺贝尔化学奖。

13 岁时，恩斯特在自家阁楼上发现了一个装满化学药品的箱子，这些药品是他一个叔叔留下来的。他的这个叔叔是一个冶金工程师，对化学和摄影很感兴趣。他几乎立刻就被迷住了，尝试用它们进行各种试验，有的发生了爆炸，有的产生了难以忍受的毒气，这让他父母心惊肉跳。后来他开始阅读所有可能得到的化学书籍，很快他意识到自己将成为一名化学家。

读完中学后，恩斯特满怀希望与热情进入苏黎世著名的瑞士联邦技术研究院学习化学。1963年，他加入瓦里安公司，当时很多著名的科学家在为该公司工作，其中之一的安德森教授正在试图发明傅里叶变换核磁共振仪，恩斯特参与其中，1964年取得了重大进展，实验最终获得了成功。

核磁共振是有机化合物鉴定和结构测定的重要手段。一般根据化学位移鉴定分子中存在的基团，根据由自旋耦合产生的分裂峰数及耦合常数确定各基团间的联结关系。核磁共振谱可用于化学动力学方面的研究，如分子内旋转、化学交换、互变异构、配合物的配体取代反应等，还应用于研究聚合反应的机理和高聚物的序列结构。近年来，核磁共振成像技术已成为临床诊断和研究生物体内动态过程的强有力工具。

恩斯特发明了傅里叶变换核磁共振分光法和二维核磁共振技术，在现代核磁共振波谱学中实现了两次重大突破，成为现代核磁共振波谱学的奠基人。20世纪60年代初期，他首先把计算机技术引进核磁共振波谱学，应用新的信息处理方法和快速傅里叶变换，从瞬态脉冲激励的衰减信号中获取频谱，从而形成了脉冲傅里叶变换核磁共振技术。傅里叶转换是法国数学家傅里叶在19世纪初提出的理论，是两种不同变数的函数，可以用一系列的三角函数来互相转换，而保有原来函数所带的特性。天文学家很早就应用该理论处理宇宙中星球传回来的无线电信号。时间的函数和频率的函数就是个例子，假如某物理特性可以用时间的函数表示并测出来，就不需测其频率的函数了。在该项技术中，由于极狭脉冲的频谱非常宽，采样速度比在频域中快几千甚至上万倍，为此可以应用计算机累加技术在同样或更短的时间内得到比稳态连续波技术高几个数量级的灵敏度，故大大提高了核磁共振技术的应用范围，打破了只能测量氢原子核的限制，使除氢谱以外的其他核谱以及在自然界中同位素含量很低的核谱都能分析出来。

他还提出了一套完整的研究脉冲傅里叶变换核磁共振的经典理论，证明了脉冲傅里叶变换频谱与稳态连续波频谱的等价性，研究了脉冲作用下的饱和效应及横向干涉，首次提出脉冲对非平衡态自旋有异常影响，并用化学感应动态极化实验加以证明，这是现代核磁共振常用的极化转移技术的基本思想。他还提出了不少至今仍有重大影响的实验方法，有些已成为目前的常规技术。

在之后短短的几年间，傅里叶核磁共振仪成了各个大学及研究机构争相购置的贵重仪器。这种革命性的创造奠定了恩斯特在科学界尤其是化学界的重要地位。脉冲傅里叶变换核磁共振分光法对生命科学、生物化学、药物学等领域的研究和发展具有深远意义。鉴于恩斯特为此做出的杰出贡献，1991 年，瑞典皇家科学院决定授予他诺贝尔化学奖。恩斯特的成功经验给我们如下启示：

第一，科学研究要眼观六路。科学的进步一日千里，知识的累积是推动人类文明的主力，虽然各行各业都有大师，但这些人并不是只靠自己就能成功的，他们往往是利用许多前人努力的成果并加以发扬光大，而且还得依靠同辈的支持和帮助。核磁共振若不是电脑技术和超导技术的快速发展，恐怕也不会有今天的景象。因此，做学问也必须眼观六路，耳听八方，切忌埋头苦干。

第二，转变常规思维。1965 年以前，对于核磁共振仪灵敏度的问题，其他科学家按照常规都只是在接收器电子零件上的改进及感应共振信号探头上精心设计，这充其量只能把灵敏度提高一倍。而恩斯特却应用了数学上的傅里叶转换，使测量核磁共振波谱的方法突破传统，灵敏度增加了 10~100 倍。如果恩斯特按常规方法，他也无法成为诺贝尔奖的获奖者。

第三，克服困难，追求完美。在30多年的学术研究生涯里，恩斯特遇到过很多困难。他说："我从美国回到瑞士时，发现我研究的课题没人感兴趣，当时，我感觉天都要塌下来了。不过，这一切都慢慢地变了。我研究的课题现在已经被广泛应用到医学等领域。"回首学术之路，恩斯特总结："每次遇到困难，我就会克服，克服，再克服！"当有人问及他为什么能够取得这样的成功时，他说："有幸运，也有努力。"他还说："人人都是科学家，都是探索者，科学家和普通人的脑子没有区别。"

恩斯特曾说："人必须这样才够精彩：有事业的追求，也有快乐的生活。化学是我的事业，音乐是我的快乐。"恩斯特非常喜欢拉大提琴，他经常在一些乐团和教堂的音乐合唱队中露面。曾经有一本杂志，上面是正在拉小提琴的爱因斯坦，下面是正在演奏大提琴的恩斯特（图4-32）。恩斯特幽默地说："我比爱因斯坦强，因为我拉的是大提琴。"。

图4-32　恩斯特与大提琴

第19节　斯莫利与C60

图4-33　斯莫利

斯莫利（R. E. Smalley）（图4-33），美国有机化学家，1943年6月6日生于美国俄亥俄州的阿克伦。斯莫利是四个孩子中最小的一个，从小生活在富裕的中上阶层家庭中。斯莫利对科学的兴趣来自他热爱科学的母亲，他曾和母亲通过家里的显微镜观察单细胞组织，这架显微镜还是父亲送给母亲的结婚周年纪念礼物。

1965 年秋天，斯莫利如愿以偿在新泽西一家化学公司开始了工作。1976 年夏天，斯莫利举家搬到休斯敦，在赖斯大学化学系任助理教授。他之所以来到这里，是因为柯尔教授当时正在使用一种先进的激光光谱仪进行探索工作，后来的事实证明，斯莫利的这次搬迁有多么重要。

1985 年 9 月，斯莫利与克罗托、柯尔一起，用大功率激光轰击石墨靶做为期 11 天的碳气化实验，期望得到单键和三键交替出现、又长又直的氰基聚炔烃分子。他们依靠先进的质谱仪仔细进行观察，竟意外地在质谱图上观察到在 C60 原子的位置上产生了强烈的特征峰，而且表现出与石墨、金刚石完全不同的性质。他们对此产生了浓厚的兴趣，并认为这是一项新的发现，可能是除石墨、金刚石外碳的第三种同素异形体——C60分子。

C60 分子的结构会是怎样的呢？他们设想可能有两种结构。首先设想是类似于四面体连接的金刚石结构或片层网状的石墨结构。但是由于它们表面和周边的碳原子价态无法饱和，因而不稳定。而 C60 分子稳定存在的事实，恰当地表明它不可能具有金刚石或石墨那样的结构。这时他们考虑，既然平面层状结构边缘的碳原子总有未满足的价键，那么，如果平面变为曲面，处在边缘的碳原子相连接而闭合，就可以消除未被满足的价键，使碳原子的价态达到饱和。但是接下去的问题是要进一步设想，这种闭合起来的结构是什么形状呢？于是他们又设想 C60 分子是球形空心笼状结构，这种结构从理论上讲是稳定的。他们之所以会有这种设想，主要是克罗托受到美国著名建筑设计师富勒为 1967 年加拿大蒙特利尔世界博览会美国馆设计的奇特的网格球形体建筑的启发，其拱形顶建筑由正五边形和正六边形组成。他们大胆提出了 C60 分子是由 20 个正六边形和几个正五边形组成的笼状球（图 4–34），故名"富勒烯"。后来当过足球运动员的克罗托恍然觉醒，C60 这么面熟，原来它就像足球！

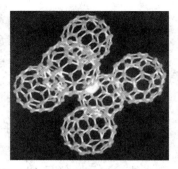

图 4–34　C60 模型

1985 年 11 月 14 日，他们在英国《自然》杂志上发表文章，宣布了他们的重大发现。C60 的发现就像当年凯库勒提出苯的结构一样，开拓了一个新的研究领域。他们三人为此荣获了 1996 年诺贝尔化学奖。

自从 1985 年发现 C60 到 1996 年获诺贝尔化学奖，斯莫利一直没有闲着：带领着他的 20 人研究小组继续研究纳米碳管，并与人合作成立一家公司，每天生产这种粗细只有人头发的 1/50000、硬度却是钢铁 100 倍的未来纳米材料。

然而这位科学家身患癌症，一边接受着化疗，一边在工作。在赖斯大学他的办公室里，拥有一双深邃的蓝眼睛，头发因为化疗已基本掉光的斯莫利平静地说：

"像普通癌症病人一样，我要花时间治疗，控制癌细胞的数量。我希望自己是最后一个因癌症死亡的人，也希望自己是第一个被治好的癌症病人。"

尽管 C60 的发现同青霉素的发现一样具有一定的偶然性，但是 C60 的发现在人类的科学技术史上却是必然的，它给我们留下的启示是：

第一，C60 的发现是人类认识水平发展的必然结果。人类在物理、化学方面，特别是在与碳元素有关的化学领域中所取得的成就为 C60 的发现奠定了知识基础。金刚石和石墨是人们早已熟知的碳单质，虽然在 1985 年以前，科学家不知道除金刚石、石墨外碳元素还存在着 C60 单质家族，但科学家们却深深懂得石墨和金刚石外观和物理性质的差异是由于碳原子排列结构不同造成的。同素异形体的概念也早已根植于化学家的头脑中，所以，C60 的发现可以说是人类科学思维方法的必然结果。

第二，现代化的实验手段和先进仪器为 C60 的出现提供了土壤。先进的仪器设备和实验手段为 C60 的发现提供了保障，激光技术和质谱仪是 C60 发现过程中的两大功臣，前者保证了 C60 的产生，后者则是人能够看到 C60 的眼睛。而像这样的实验手段对于任何物理学家或化学家来说都是司空见惯的，因此现代化的实验手段和先进仪器设备的广泛使用，为 C60 在特定条件下的必然出现提供了土壤。

第三，科学研究的客观现象本身就是偶然性和必然性的统一。偶然性是事物发展过程中可以出现、也可以不出现的趋势，是由事物次要的、非本质的原因引起的。但是当条件或研究对象发生改变时，原来看上去是次要的、潜在的因素可能变得重要和明显起来。必然性要通过大量的偶然性表现出来，而偶然性又以必然性为基础，它的背后隐藏着必然性。科学研究中总要伴随着偶然现象，因此科学工作者要重视研究中出现的意外情况，要有分析判断造成偶然现象原因的能力。偶然现象为科学发现提供了机遇，然而能否把握住机遇，则要看研究者是否能在不倦的探索中积累丰富经验，并培养敏锐分辨新事物、新现象的能力，从而对可能出现的新事物、新现象有充分的心理准备和理论准备。一旦把握住，要敢于从实际出发去怀疑和批判传统观念，敢于突破现有的理论和经验。

第20节　肖万与换位合成法

　　肖万(Yves Chauvin)(图4-35)出生于1930年10月10日，法国石油研究所教授，他将毕生精力都投入在法国石油研究所的工作中。在这家研究所，他设计并完成了4项大型的、在国际市场上获得巨大商业成功的工业方法。与此同时，他一直在做涉及面非常广的科学研究，思路新颖独特，总是走在时代的前沿。

　　C12是地球生命的核心元素，地球上的所有有机物质都含有它。碳元素通常以单质、化合物或晶体态即"富勒烯"的形式存在。碳原子能以不同的方式与多种原子连接，形成小到几个原子、大

图4-35　肖万

到上百万个原子的分子，这种独特的多样性奠定了生命的基础，它也是有机化学的核心。

　　原子之间的联系称为键，一个碳原子可以通过单键、双键或三键方式与其他原子连接。有着碳-碳双键的链状有机分子称为烯烃。在烯烃分子里，两个碳原子就像双人舞的舞伴一样，拉着双手在跳舞。所谓有机合成反应就是将不同的化合物以特定的方式反应制造出其他的化合物，通过有机合成，我们可以以已知的化合物为原料合成新的化合物。

　　化学反应有四种基本类型：化合、分解、置换、复分解。复分解反应就是两种化合物互相交换成分而生成另外两种化合物的反应。以词义来看，"复分解"即指"换位"。在复分解反应中，借助于特殊的催化剂，碳原子旧的束缚不断被打破，新的

束缚不断形成。

　　瑞典皇家科学院 2005 年 10 月 5 日宣布，将 2005 年度的诺贝尔化学奖授予法国化学家肖万、美国化学家格拉布和施罗克，以表彰他们弄清楚了如何指挥烯烃分子交换"舞伴"，将分子部件重新组成别的性能更优的物质。在换位反应中，双原子分子可以在碳原子的作用下断裂，从而使原来的原子组改变位置。当然，换位过程要靠某些特殊化学催化剂的帮助才能完成。打个简单的比方，换位合成法就类似于跳舞时两对舞者相互交换舞伴。诺贝尔化学奖评委会主席阿尔伯格在诺贝尔化学奖授奖仪式上，幽默地走向讲台，邀请身边皇家科学院的两位男教授和两位女工作人员一起，在会场中央为大家表演了烯烃复分解反应的含义。最初两位男士是一对舞伴，两位女士是一对舞伴，在"加催化剂"的喊声中，他们交叉换位，转换为两对男女舞伴。这种对换位合成反应的解读，引起在场人士的惬意笑声（图 4-36）。

图 4-36　分子也会交换"舞伴"

在得知自己获奖的消息后，肖万平静地表示："我在获得新发现时的感觉要比听到获奖消息时好很多。我的发现其实早在40年前就已经获得，然而现在有人说这一发现很有意义。我只是开辟了一条道路，是美国同事们的不懈工作才使我能够得到这一奖项。"

换位合成法带给我们的启示是：

第一，基础科学研制应造福于人类、社会和环境。人类如今每天都在化工生产中应用换位合成法这一成果，主要是在药物和先进塑料材料的研发上，换位合成反应是寻找治疗人类主要疾病的药物的重要武器。换位合成法成果获奖，是化学界认为理所当然的事情，不仅是因为他们的科研成果本身非常重要，更重要的是在生产生活领域有着极广泛的实际应用，每天都在惠及于人类，推动了有机化学和高分子化学的发展。

第二，使化学走向"绿色"。诺贝尔奖评委会介绍说，换位合成法"是朝着绿色化学方向前进了一大步"。换位合成法现在变得更加有效，这主要是因为应用该成果一方面提高了化工生产中的产量和效率，反应步骤比以前简化了，同时减少了副产品，使用起来也更加简单，只需要在正常温度和压力下就可以完成，对环境的污染大大降低。

第三，化学研究需要付出长时间的潜心努力。肖万说："在实验室中，我付出了整整40年的时间。而这40年中，我工作的目的就是使世人对我从事的研究感兴趣而已。"肖万的同事在评价他时说，肖万是一个"极端"谦逊的人，没有任何野心，但有极大的耐心。他开始工作时，曾经担任级别最低的技术员，在同一个办公室整整工作了40年。

第 21 节　钱永健与绿色荧光蛋白

钱永健(Roger Yonchien Tsien)(图 4-37)1952 年 2 月 1 日生于美国纽约，祖籍浙江杭州，是中国导弹之父钱学森的堂侄。

他在美国新泽西利文斯顿长大，是家中最小的儿子，有两个哥哥。儿时患哮喘的钱永健常待在家中，但他丝毫不觉得无趣，而是沉醉于在地下实验室中捣腾他的化学实验，往往一做就是几小时。

图 4-37　钱永健

16 岁时，钱永健的天赋始得展露，尚在念中学的他获得生平首个重要奖项——西屋科学天才奖第一名。其后，拿到美国国家优等生奖学金进入哈佛大学学习，20 岁时，获得化学物理学士学位从哈佛毕业。接着，他前往英国剑桥大学深造，并于1977 年获得生理学博士学位。

1981 年，29 岁的钱永健来到加州大学伯克利分校，在该校工作 8 年，直至升任教授。1989 年，钱永健将他的实验室搬至加州大学圣地亚哥分校，他是该校药理学及化学与生物化学双系教授。1995 年，钱永健当选美国医学研究院院士，1998 年当选美国国家科学院院士。

钱永健自认，他的成功源自他对科学的着迷与对色彩的喜爱。他说："科学可以给人带来很多本质的快乐，来度过一些不可避免的挫折，我觉得兴趣很重要。一直以来我很喜欢颜色，颜色让我的工作充满趣味，不然我坚持不下来。如果我是一个色盲，我可能都不会进入这个领域。"

钱永健的父亲不幸罹患胰腺癌，在确诊半年后，因医治无效在美国去世。他的博导也因癌症去世，钱永健决意将更多精力把他的研究成果应用于癌症的临床治疗中。他与同事一直在努力为未来癌症的治疗找到更好的化学疗法，目前他们瞄准癌症成像和治疗，已经制造出一种 U 形的缩氨酸分子，用于承载成像分子或化疗药物。

1994 年起，钱永健开始研究绿色荧光蛋白，改进绿色荧光蛋白的发光强度，发明更多应用方法，阐明发光原理。世界上应用的绿色荧光蛋白，多半是他发明的变种。他的专利有很多人用，也有公司销售。

钱永健的工作，从 80 年代开始引人注目。他可能是世界上被邀请做学术报告最多的科学家，因为化学和生物学都要听他的报告，既有技术应用，也有一些很有趣的现象。所以，钱永健多年来被很多人认为会得诺贝尔奖，可以是化学、也可以是生理学奖。

瑞典皇家科学院诺贝尔奖委员会于 2008 年 10 月 8 日宣布，将 2008 年度诺贝尔化学奖授予日裔美国科学家下村修、美国科学家查尔菲以及华裔美国科学家钱永健，他们三人在发现绿色荧光蛋白方面作出突出成就，三人分享诺贝尔化学奖。

瑞典皇家科学院化学奖评选委员会主席说：绿色荧光蛋白是研究当代生物学的重要工具，借助这一"指路标"，科学家们已经研究出监控脑神经细胞生长过程的方法，这些在以前是不可能实现的。下村修 1962 年在北美西海岸的水母中首次发现了一种在紫外线下发出绿色荧光的蛋白质；随后，沙尔菲在利用绿色荧光蛋白做生物示踪分子方面做出了贡献；钱永健让科学界更全面地理解绿色荧光蛋白的发光机理，他还拓展了绿色以外的其他颜色荧光蛋白，为同时追踪多种生物细胞变化的研究奠定了基础。

在诺贝尔奖设立以来的100多年历史里，曾经有7名华裔科学家获得过此项大奖，他们是杨振宁、李政道、丁肇中、李远哲、朱棣文、崔琦和钱永健（图4-38）。从1957年到1998年，他们共获得4次诺贝尔物理学奖和2次诺贝尔化学奖，成为全球华人的骄傲。他们获得诺贝尔奖对我们有什么启示呢？

获得诺贝尔奖的华人华裔科学家

崔琦
1998年诺贝尔物理学奖

钱永健
2008年诺贝尔化学奖

李远哲
1986年诺贝尔化学奖

丁肇中
1976年诺贝尔物理学奖

朱棣文
1997年诺贝尔物理学奖

杨振宁
1957年诺贝尔物理学奖

李政道
1957年诺贝尔物理学奖

图4-38　华裔诺贝尔奖获得者

第一，中西融合造就了他们。在获得诺贝尔奖的华人科学家身上，都流着中国人的血，内心和骨子里都带有中国人的传统，接受了中西教育。1976年诺贝尔奖物理学奖得主丁肇中教授曾在内地上小学，在台湾上中学，在美国上大学、读研究生，对中西教育感受较深。与西方教育相比，丁肇中认为我们现代教育要培养和尊重学生的个性，启发诱导学生去独立思考，扩大他们对这个世界的兴趣，帮助他们做想做的事，而不应当围着分数转。考试能拿第一并不代表一切，因为考试是解决别人解决了的问题，而科学研究是解决别人解决不了的问题。杨振宁教授说，他的读书经验大部分在中国，研究经验大部分在美国，吸取了两种不同教育方式好的地方。

第二，至今中国本土科学家只有屠呦呦获得诺贝尔奖，这说明我们的科技竞争力一直处于比较低的位置。科技实力的薄弱说明我们有许多亟待改进和完善的地方。我们国家研发经费占 GDP 的比重在国际上处于较低水平，远低于美、日等发达国家。钱永健夺取了诺贝尔化学奖，这似乎是华人的荣耀。细数获得科学类诺贝尔奖的华人，这些人虽然有着华人的面孔，可几乎都是美籍华人。拥有世界 1/5 人口的中国本土，只有一人能得诺贝尔科学类奖，这的确引人深思。

第三，教育体制以及科技体制的因素。美国教授对中国学生的普遍看法是人很聪明，也非常勤奋，考试能出好成绩，但是创造力不足。这和我们整个教育体制有关，我们的体制培养出的就是这样的学生。我国教授整体水平偏低，有些院士也是知识老化，不能真正担当起科技的带头人。在国外开学术会议，很少见到从大陆来的科学家，自然是研究经费所限，见到的华人大多都是从欧美来。没有国际交流，怎么把握当前科技发展的前沿和动态？怎能在同行圈子里展示自己的影响，树立自己的威信？不为外界认可，即便有天大成就，又如何能被提名诺贝尔奖？

第四，对于诺贝尔奖任何故作轻松的不屑只能是无知和做作。有人认为，诺贝尔奖并非衡量一个国家科学发达程度的唯一指标，而是要用更综合的指标去衡量一个国家的全面发展。事实上，一个国家没有人获诺贝尔奖很难说明已经具有世界顶尖水准的科技实力，盲目自大和狂妄自吹实际上是掩耳盗铃。我们现在需要的是看到自己的不足，去改善造成不足的原因。

截止到目前，共有七位华裔科学家获得了诺贝尔奖，而每次他们的获奖都能引起国人的浓厚兴趣，现在的媒体还有更多的人都很在乎这个诺贝尔奖。我们也确实应该在乎，因为对于中国人来说，好像我们没有实现的梦想很少了，载人航天飞船已经飞上了太空，夏季和冬季奥运会都成功举办，现在终于有中国科学家获得诺贝尔科学奖，这的确值得骄傲！

第 22 节　约纳特与核糖体

约纳特（Ada Yonath）（图 4-39），以色列女科学家，1939 年 6 月 22 日出生于耶路撒冷一个贫困犹太家庭。父母由于没有得

到教育的机会，因此对子女的教育十分重视。约纳特父亲死后，她随全家搬到特拉维夫。1962 年和 1964 年，约纳特从耶路撒冷希伯来大学获得化学理学学士学位和生物化学硕士学位；1968 年，她获得魏茨曼科学研究所的晶体学博士学位。此后到美国深造，先后在卡内基梅隆大学和哈佛从事博士后研究。1970 年后，约纳特回到以色列，协助设立了以色列的首个蛋白质晶体学实验室。

图 4-39　约纳特

在约纳特念大学的时候，化学是最难考的专业，所以她就第一志愿报了化学系，第二志愿报的物理系，结果被化学系录取。后来，随着从事化学研究的时间越来越长，她逐渐发现化学其实是很多学科的基础，世界就是由化学构成。很多学科的

课题，最后都落到了化学上，比如她所研究的核糖体，本来是属于生物学上的遗传基因研究领域，但最终却是在化学中找到了答案。事实上，很多学科所提出问题，答案或解决方案最后都在化学中。现代科学的学科边界，其实并不像在学校里有"数、理、化"那么清晰的区分。

2009 年 10 月 7 日，瑞典皇家科学院宣布，以色列科学家约纳特和美国科学家拉马克里希南、施泰茨三人共同获得诺贝尔化学奖。

发布会现场演示的幻灯片上，约纳特的照片旁写着一行字："先驱约纳特：1980—1990 年，孤独旅程。"评审委员会说：约纳特在 20 世纪 80 年代率先对核糖体展开深入研究，就像一名"孤独的旅行者"。这位只因为"最难考"而偏要报化学专业的女生，最终站到了国际化学研究的巅峰。

基于核糖体研究的有关成果，可以很容易理解，如果细菌的核糖体功能得到抑制，那么细菌就无法存活。在医学上，人们正是利用抗生素来抑制细菌的核糖体从而治疗疾病的。三位科学家构筑了三维模型来显示不同的抗生素是如何抑制核糖体功能，这些模型已被用于研发新的抗生素，直接帮助减轻人类的病痛，拯救人类生命。

生命体就像一个极其复杂而又精密的仪器，不同"零件"在不同岗位上各负其责，有条不紊。而这一切，就要归功于扮演着生命化学工厂中工程师角色的"核糖体"：它翻译出 DNA 所携带的密码，进而产生不同的蛋白质，分别控制人体内不同的化学过程。在生命体中，DNA 所含有的指令就像一张写满密码的图纸，只有经核糖体的翻译，每条指令才能得到明确无误的执行。具体而言，核糖体的工作，就是将 DNA 所含有的各种指令翻译出来，之后生成任务不同的蛋白质，例如用于输送氧气的血红蛋白或分解糖的酶等。在约纳特、施泰茨、拉马克里希南等人的前赴后继下，科学家们终于能一探核糖体的工作机制，为遗传信息的传递、蛋白质翻译等重大问题提供强有力的证据，并借此弄清一些细菌的抗药机制，研发新的抗生素，帮助人类抵抗顽固疾病。

在诺贝尔奖百年历史上，女性获奖者少之又少。在约纳特之前，诺贝尔化学奖只有三名女性得奖人。第一位是居里夫人；第二位是居里夫人的女儿约里奥·居里；第三位是英国女生物化学家霍奇金，而且从1964年霍奇金获得该奖项之后，就再无女性上榜。约纳特说，她年轻时候的偶像就是居里夫人。她认为女性由于无法保证研究时间而难以成为好科学家，这是偏见，人们应该多鼓励女性从事科研。

约纳特童年时很贫穷，连买书的钱都没有，受到居里夫人事迹的启发，醉心于科学研究，终于获得诺贝尔奖。她在接受以色列电台访问时喜极而泣说："我童年时想也未想过会有今天的成就，即使我的父母和家人经常相信我的工作终有机会被肯定。"

约纳特思维清晰，谈吐敏捷，她是自信的科学家。说起诺贝尔奖，她说她不是为得奖而工作的，是为了对科学的好奇心。说起本民族的优秀，她说那其实只是一个灾难深重的民族的"宿命"，她是坚忍的犹太人。说起教育，她说要让孩子自由地去做喜欢的事。只有说起自己童年偶像时，她目光中的刹那恍惚，让人看见，在她内心深处，其实还是当年那个在贫寒中向往居里夫人的小女孩——长大后，她真的成了她。

约纳特是以色列第9位获得诺贝尔奖殊荣的人，以色列的科研环境和其他国家，比如和美国、欧洲相比，有一个很大的不同，那就是以色列科研环境透明度和协作程度非常高，他们更注重协作，更注重团队精神，而不是竞争。另外，在以色列，科学研究环境比较宽松，鼓励创新。科学家时常会有大胆甚至是疯狂的设想，在其他国家，也许很快就会被扼杀了，但在以色列，却会有很包容的环境，允许其生存发展，乃至取得成功。

第 23 节　谢克特曼与准晶体

2011 年 10 月 5 日，诺贝尔奖评选委员会第 102 次颁出化学奖，以色列理工学院的谢克特曼（Dan Shechtman）（图 4-40）因发现准晶体而一人独享了这一殊荣。瑞典皇家科学院表示："谢克特曼的贡献在于，在 1982 年发现了准晶体，这一发现从根本上改变了化学家们看待固体物质的方式。在准晶体内，我们发现，阿拉伯世界令人着迷的马赛克装饰得以在原子层面复制，即常规图案永远不会重复。"

图 4-40　谢克特曼

瑞典皇家科学院（图 4-41）还以"非凡"一词形容准晶体的发现。之所以非凡，缘于开创性，缘于对传统固体材料理论的颠覆。不过，在准晶体研究之初，这种对传统理论的挑战让谢克特曼不得不承受来自同行的嘲笑。

谢克特曼 1941 年生于以色列特拉维夫，1972 年从以色列工学院获得博士学位，随后在美国俄亥俄州赖特-帕特森空军基地航空航天研究实验室从事 3 年钛铝化合物研究。1975 年，谢克特曼进入以色列工学院材料工程系工作。1982 年 4 月，谢克特曼休假期间在位于美国霍普金斯大学的一座实验室内研究铝锰合金时，发现一种特殊的"晶体"。他借助电子显微镜获得一幅电子衍射图，发现它似乎具有 5 次对称性，显现长程有序性。

图4-41　评选诺贝尔科学奖的瑞典皇家科学院

而依据那个时期的理论，晶体不可能具有 5 次对称性，而非晶体则没有长程有序性。

谢克特曼谈及他发现准晶体初期体会到的辛酸时说："我告诉所有愿意听的人，我发现了一种具有 5 次对称性的材料，但人们只是嘲笑我。实验室主管来到我面前，把一本书放在桌上说'你为什么不读读这个？你所说的是不可能的'。"

一年后，谢克特曼返回位于以色列北部的以色列工学院，继续与材料学专家布勒希一道从事非晶体研究。两人 1984 年与美国科学家卡恩和法国晶体学家格拉蒂亚斯合作发表论文，描述制出准晶体的具体方法。

不过，这篇论文仍旧没有打消一些知名科学家对准晶体理论的疑问。当时，颇有名望的美国化学家波林在一场新闻发布会上说："谢克特曼在胡说，没有准晶体这种东西，只有准科学家。"

1987 年，法国和日本科学家制出足够大的准晶体。可以经由 X 射线和电子显微镜直接观察。至此，谢克特曼的理论终于得到科学界的认可。

根据谢克特曼的发现，科学家们随后创造了其他种类的准晶体，并在俄罗斯一条河流内的矿物样品中发现了自然生成的准晶体，准晶体在材料中所起的强化作用，相当于"装甲"。这种材料具备意想不到的性能，它非常坚固，表面基本没有摩擦力，不易与其他物质发生反应，不会氧化生锈。作为热和电的不良导体，准晶体可用于制作温差电材料，可把热能转换为电能。利用其表面不黏的特性，它可以用于制作煎锅表面涂层。另外，准晶体的潜在应用领域包括制作节能发光二极管和发动机绝热材料。

谢克特曼是以色列第十名诺贝尔奖得主，也是第四名诺贝尔化学奖得主。诺贝尔和平奖得主——以色列总统佩雷斯致电谢克特曼，称赞他为年轻人做出了表率，并说："每个以色列人今天都会感到开心，你的故事告诉世界，一名刻苦、勇敢的科学工作者是如何做出惊世成就的。"

谢克特曼的成功留给我们的启示是：

第一，在科学研究中一定要坚持自己的发现，不要迫于权威。谢克特曼在美国霍普金斯大学工作时发现了准晶体，这种新的结构因为缺少空间周期性而不是晶体，但又不像非晶体，准晶体展现了完美的长程有序，这个事实给晶体学界带来了巨大冲击，它对长程有序与周期性等基本概念提出了挑战。这一发现在当时极具争议，因执意坚持自己的观点，谢克特曼曾被要求离开他的研究小组。然而，他的发现最终迫使科学家们重新审视他们对物质本质的观念。其实，做很多事情都是不容易的，科学研究尤为如此。除了努力和方法之外，往往要承受世人的误解，甚至是排挤和打压。能够一直坚持到最后，坚持自己的试验和结论，真是太不容易。名利不重要，重要的是真理，重要的是科学，重要的是对科学的执着和不悔，对真理的信仰和忠诚，重要的是平静和淡泊的心灵。

第二，科学来不得半点虚假，要有实事求是的精神。科学必须正确反映客观现实，实事求是，克服主观臆断。在严格的科学事实面前，科学家必须勇于维护真理，反对虚伪和谬误。

谢克特曼当时从事航空高强度合金研究，而他的新发现有悖原子在晶体内应呈现周期性对称有序排列的"常识"，因而不为同行所接受。为维护自己的发现，坚持实事求是的精神，他一直坚持自己的研究。1984 年，另一个研究小组也发现类似现象，两个小组的研究结果得以同时发表。从此，谢克特曼先后获得几乎所有科学奖项，"独缺"诺贝尔奖。

第三，一项发明创造往往需要十几年甚至几十年的时间，所以从事科学研究的人都需要一种执着精神。从 1982 年发现准晶体，到 2011 年获诺贝尔化学奖，整整经历了近 30 年，这是一个漫长的过程，需要多少耐心和毅力？又需要多少坚持和不懈的努力？世界发展到如今，科学家已成为"世界上最孤独"的人，因为他们是站在最孤独的"顶端"，所以也具有最神奇的"浪漫"。培根曾说："看见汪洋就认为没有陆地的人，不过是拙劣的探索者。"但是在今天，我们就有太多真正勇敢的"探索者"，霍金、乔布斯、比尔·盖茨以及所有诺贝尔奖获得者在我们身边的一次次出现，让我们上了生动的每一课，给我们以力量和鼓舞，照亮了我们前进的航程！

第 24 节　维特里希与"中国绿卡"

诺贝尔是一个特别富有的人，他一生拥有 350 多项专利发明，在欧美及五大洲开设了 100 多家公司和工厂，积累了大量财富。1895 年，诺贝尔留下遗嘱，拿出大量遗产作为基金，把每年所得的利息分成 5 份，奖励那些对人类做出重大贡献的人。

经过上百年的发展和演变，诺贝尔奖已成为科学界的重要象征。大部分科学家都以获得诺贝尔奖为荣，一心希望能在科学的道路上，取得更高的成就。每年诺贝尔奖公布，都会引起无数人的关注。国内同胞一直期盼着，中国的科学家能奋起直追，迫切希望中国科学家能更加争气，尽快获得更多诺贝尔奖，在国际上扬眉吐气。

不可否认，诺贝尔奖确实非常重要，我国没有获得较多诺贝尔奖，是个不小的遗憾，但是这并不能代表全部。我国的科学事业，一直在持续发展，很多诺贝尔奖得主，都希望来中国发展。比如曾经荣获2002年诺贝尔化学奖的瑞士科学家库尔特·维特里希（Kurt Wuthrich）（图4-42），就是一个典型人物。他在学术界影响力极大，千里迢迢来到中国，拥有"中国绿卡"。这位卓越不凡的瑞士科学家，出生于1938年，老家在瑞士的阿尔贝格，离瑞士首都伯尔尼约20公里。那里环境优美，

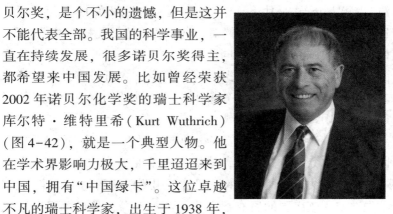

图4-42　维特里希

有很多河流与森林，当地百姓普遍以农业为生，生活相当安逸。维特里希之所以会对科学产生浓厚兴趣，是因为从小待在被植物和动物包围的环境中，那种感觉让他特别陶醉，他渴望亲近自然，希望了解更多大自然的奥秘。

1957年，维特里希考入伯尔尼大学，攻读化学和数学专业。后来，他到巴塞尔大学深造，获博士学位。值得一提的是，维特里希虽说很喜欢科学研究，但是他最初的志向，并不是当一名科学家，而是当一名足球运动员。他在巴塞尔大学时，还专修了体育专业，经常参加体育活动。之所以放弃足球梦想，是因为他的右腿受了严重的伤，没有办法继续参加正式比赛。被迫放弃足球梦想后，维特里希把自己的大部分精力投入科学研究中。他曾无奈地表示，自己是被人从足球场"踢"向科学道路的。

经过几十年的不懈努力，维特里希教授在专业领域取得了非凡的成就。2002年，他利用核磁共振技术测定溶液中生物大分子三维结构，在学术领域取得了突破性的进展。因为这个特殊成就，他获得了2002年诺贝尔化学奖。他的成果解决了"看清"生物大分子"是什么样子"的问题。科学家在1945年发现磁场中的原子核会吸收一定频率的电磁波，这就是核磁共振现象。由于不同的原子核吸收不同的电磁波，因而通过测定和分析受测物质对电磁波的吸收情况就可以判定它含有哪种原子，原子之间的距离多大，并据此分析出它的三维结构。这种技术已经广泛地应用到医学诊断领域。

不过，最初科学家只能将这种方法用于分析小分子的结构，因为生物大分子非常复杂，分析起来难度很大。维特里希发明了一种新方法，这种方法的原理可以用测绘房屋的结构来比喻：首先选定一座房屋的所有拐角作为测量对象，然后测量所有相邻拐角间的距离和方位，据此就可以推知房屋的结构。维特里希选择生物大分子中的质子(氢原子核)作为测量对象，连续测定所有相邻的两个质子之间的距离和方位，这些数据经计算机处理后就可形成生物大分子的三维结构图。

这种方法的优点是可对溶液中的蛋白质进行分析，进而可对活细胞中的蛋白质进行分析，能获得"活"蛋白质的结构，其意义非常重大。1985年，科学家利用这种方法第一次绘制出蛋白质的结构。目前，已经利用这一方法绘制出15%～20%的已知蛋白质的结构。

最近几年，人类基因组图谱、水稻基因组图谱以及其他一些生物基因组图谱破译成功后，生命科学和生物技术进入后基因组时代。这一时代的重点课题是破译基因的功能，破译蛋白质的结构和功能，破译基因怎样控制合成蛋白质，蛋白质又是怎样发挥生理作用等。在这些课题中，判定生物大分子的身份，

"看清"它们的结构非常重要。在未来 20 年内，生物技术将蓬勃发展，很可能成为继信息技术之后推动经济发展和社会进步的主要动力。

维特里希表示，质疑是科学的一部分，即便是已经取得巨大成就的人，在进行科学研究时也应该被质疑。他在不断探索的过程中，不盲目地相信主观判断，不单纯地相信某个权威，或许正是因为有这种谨慎而又科学的态度，才能取得这样大的成就。这是一种值得学习的研究精神，若是所有人都能如此求真务实，以客观真理为目标，持续研究和探索的话，人类的科研事业，肯定能获得更大进步。

除了保持质疑态度之外，维特里希还认为好奇心非常重要。他觉得基础科研是由好奇心推动的，如果一个人没有好奇心的话，很难持续进行研究。但是光有好奇心也不够，还要把科学研究当成一种神圣的职业，在不断研究中，获得成就和快乐。维特里希是一位值得敬佩和学习的科学家，他因为贡献卓越，在国外有着非常丰厚的待遇，身家过亿，不管去什么地方，都能过得很好。

既然如此，他为何会来中国发展呢？其实，维特里希做出这个决定并非临时起意，他和中国的缘分，可以追溯到 1983 年。那时候，他是国际纯粹与应用生物物理学联合会（IUPAB）秘书长，他代表联合会来中国进行相关合作。这次经历给维特里希留下了很深刻的印象，从那时候开始，他就坚定不移地认为，中国必然会崛起，中国的科学家肯定能在未来的岁月中，取得越来越高的科学成就。

为进一步推动人类的科学事业，维特里希教授利用自己的人脉关系和影响力，帮助中国顺利加入 IUPAB。这是新中国成立以来，首次加入的具有极高国际影响力的科学联合会，对国家的科学发展有着不容忽视的历史意义和现实意义。因为这个历史功绩，维特里希教授得到了不少国内专家的真心敬佩。后来，他收到了一份来自上海科技大学的邀请，他欣然答应，很快就来到上海，带领团队成员进行糖尿病相关研究。

因为贡献卓越的缘故，维特里希获得了有关部门颁发的"中国绿卡"，可以长期在中国境内生活。他对此非常欣慰，接受采访时，曾非常认真地表示，中国这些年以来在科研领域投入很多，吸引了大量外国人士，也取得了很多重要的成就。这是一个很好的趋势，若是能够稳扎稳打，坚持以合理的方式持续发展，肯定能获得更多诺贝尔奖。

纵观世界近代历史，欧美国家的迅速崛起无不与其基础科学水平的提高有关，基础科学研究的深度与广度决定了一个国家的原始创新活力。某种程度上，综合国力的竞争也是基础科学的竞争。虽然过去 20 多年，中国的科研经费占 GDP 的比重迅速攀升，但与科技发达的国家相比仍有不小的差距。其中在我国的研发经费里面，基础研究经费的比例偏低，长期徘徊在 5% 的水平。与在基础研究和应用研究领域处于先进位置的日本、德国等国相比，中国的科研始终存在基础研究及原始创新薄弱，一些关键技术亟需突破等问题。随着近年来国务院发布《关于全面加强基础科学研究的若干意见》，中国载人飞船、月球探测、量子通信等科技成果的逐渐显现，越来越多的人开始认识到加强基础科学研究对国家发展的重大意义，不断推动"中国制造"向着"中国创造"转变。

第 25 节　盖姆与石墨烯

2010 年的诺贝尔物理学奖，颁发给了英国曼彻斯特大学两位科学家安德烈·盖姆（Andre Geim）和康斯坦丁·诺沃肖罗夫

（Konstantin Novoselov），因在二维空间材料石墨烯方面的开创性实验而获奖。

盖姆（图4-43），荷兰人，1958年出生于俄罗斯索契。1987年从俄罗斯科学院固态物理研究所获博士学位。任英国曼彻斯特大学介观科学与纳米技术中心主任，曼彻斯特大学教授。

只有一个原子厚度，看似普通的一层薄薄的碳，缔造了2010年度的诺贝尔奖。盖姆和诺沃肖罗夫向世人展现了形状如此平整的碳元素在量子物理学的神奇世界中所具有的杰出性能。

图4-43　盖姆

作为由碳组成的一种结构，石墨烯是一种全新的材料——不单单是其厚度达到前所未有的薄，而且其强度也是非常高。同时，它也具有和铜一样的良好导电性，在导热方面，更是超越了目前已知的其他所有材料。石墨烯近乎完全透明，但其原子排列之紧密，却连具有最小气体分子结构的氦都无法穿透它。碳——地球生命的基本组成元素，再次让世人震惊。

盖姆和诺沃肖罗夫是从一块普通得不能再普通的石墨中发现石墨烯的。他们使用普通胶带获得了只有一个原子厚度的一小片碳。而在当时，很多人都认为如此薄的结晶材料是非常不稳定的。

有了石墨烯，科学家们对具有独特性能的新型二维材料的研制如今已成为可能。石墨烯的出现使得量子化学研究实验发生了新的转折，同时，包括新材料的发明、新型电子器件的制造在内的许多实际应用也变得可行。人们预测，石墨烯制成的晶体管将大大超越现今的硅晶体管，从而有助生产出更高性能的计算机。

由于几乎透明的特性以及良好的传导性，石墨烯可望用于透明触摸屏、导光板，甚至是太阳能电池的制造。当混入塑料，石墨烯能将它们转变成电导体，且增强抗热和机械性能。这种石墨烯可用于制造质薄而轻且具有弹性的新型超强材料。将来，人造卫星、飞机及汽车都可用这种新型合成材料制造。

诺沃肖罗夫最初在荷兰以博士生身份与盖姆开始合作，后来他跟随盖姆去了英国。他们两人都是在俄罗斯学习并开始科学生涯，均为曼彻斯特大学教授。爱玩是他们的共同特点之一，玩的过程总是会让人学到些东西，没准就中了头彩，就像他们一样，凭石墨烯而将自己载入科学的史册。

我们从中学就知道，碳有两种晶体形态，一个是金刚石，用在最贵重的首饰上，另一个是石墨，用在最普通的铅笔里。我们也知道金刚石是最坚硬的天然材料，而石墨却是非常"脆弱"的。石墨的晶体结构是层状的。每一层内碳原子结成稳固的六角形结构，而层与层之间的结合却弱得多。所以石墨很容易沿着层的方向分裂。在我们常见的物质中，碳的"两面性"可说是独一无二的了。1985 年，人们发现碳还有其他的形式：60 个碳原子（C60）能组成一个球，C60 的结构模型类似一个足球，所以又叫足球烯，C60 的发现使斯莫利等三人在 1996 年获得了诺贝尔化学奖。后来人们又发现了"碳纳米管"，即由碳原子组成的管状结构，其直径在 1 纳米左右，却可以有几厘米长。而石墨烯则是碳原子组成的单层膜，也就是石墨中的一层。

通常，诺贝尔科学奖都有点"考古"性质，只有极少数工作会很快得奖。而石墨烯的工作问世以来，其重要性很快得到了广泛承认。可见这个工作开创了一个新领域，且迅速得到了高度重视。所以这个石墨烯工作被诺贝尔奖"青睐有加"，应该是当之无愧的。

石墨烯"声名鹊起"绝不是偶然的，因为它的确是一种非常神奇的材料。从理论上说，二维的电子系统有很多独特的性质，其中的量子霍尔效应的研究已得过两个诺贝尔奖。多年来人们一直在为二维电子系统寻找合适的实验平台，而石墨烯是第一个真正的二维系统。它的晶格非常规则，所以是良好的实验材料，甚至在常温下就能显示许多有趣的量子现象。石墨烯研究中发展的制作技术，也让我们得到了其他的二维晶格材料。更重要的是，由于其独特的能带结构，石墨烯中电子的等效质量是零。这意味着，这些电子像光子一样遵从相对论规律，虽然其运动速度只有光速的几百分之一。

盖姆教授对中国石墨烯等二维原子晶体材料领域的发展做出了重要贡献，他培养了数十名来自中国的研究生、博士后和访问学者，其中多人已成为我国石墨烯研究领域的青年学术带头人和中坚力量。他非常重视与中国学者的合作与交流，于2009年就获得了中国科学院"爱因斯坦讲席教授"，2017年与清华大学伯克利深圳学院联合成立"深圳盖姆石墨烯研究中心"并担任主任。先后与我国多个科研单位和高校建立长期密切的合作关系，并在 Nature、Science 等期刊合作发表了多篇论文。他还大力支持并多次参加我国举办的石墨烯国际学术会议，为我国石墨烯的发展献计献策。

盖姆也很重视与中国石墨烯产业界的合作。2015 年，习近平主席在盖姆教授等的陪同下参观了英国国家石墨烯研究院，并见证了石墨烯研究院与华为及中国航空工业集团公司签署合作项目。盖姆教授还担任青岛高新区石墨烯企业技术中心顾问委员会名誉主任，促成了以技术和资金入股的英国石墨烯照明公司与山东晶泰星光电科技有限公司的合并，积极推动了中国石墨烯的产业化应用进程。

石墨烯是目前世上最薄、最坚硬的纳米材料，如果和其他材料混合，石墨烯还可用于制造更耐热、更结实的电导体，从而使新材料更薄、更轻、更富有弹性，从柔性电子产品到智能服装，从超轻型飞机材料到防弹衣，甚至未来的太空电梯都可以用石墨烯为原料，应用前景十分广阔。石墨烯将成为改变世界的神奇新材料！

第26节　莱夫科维茨与细胞"聪明"受体

　　每个人的身体都是数十亿细胞相互作用的精确系统，每个细胞都含有微小的受体，可让细胞感知周围环境以适应新状态。美国科学家罗伯特·莱夫科维茨（Robert J. Lefkowitz）和布莱恩·克比尔卡（Brian K. Kobilka）因为突破性地揭示 G 蛋白偶联受体的内在工作机制而荣获 2012 年诺贝尔化学奖。

　　莱夫科维茨（图 4-44），1943 年出生于美国纽约，1966 年从纽约哥伦比亚大学获医学博士，是美国霍华德·休斯医学研究所研究人员，美国杜克大学医学中心医学教授、生物化学教授。克比尔卡（图 4-45），1955 年出生于美国明尼苏达州，1981 年从耶鲁大学医学院获医学博士，任斯坦福大学医学院医学教授、分子与细胞生理学教授。

图 4-44　莱夫科维茨

图 4-45　克比尔卡

长期以来，细胞如何感知周围环境一直是一个未解之谜。科学家已经弄清像肾上腺素这样的激素所具有的强大效果：提高血压、让心跳加速。他们猜测，细胞表面可能存在某些激素受体，但这些激素受体的实际成分及其工作原理却一直是未知数。

　　莱夫科维茨于1968年开始利用放射学来追踪细胞受体，他将碘同位素附着到各种激素上，借助放射学，成功找到数种受体，其中一种便是肾上腺素的受体——β-肾上腺素受体。他的研究小组将这种受体从细胞壁的隐蔽处抽出并对其工作原理有了初步认识。研究团队在1980年取得重要进展，新加入的克比尔卡开始挑战难题，意欲将编码β-肾上腺素受体的基因从浩瀚的人类基因组中分离出来。他的创造性方法帮助他实现了这一目标。2011年克比尔卡拍摄到了β-肾上腺素受体被激素激活并向细胞发送信号时的精确图像，这是数十年研究得来的"分子杰作"。

　　G蛋白偶联受体作为人类基因组编码的最大类别膜蛋白家族，有800多个家族成员，与人体生理代谢几乎各个方面都密切关联。它们的构象高度灵活，调控非常复杂，天然丰度很低，起初非常难以研究。莱夫科维茨在这个领域做了非常多开创性的工作和贡献，他的成就一直以来是大家公认的，在药理学近50年的重大发现中，有6个相关的科学工作有他的主要贡献。

　　强光使人闭眼、花香使人愉悦、黑暗使人心跳加速……你有没有想过，我们的大脑是如何感知外部环境的变化并作出相应反应的？科学家坚信，一定有某种充当传感器的物质在起作用，但很长一段时间里，这些物质的实际成分和工作原理一直是谜。2012年诺贝尔化学奖评选委员会在颁奖会上举起一杯热咖啡说：人们能看到这杯咖啡、闻到咖啡的香味、品尝到咖啡的美味以及喝下咖啡后心情愉悦等都离不开受体的作用。

　　眼可视物、舌可尝鲜、鼻可嗅味，这些器官上的感官细胞与身体里其他细胞相比，最特别的地方在于它们的细胞膜上分布着一类特殊蛋白质，统称 G 蛋白，它是感官细胞表面接受外界信号的探测器。如果没有这些探测器，我们可能对外界一无所知，因为一般化合物很难穿越细胞壁。这种穿膜而过的蛋白质，既有胞外部分，又有胞内部分，这才让外界信息传导到细胞内有了可能。

　　有人认为，诺贝尔化学奖对生命科学真的是很偏爱；有人甚至说，诺贝尔化学奖快被生命科学垄断了。其实，化学和生命科学越来越相互融合是一种趋势，今天生命科学的繁荣，得益于几十年前化学家们解决了这个学科最基本的一些化学问题。生命科学在今天如花似锦，是前人在化学领域为后人铺好了路，所以生命科学应该对"化学"心存感激。

第 27 节　费林加与最小机器

图 4-46　费林加

　　伯纳德·L·费林加（Bernard L. Feringa），荷兰籍，2016 年诺贝尔化学奖得主（图 4-46）。1951 年 5 月生于荷兰，1978 年获荷兰格罗宁根大学博士学位，后任荷兰格罗宁根大学分子科学教授。2006 年当选荷兰皇家科学院院士，2010 年当选欧洲科学院院士，2019 年当选美国国家科学院外籍院士。曾先后获得手性奖章、玛丽-居里勋章和欧洲化学金牌奖。费林加教授是格罗宁根大学历史上第

384

四位诺贝尔奖获得者。费林加任化学研究所主任以及有机合成化学主任，同时，也是雅克布斯范特霍夫特聘分子科学教授，研究领域涉及有机化学、催化合成、分子纳米技术、化学系统等多个方面，2008年被荷兰女王授予爵士称号。费林加被认为是世界上最有创造力和生产力的化学家之一。

2016年的诺贝尔化学奖授予了来自法国斯特拉斯堡大学的让-皮埃尔·索维奇（Jean-Pierre Sauvage）、美国西北大学的 J. 弗雷泽·斯托达特（Sir J. Fraser Stoddart）和费林加，以表彰他们在"设计和合成分子机器"方面的卓越成就。他们设计和合成的分子机器可谓是世界上"最小机器"，只有人类头发直径的千分之一大小。

那么什么是分子机器？所谓机器，可以定义为能够利用外界的能源来根据我们的要求完成特定操作、达到指定目的工具或者装置。而分子机器，顾名思义，就是能够利用能量实现指定操作的单个分子或者若干个分子的组合体。为了实现这一目标，三位获奖者各自选择了不同策略，其中索维奇和斯托达特的方法有较多相似之处，而费林加的思路较为不同。

费林加的研究领域主要为分子机器与有机不对称催化。他合成出世界首个人工分子马达，通过结构工程实现对分子马达转动参数的精准调控，并发展出一系列基于分子马达的智能分子材料，将"蒸汽机时代"带入分子维度。他构建的全人工合成的纳米分子车，能够在金表面实现精确的制导运动，使得宏观机器概念在微观世界得以实现，成为化学学科发展史上的一个里程碑。同时，他将"光开关"的概念引入到分子信息存储、液晶材料、手性控制、生物大分子等领域，推动了相关交叉领域的发展。他同时也是有机不对称催化研究领域的杰出贡献者。他基于亚磷酰胺开发的数十种不对称催化体系得到了许多课题组的广泛应用。由于通过铜催化实现了格氏试剂与环状烯酮的共轭加成，该方法也被广泛使用于全合成中。

1999 年，他研发出能在同方向持续旋转的分子旋转叶片。在分子马达的基础上，他成功地让一只比马达大 1 万倍的玻璃杯旋转。他打破了分子系统的平衡局面，为其注入能量，从而使分子的运动具有可控性。从历史发展来看，分子马达和 19 世纪 30 年代的电动机何其相似，当时科学家们展示了各种各样的旋转曲柄和轮子，却没意识到这些东西将导致电车、洗衣机、风扇以及食品加工机械的产生。未来分子机器很有可能在新材料、传感器以及储能系统的研发中得到应用。

2017 年 12 月，他与上海科技大学特聘教授维特里希（曾荣获 2002 年诺贝尔化学奖的瑞士科学家）一起，成为首批来沪工作并拥有"中国绿卡"的诺贝尔奖得主。2018 年 5 月 2 日，《"上海出入境聚英计划"相关政策实施办法》正式签署实施。诺贝尔化学奖获得者费林加等 7 名外籍人士获颁永久居留证。

在第三届世界顶尖科学家论坛期间，费林加在采访中畅想未来，认为纳米机器在将来可以运用到人体上，帮助人类拥有更健康的身体。他说："或许从现在开始的 5000 年后，机器系统会和生物系统结合在一起，人类也会进化成生化人。这种进化一定会面临伦理的争议，但是就如同人在上了年纪以后，可以选择做髋关节植入；或当人面对死亡危险的时候，支架或者心脏起搏器能够救助他们一样，在未来植入芯片来活跃身体的某项功能，或装一个小马达在行走困难时，助力我们移动，完全是无可厚非。所以，科学会持续前进，有关人机合一的伦理问题一定会出现，但如果这项技术能帮助到残疾人或者病人，那我们就需要认真思考一下。当大自然孕育完自己的物种后，人类就开始在大自然的帮助下，创造出无限的物种，化学家的任务就是想他人所不敢想。"

化学史话

费林加与中国科学界保持着紧密的联系，长期与中国学者合作，持续开展学科前沿研究。他以"国际知名大师客座教授"身份受聘华东理工大学，组建研究团队，招收并指导学生，在上海开展实质性科学研究，目前已经以该中心为通讯单位发表多篇重要成果，为我国在分子机器及智能材料领域产生世界范围影响做出了重要贡献。他还广泛参与中国大众科创活动，并多次与全国青年教师、大学生、高中生进行面对面交流，探讨科学人生。2018年被上海市政府授予上海市"白玉兰纪念奖"。

第 28 节　迪波什与冷冻显微镜

雅克·迪波什（Jacques Dubochet）（图4-47），1942年6月8日出生于瑞士，1967年毕业于洛桑大学理工学院物理工程学专业。1973年，在日内瓦大学完成博士论文。1978年，进入德国海德堡的欧洲分子生物学实验室开展研究工作。1987年担任瑞士洛桑大学教授。

迪波什的人生既传奇又励志。谁能想到有着这么高荣誉的人曾在1955年被官方认证为瑞士沃州第一

图 4-47　迪波什

个失读症患者，得这种病的病人，通常被认为凡事都做不好。事实上他的拼写和很多方面确实很差，但他在某些感兴趣的事情上可以做得很好，比如他可以只参考书中的说明，制造出一个15厘米口径的望远镜。

为了参加 1962 年的联邦成年考试，他父母把他送到洛桑一所私立学校，让他在那里准备进入大学的考试。后来他回忆说："那是一段紧张的与时间赛跑的日子。你永远无法料到，一个年轻人在受到激励的情况下，学习效率有多高。"虽然他在语言和拼写方面能力仍然很差，但在诗歌、音乐、历史和地理方面的能力却很强，因此成年考试顺利通过。但直到那时，他在社交方面仍存在障碍，因此在假期里他被带到残疾儿童之家，在那里他获得了初步的社交经验。紧接着他去服兵役，在那个阶段他从与普通人的接触中获益良多，甚至还成了一名军官。

1967 年，他已经是一名工程师，但此时的他却立志成为一名生物学家。上大二时，他在教授的建议下去找日内瓦生物物理实验室的凯伦伯格教授，申请攻读博士学位，凯伦伯格痛快地答应了。但因为迪波什还需要在洛桑大学学习，不能马上过来，所以直到三年后，他才去了日内瓦大学。日内瓦大学的生物物理实验室是一个引人注目的地方，它是分子生物学最早被引入欧洲的地方之一，科学在那里以一种最热情、最有创造力和最开放的方式进行实践。

1969 年他开始研究 DNA 电子显微镜，这是他的主要课题。他和生物学学生一起上课，更重要的是，他发现了那些致力于观察自然生命的人的奇怪的生活方式。和他们在一起，他在黎明时分醒来，观察鸟类，挖土数蚯蚓。

1973 年跟随凯伦伯格教授在日内瓦和巴塞尔做生物学研究，他们一起发表了题为《对暗场电子显微镜的贡献》论文。事实上，暗场只是他博士论文的一小部分，结论是它对生物观察不是很有用。然而，他学会了如何操作电子显微镜，以及很多关于小尺寸物质的奇怪行为的知识。

1978 年，他成了海德堡欧洲分子生物学实验室小组的领头人。新成立的欧洲分子生物学实验室，隐藏在古城海德堡的一片美丽森林中，是研究者的天堂。该实验室的发起人兼第一任总干事肯德鲁任命了一批雄心勃勃的年轻科学家。在这里有着最好的工作条件和自由发挥的空间，唯一的期望是能获得有价值的研究成果。迪波什开始研究快速冷却水分子的方法，在结晶之前将它们冷冻起来。他和同事麦克道尔最终成功地将一个生物样本转移到金属网的表面，并将网放入由液氮冷却至 -190℃的乙烷中，使样本周围的水变成玻璃状。冷却后，水在网格上形成了一层薄膜。在成像过程中，样品用液氮冷却。迪波什和麦克道尔在 1981 年发表了他们关于电子显微镜中水玻璃化的开创性研究。1982 年，迪波什博士领导的小组开发出真正成熟的快速投入冷冻制样技术，制作不形成冰晶体的玻璃态冰包埋样品，冷冻电镜技术正式推广。

1987 年迪波什任瑞士洛桑大学超微结构分析系教授，他还被教学所吸引，因此他毫不犹豫地接受在洛桑大学做教授的提议，这意味着要肩负管理一个拥有完善的电子显微镜的服务中心，和建设一个能进行超微结构分析的全新实验室的责任。在洛桑担任教授的 20 年里，他也有机会扩展他在科学和社会领域的研究工作。他开设了一门必修课程，目的是确保学生既是优秀的生物学家，也是优秀的公民。

电子冷冻显微镜项目从一开始的研究目标就包括了对体积庞大的标本的观察。为了达到这个目的，他们的策略是将一个尽可能大的体积玻璃化，然后将其切割成可以在电子低温显微镜下直接观察到的玻璃体切片。

图像是理解的关键。科学上的重大突破，其根源常常来自成功地创造出肉眼不可见物体的图像。然而在生物化学的领域里，现有技术难以实现生命体的大部分分子内在机械的可视化，所以留存了许多空白。但是，冷冻电子显微镜改变了这一切，研究者现在可以冻结运动中的生物分子，看到以前从未见过的生物进程。这对进一步理解生命的基础化学过程以及发展相关医药领域都是决定性的。由于冷冻电子显微镜技术的出现，使我们能看到的微观世界从图片左侧的样子，变成了右侧的样子（图4-48）。

长期以来，电子显微镜被认为只适用于死亡物质的成像，因为高强度的电子束会破坏生物材料。但是在1990年，迪波什成功地使用电子显微镜得到原子级分辨率的三维蛋白质图像。这一突破证明了这项技术的潜力。

2007年他退休了，但他没有闲下来，作为生态和进化系的负责人，仍然在为社会贡献他的光和热。

2017年，他荣获了诺贝尔化学奖，表彰他发展冷冻电子显微镜技术，以很高的分辨率确定了溶液里的生物分子结构，这一突破对生物化学产生了革命性影响。由此可见，技术在科学发现中正发挥越来越重要的作用。生物化学正迎来一场爆发式的进展，已经准备好面对激动人心的未来。

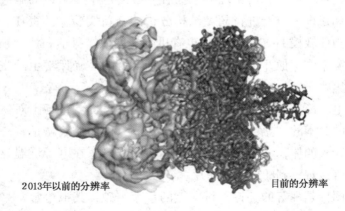

2013年以前的分辨率　　　　　　　　目前的分辨率

图4-48　冷冻电子显微镜技术使我们能看到
微观世界从图片左侧，变成了右侧的样子

第 29 节　古迪纳夫与锂电池

约翰·B·古迪纳夫（John B. Good-enough）（图 4-49），1922 年 7 月 25 日出生于德国耶拿，父母是美国人。美国得克萨斯大学奥斯汀分校机械工程系教授，是钴酸锂、锰酸锂和磷酸铁锂正极材料的发明人，锂离子电池的奠基人之一。

图 4-49　古迪纳夫

2019 年诺贝尔奖化学奖颁布，97 岁的古迪纳夫教授成为有史以来获得诺贝尔奖年龄最大的人。但很少有人知道，这位"特别好"（Goodenough 意译）教授大半辈子都过得"特别不好"。

少年时，他是父母的出气筒；青年时，他考上耶鲁大学却没钱交学费；中年时，梦想当空军的他却做了气象兵……，"特别不好"的事情充满生活，但"特别好"教授却过得很出彩。75 岁，他让磷酸铁锂成为超级发明；90 岁，他琢磨起固态电池。

"特别好"从小在美国农村长大。他小时候最喜欢干的事情，就是抓捕各种小动物。有一次他扒了一只臭鼬的皮，父亲知道后特别生气，"特别好"从此被禁止上桌吃饭。

"特别好"的父亲和母亲，夫妻关系"特别不好"，两人动不动就争吵或打架，于是"特别好"就成了他俩的出气筒。12 岁那年，他遇到一件"特别不好"的事：他被父母送到另一个州去读书，从此便再难听到父母的音讯。

1940年，"特别好"考上了耶鲁，他高兴得不得了。但只高兴了那么一小会儿，他就遇到了一件"特别不好"的事情：他去找父亲要钱，因为父亲特别不喜欢他，所以只给他35美元学费及生活费。但当时耶鲁学费一年就要900美元。

他没有办法，只好去给有钱人家的孩子做家教。进了耶鲁，学什么呢？他听说当作家很吃香，就去学古典文学，但学了没多久，就觉得自己的头要爆炸了。

于是他又转去学哲学，但学了没多久，他又觉得自己的头要爆炸了。为什么会这样呢？答案是他从小患有未得到诊断的阅读障碍症。不得已，他最后只好去学数学。

1943年，"特别好"终于拿到数学学士学位。他想了想，不知道自己能干啥。当时恰逢二战，美日正打得不可开交。他就有了一个想法：我要加入美国空军，开飞机打日本去。

但参军的结果他被分配到太平洋岛当了一个气象兵。他气象兵当得不错，部队把他提升为气象学家。

二战结束后，他正准备安心地当个气象学家，一封"特别不好"的电报来了：安排他去芝加哥大学进修研究生，要么进修数学，要么进修物理。他觉得数学很无趣，于是就选择了进修物理。

谁知道刚进芝加哥大学，一位叫辛普森的教授，就宣判了他一个"特别不好"的未来："我实在不明白你们这帮退伍兵，为什么这么大年纪了还要来学物理，你们难道不知道任何一位物理巨匠，早已在你们这个年龄完成了所有的学习了吗？"

他特别沮丧，觉得这辈子可能就这么完了。但他遇到了一位特别好的导师——诺贝尔奖得主、稳压二极管的发明者齐纳。齐纳跟他说了一句话："人的一生只有两个问题。第一个问题，是找到一个问题。第二个问题，是把它解决掉。"这句话就像佛祖的开光，一下让他醍醐灌顶，于是他选择了凝聚态材料研究，这辈子再也没离开过。

博士毕业后，他被推荐到麻省理工学院林肯实验室，开发亚铁陶瓷。他正准备大显身手时，一个"特别不好"的事情又发生了：该项目的经费被砍掉了。他只好四处去找下家，然而找的过程极其不顺，四处碰壁，差一点就去了战火中的伊朗。

就这样在各种倒霉的折腾中，"特别好"一晃就到了54岁。这时牛津大学有个化学教授职位空缺，邀请他去任职。在这里，他开始研究怎么做锂电池。

三年后，"特别好"找到了钴酸锂材料。这钴酸锂材料有多重要？打个比方：它就是锂离子电池的神经系统，没有它就没有锂离子电池。但他再次遭遇"特别不好"：牛津大学竟然不识货，不但不愿帮他申请专利，还把他的专利送给了政府实验室。后来此专利被索尼公司买走，索尼借助"特别好"的研究，造出了世界上第一款可充电锂离子电池，赚得盆满钵满。

"特别好"一分钱都没拿到，可他倒是看得挺开的，"当时我研究钴酸锂的时候，不知道它值不值钱，我只知道这是一件我喜欢做的事情。"他本想在牛津搞研究到老，但遇到了一个"特别不好"的规定：65岁必须强制退休。于是他赶在被强制退休之前，64岁的"特别好"回到了美国，进入得克萨斯大学奥斯汀分校，继续他的锂电池研究。

一转眼，11年过去了。1997年，75岁的"特别好"，又发明了一个新材料——磷酸铁锂。磷酸铁锂的造价和稳定性比钴酸锂高出一大截。这催生了"可携带便携电子设备"的诞生。

近70年来，有两种材料的出现可以称为超级发明。一个是晶体管的发明，因为没有晶体管就没有电子产品；另一个是锂电池的发明，因为锂电池的出现，才有了相机、手机、笔记本电脑、电动车等可移动便携电子设备。而锂电池的诞生，"特别好"可以说是贡献最大。

2012 年，90 岁的"特别好"突然有了一个极其大胆的想法：研究固态电池。当太阳能和风力发电时，电力必须被立即使用，否则就会永远消失。这意味着世上还没有一种经济的固定式电池可以存储电能。世界需要一款超级电池。

很多人都劝他："你都 90 岁了，还折腾啥呀，好好安享晚年吧！"还有一些人嘲讽他："都 90 岁了，还能做出什么呢？"

但"特别好"却傲娇地说："我只有 90 岁，还有的是时间。"是的，他还有的是时间。2019 年 10 月 9 日，因为锂电池上的卓越贡献，"特别好"获得了诺贝尔化学奖。

"特别好"的一生，非常富有传奇色彩，他的成功留给我们的启示是：

第一，学会坚持。无论生活如何对待，都没关系，关键是自己知道自己在做什么，而且一直坚持。如果当初他听从辛普森的宣判，这辈子可能真的就完了。所幸他没听从这个宣判，而是吸纳了齐纳的忠告。所以他一辈子扎根于凝聚态材料研究。这让我们想起了物理大师费曼，费曼曾对一个学生说："如果你喜欢一个事，那就把整个人都投入进去，就像一把刀直扎下去，不管会碰到什么。""特别好"从不曾舍弃研究，一直在默默地坚持，这些坚持在很长时间里似乎毫无用处，但最终却推动他成为"锂电池之父"。没有努力会是白费的，在我们看不见想不到的时候，在我们看不见的方向上，你种下的种子早已在生根、开花、结果了。

第二，不追求名利，功名淡泊。他研究锂离子电池，一分钱专利费都没拿到。可他看得开，说研究钴酸锂的时候，不知道它值钱，只知道是一件喜欢做的事情。兴趣是人们活动强有力的动机之一，它能调动人的生命力，使人热衷于自己的事业而乐此不疲。产生兴趣，就能引发对事物的体验，对问题的思索。古往今来，许多成就辉煌的成功人士，他们的事业往往都萌生于兴趣中，沿着兴趣开拓的道路走下去，最终找到自己事业成功的路径。

第三，人生永远没有太晚的开始。对于一个真正有所追求的人来说，生命的每个时期都是年轻的。他接触电池时 54 岁，研究出磷酸铁锂时 75 岁，开始研究固态电池时都 90 岁了。如果换作我们，可能早就觉得"时间太晚了"，可能早就觉得"做什么都来不及了"，但他却在 97 岁拿了诺贝尔化学奖。

"特别好"一生编写了 8 本书，发表了 800 多篇文章。他获奖无数，并在 97 岁的高龄获得诺贝尔化学奖，获奖后仍在坚持工作，这种坚忍不拔的精神值得我们每个人学习。可以说，在古迪纳夫（Goodenough）的字典里，从来都没有"特别好"（good enough），他只是不断收集线索，继续前行。感谢他为这个世界做出的贡献！

第 30 节　沙尔庞捷与基因剪刀

埃玛纽埃勒·沙尔庞捷（Emmanuelle Charpentier）（图 4-50），1968 年出生在法国奥尔日河畔瑞维西。她从小就清楚自己想要的生活："为促进医学发展做些事情。"

沙尔庞捷 1986—1992 年在巴黎索邦大学学习生物化学和遗传学。1992—1995 年，在法国巴黎巴斯德研究所攻读博士，研究与分析在基因

图 4-50　沙尔庞捷

组和细胞间移动的细菌 DNA 片段。1996—1997 年，在纽约洛克菲勒大学做博士后，师从微生物学家图曼宁，致力于病原体肺炎链球菌的研究。为了解这种病原体的分子机制，沙尔庞捷来到纽约，每天都努力工作，沉浸在实验中，之后又进入纽约大学医学院皮肤细胞生物学家考温的实验室，有机会接触到小鼠功能性基因的工作原理。在这里，她很快发现操控转基因小鼠要比操纵细菌难得多，花了两年时间完成毛发生长调控研究，后又回到欧洲。

当时小分子 RNA 在基因调控方面的功能研究风靡一时，许多研究项目都在向这方面倾斜，沙尔庞捷也在产脓链球菌中发现了调控一种重要毒性分子合成的 RNA。在她的努力下，2002年她得到了在维也纳大学生物中心建立自己研究小组的机会，维也纳为她提供了强大的基础研究支持和优秀的同事，她可以选择自己的课题，完全独立地工作。在这里她学会了在更大的范围内思考，学会了申请研究基金，以及如何在资源匮乏的情况下进行管理和研究。也就是在维也纳，沙尔庞捷第一次开始思考"基因剪刀"。

"基因剪刀"是一种工具，它能够帮助研究人员找到 DNA片段，并将其剪断，使研究人员能够打开或关闭基因，甚至对其进行修复和替换。如果研究人员想要了解生物内部的运作方式，就需要对细胞内的基因进行修正，但这非常耗时，也很困难，有时甚至是一项不可能完成的任务。然而，通过"基因剪刀"技术，一切都变得简单了。研究证明，"基因剪刀"技术是可以被控制的，甚至能够在一个预定的位置切断任何 DNA 分子。

2009 年，沙尔庞捷从维也纳搬到了瑞典于默奥大学，在最初往返于这两个地方的飞机上，她有了一个激进的想法，把"基因剪刀"和 RNA 结合在一起。然后，她花了将近一年的时间才找到一个也想在实验室实现她想法的学生——德尔切瓦。该生在鼓励团队中其他同事对"基因剪刀"感兴趣方面发挥了重要作用。2009 年夏天，德尔切瓦打电话告诉沙尔庞捷，她的猜想被证实了。

在当时"基因剪刀"研究"小圈子"，沙尔庞捷还是默默无闻的，直到 2010 年她带着自己的成果第一次参加了荷兰瓦赫宁根的"基因剪刀"会议，便引起不小的轰动。之后在 2011 年美国微生物学会议上，沙尔庞捷遇到加州大学伯克利分校的结构生物学家道德纳，她们有很多共同点：她们的团队都在研究细菌防御病毒入侵的机制；她们都已经确认，细菌可以记住以前入侵过自己的病毒的 DNA，以此来识别病毒，当该病毒再次入侵时，它们就会立刻认出"敌人"。

两个实验室的科学家都意识到，她们或许可以用 Cas9 蛋白来进行基因组编辑。基因组编辑是基因工程中的一种方法，酶是这一过程中的"分子剪刀"，可以剪切 DNA。这种酶名叫核酸酶，能在特定的位点切断双链 DNA。DNA 断裂后，细胞会对断裂位点进行修复。每修饰一次基因，科学家都不得不设计一种新的蛋白，专门针对想要修饰的 DNA 序列。

但道德纳和沙尔庞捷意识到，Cas9 蛋白——这种链球菌用于免疫防卫的酶，会用 RNA 来引导自己找到目标 DNA。为了探测作用位点，Cas9-RNA 复合物会在 DNA 上不停"弹跳"，直到找到正确的位点。这一过程看似随机，其实不然。Cas9 蛋白的每次弹跳，都是在搜索一段的"信号"序列。如果能将这套天然的 RNA 向导系统利用起来，研究人员在切割 DNA 位点时，就不用每次都构建一种新的酶了。基因组编辑可能会因此变得更简单、更便宜，也更有效。合作一年后，两位女性科学家在《科学》杂志发表论文并首次指出，CRISPR-Cas9 系统在体外实验中能"定点"对 DNA 进行切割，显著提升了基因编辑的效率，为该领域的发展奠定了基础。两位科学家被《时代》周刊评为 2015 年全球最具影响力 100 人，并收获了包括生命科学突破奖在内的多项科学大奖。

2020 年，因对新一代基因编辑技术的贡献，沙尔庞捷和道德纳获 2020 年诺贝尔化学奖。沙尔庞捷与道德纳因"开发基因组编辑方法"做出的贡献，加快了基因工程产业的发展，对遗传学和医学也有深远的推动作用。她们的研究为在人体以及其他动物细胞上实现基因编辑奠定了重要基础。诺贝尔委员会在官方颁奖词中表示：借助这些技术，研究人员可以非常精准地改变动物、植物和微生物的 DNA。"基因剪刀"彻底改变了分子生命科学，为人类带来了新机遇，有望催生创新性癌症疗法，并可能使治愈遗传性疾病美梦成真。

迄今为止，她们所有涉及植物、动物和人类细胞的实验都是成功的。因此，"基因剪刀"具有广泛应用的潜力：从植物育种、转基因实验室、小鼠育种到多种疾病的治疗。医生可以用它来纠正基因突变和治疗遗传疾病，它已经被用于艾滋病和疟疾的研究。

从微生物、植物到包括人类在内的动物，DNA 蕴含在每个生物体的细胞中，它们犹如一本使用手册，精准地调控着生物体的每一个生命特征和活动。比如，基因决定了人眼睛的颜色，并对身高产生一定影响。通过基因编辑技术对 DNA 进行微观改变，将会给我们的生活带来重大变化，例如，可以得到我们想要的动植物表现，让农作物产量更高，家畜瘦肉率更高，蔬果保质期更长、口感更好等等，从而实现对动植物的性状改良，培育人类需要的优良品种；也可以构建一些具有遗传性疾病的动物模型，研究基因和疾病之间的关系；在复活灭绝物种方面，通过相关 DNA 复活的灭绝物种，将有助于生物学家的研究；而最受关注的应该是利用基因编辑进行基因治疗和药物研发。

继两位女科学家的重大发现后，相关的应用可谓呈爆炸式增长。"基因剪刀"在基础研究中的许多重要发现中也做出了贡献，例如，植物学研究中，植物研究人员已经能够开发抗霉菌、害虫和干旱的作物，而在医学上，新的癌症疗法的临床试验也正在进行中。基因剪刀把生命科学带入了一个新时代，并且在许多方面给人类带来了最大的利益。

基因编辑是转基因之后人类找到的又一种基因工程技术手段，它在本质上与转基因并无不同，都是在分子水平上改变生物的遗传特性，两者在技术上各有长短；但因基因编辑不涉及外来基因，在公众层面更易被接受。可以预期，未来在合成生物、育种技术等领域，将形成转基因与基因编辑两种技术交相辉映的格局。

第 31 节　李斯特、麦克米伦与有机催化

诺贝尔化学奖素有"诺贝尔理科综合奖"之称，一些不太"化学"的研究，也有可能问鼎诺贝尔奖。其中包括 2020 年诺贝尔化学奖的"基因剪刀"，还包括 2012 年诺贝尔化学奖"细胞表面的聪明受体"，2011 年诺贝尔化学奖"准晶体"，2009 年诺贝尔化学奖"核糖体结构和功能"，2008 年诺贝尔化学奖"绿色荧光蛋白的发光机理"等等。但 2021 年诺贝尔化学奖可是纯化学领域，授予本杰明·李斯特（Benjamin List）和大卫·麦克米伦（David W. C. MacMillan），他们因对"不对称有机催化的发展"做出贡献而获奖。他们的工作对药物研究产生巨大影响，并使化学更加绿色。

李斯特（图 4-51）1968 年出生于德国法兰克福，在 18 岁

时便已立志要成为一名化学家。他于 1993 年从柏林弗雷大学毕业，并于 1997 年在法兰克福大学获得博士学位，他的博士论文主题是维生素 B_{12} 的合成。随后，李斯特在美国斯克里普斯研究所做博士后，这期间，他开始从事有机催化研究，于 1999—2003 年担任斯克里普斯研究所分子生物学系助理教授。2003 年，他回到德国，任职于德国马普煤炭研究所，并于 2005 年 7 月担任该研究所所长。

图 4-51　李斯特

在马普煤炭研究所，他的工作重点仍然是有机催化。在 20 多年的研究生涯里，他获得了许多奖项：德国化学家协会 2003 年授予他卡尔·杜伊斯堡记忆奖；2012 年获奥托巴伐利亚奖；2013 年获鲁尔艺术与科学奖；2016 年获莱布尼茨奖。2018 年，他当选为德国自然科学家学会成员。

许多研究领域和产业都依赖催化剂，催化剂是控制和加速化学反应的物质，但不会成为最终产品的一部分。例如，汽车中的催化剂将废气中的有毒物质转化为无害物质。又例如，在中学化学实验中就有利用二氧化锰作催化剂，在常温下分解双氧水制备氧气，如果没有二氧化锰的催化作用，便可能需要将双氧水加热至沸腾才能得到同样的效果。因此，催化剂是化学反应中的常见工具。长期以来，研究人员一直认为，原则上只有两种类型的催化剂，即金属和酶。李斯特和麦克米伦被授予2021年诺贝尔化学奖，是因为他们在2000年相互独立地开发了第三种催化——不对称有机催化剂。

自2000年以来，有机催化以惊人的速度发展。李斯特和麦克米伦是该领域的领导者，他们已经证明有机催化剂可以用来驱动大量的化学反应。利用这些反应，研究人员可以更有效地构建任何东西，例如新型药物等。对于某些特殊的药物而言，可能左手性分子是有效成分，但右手性分子则是有害成分，人们为了去除这种成分付出了巨大的努力，而使用不对称有机催化，许多反应便具有很好的专一性，使得合成结果基本只存在一种手性分子。

在催化剂的帮助下，日常生活中使用的数千种不同的物质例如药品、塑料、香水和食品调味剂被制造出来。据估计，全球GDP的35％均以某种方式涉及化学催化。催化剂可以称得上是化学家们的基本工具。可是一些金属催化剂对氧气和水非常敏感，因此需要没有氧气和水分的环境才能发挥作用，这在大型工业中是难以实现的。此外，许多金属催化剂都是重金属，对环境有害。以前，在化工生产过程中，需要对每个中间产品进行分离纯化，否则副产品会过多，这导致一些物质在化学过程的每个步骤中都会丢失。有机催化剂的宽容度要高得多，因为相对而言，生产过程中的几个步骤可以连续执行，可以显著减少化学制造中的浪费。有机催化剂有一个稳定的碳原子骨架，更活泼的化学基团可以附着在上面，通常有常见元素氧、氮、硫或磷，这意味着这些催化剂既环保又生产成本低廉。

在成为有机合成领域的大牛之后，李斯特对于自己的成功是这样说的："我不知道成为一个成功科学家的秘诀是什么，但这可能与你热爱所做的事情有关。在做实验时，我感到非常孤独，没人在我的领域工作。在我的学术生涯刚开始的时候，我感到十分不安，常常在想：我在做的事情，是不是太疯狂了？也许这是异想天开？然而，当实验完成之后，第一篇论文刊发出来，很快得到认可的感觉让人感到特别满足。作为自然科学家，我们始终从事新事物的研究，它们也许前人从不知晓，也许在宇宙中还从未存在过，这就是为什么我爱这个职业。"

得知获得诺贝尔奖时，李斯特正在阿姆斯特丹与家人度假。他和妻子一起吃早餐的时候，突然接到来自斯德哥尔摩的电话，一开始他还以为是有人在开玩笑。在获奖后的新闻发布会上，他称这是一个巨大的惊喜，他希望自己不辜负这一赞誉，继续发现令人惊叹的东西。

图 4-52　麦克米伦

麦克米伦（图 4-52）1968年出生于苏格兰贝尔希尔，在格拉斯哥大学获得化学本科学位。1990 年，他在美国加州大学攻读博士，在此期间，他专注于开发针对双环四氢呋喃立体控制形成的新反应方法，1996 年获博士学位。

麦克米伦的团队在不对称有机催化领域取得了许多进展，并将这些新方法应用于一系列复杂天然产物的合成。2010—2014 年，他还是著名化学学术期刊《化学科学》的创始主编。过去 20 余年间，他也获得了许多的荣誉和奖项：2004年获英国皇家化学研究所科尔迪-摩根奖；2012 年当选英国皇家学会会员；2012 年当选美国艺术与科学院院士；2015 年获

化学史话

哈里森·豪奖；2017 年获野森良司奖；2018 年当选美国科学院院士。

　　然而，就是这样一位世界级化学家却诞生于"一时兴起"。他受到哥哥的影响，在高中开始上科学课时，就深深被物理和化学逻辑中的乐趣所吸引。于是，他在高中毕业后申请了格拉斯哥大学的物理系，原本是去学物理的，但因为物理教室太冷了，化学教室却暖和得多，所以决定换专业从物理系去到了化学系。在麦克米伦看来，作为一名化学家最大的乐趣就是得到一个完全不同的结果。他感慨道："在这一刻，你可以想象所有的可能性在你面前打开，这是伟大的，在科学世界里没有比这种感觉更好的了。"

　　两位诺贝尔奖得主与中国都有颇深的缘分，在李斯特实验室完成深造的中国博士后多达 20 多位，而麦克米伦的实验室里也先后接收过十多位中国博士生和博士后。他们对于中国同行、中国学生，都非常友好。

　　据统计，诺贝尔化学奖自 1901 年设立以来，除了某些特殊年份外，迄今已颁发了 113 次，共有 188 名科学家获此殊荣。其中，最年轻的诺贝尔化学奖得主是著名科学家居里夫人的女儿约里奥·居里，年仅 35 岁的她于 1935 年获奖；最年长的诺贝尔化学奖得主是古迪纳夫，2019 年他获奖时已 97 岁。此外，唯一一名两次获得诺贝尔化学奖的科学家是桑格，他分别于 1958 年、1980 年获奖。除此之外，有两名科学家曾获得过其他诺贝尔奖项：居里夫人，1903 年获诺贝尔物理学奖、1911 年获诺贝尔化学奖；鲍林，1954 年获诺贝尔化学奖、1961 年获诺贝尔和平奖，值得一提的是，鲍林也是唯一一名两次均为单人获奖的获奖者。

第 32 节　屠呦呦与青蒿素

图 4-53　屠呦呦

当我们提到 20 世纪最伟大的科学家，除了爱因斯坦、居里夫人……，还应该加上一个中国人的名字：屠呦呦。"青蒿素——是中医药献给世界的一份礼物，希望青蒿素能够发挥更大作用，造福全人类。"这是在诺贝尔奖颁奖典礼上，中国获奖者屠呦呦（图 4-53）的感言，是她让中医药站上了最高、最大的世界舞台。

1930 年 12 月 30 日，屠呦呦出生于浙江宁波市，听到她人生第一次"呦呦"的哭声后，父亲激动地吟诵着《诗经》的诗句"呦呦鹿鸣，食野之蒿……"，并给她取名呦呦。不知是天意，还是某种期许，父亲在吟完诗后，又对仗了一句"蒿草青青，报之春晖"。从出生那天开始，她的命运便与青蒿结下了不解之缘。

屠呦呦 16 岁那年不幸染上了肺结核，被迫终止学业，这个经历，让她对医药学产生了兴趣。1948 年 2 月，休学两年病情好转后，屠呦呦以同等学力的身份进入高中就读；1951 年她考入北京大学，在北大医学院药学系学习。在大学 4 年期间，屠呦呦努力学习，取得了优良的成绩。在专业课程中，她尤其对植物化学、本草学和植物分类学有着极大的兴趣。

1955 年大学毕业后，被分配到中国中医科学院中药研究所。1956 年，全国掀起防治血吸虫病的高潮，她对有效药物半边莲进行了药学研究；后又完成品种比较复杂的中药银柴胡的药学研究，这两项成果被相继收入《中药志》。参加工作 4 年后，屠呦呦有幸成为原卫生部组织的"中医研究院西医离职学习中医班第三期"学员，系统学习中医药知识，发现青蒿素的灵感也由此孕育。培训之余，她常到药材公司向老药工学习中药鉴别和炮制技术，对药材真伪、质量鉴别、炮制方法等进行研究。平日的积累，为她日后从事抗疟项目打下了扎实基础，也为她后来参与编著《中药炮炙经验集成》提供了保障。

　　1969 年 1 月，39 岁的屠呦呦以课题组组长的身份参与一个全国性大协作项目——这是一项援外战备紧急军工项目，也是一项巨大的秘密科研工程，涵盖了疟疾防控的所有领域。当时全国 60 家科研单位、500 余名科研人员参与此项目。抗疟药的研发，就是在和疟原虫夺命的速度赛跑。重任委以屠呦呦，在于她扎实的中西医知识和被同事公认的科研能力。接手任务后，屠呦呦翻阅古籍，寻找方药，拜访老中医，对能获得的中药信息，逐字逐句地抄录。在汇集了包括植物、动物、矿物等 2000 余内服、外用方药的基础上，课题组编写了 640 种中药为主的《疟疾单验方集》。正是这些信息的收集和解析铸就了青蒿素发现的基础。他们发现青蒿对小鼠疟疾的抑制率曾达到 68%，但效果不稳定。为了寻找效果不稳定的原因，屠呦呦再次重温古代医书。其一，青蒿到底是蒿属中的哪一种？其二，青蒿的药用部分？其三，青蒿采收季节对药效有何影响？其四，最有效的提取方法是什么？屠呦呦反复考虑这些问题，最终选取了低沸点的乙醚提取。经历多次失败后，终于在 1971 年 10 月，提取出的样品，对鼠疟和猴疟的抑制率都达到了 100%。

　　1972 年，屠呦呦和她的同事又从提取的样品中分离得到抗疟有效单体，一种分子式为 $C_{15}H_{22}O_5$ 的无色结晶体，熔点为 156～157℃，他们将这种无色的结晶体命名为青蒿素。青蒿素具有"高效、速效、低毒"的优点，对各型疟疾特别特效。

1982 年，屠呦呦以抗疟新药青蒿素第一发明单位、第一发明人身份，在全国科学技术奖励大会上领取了发明证书及奖章。1986 年，"青蒿素"获得了一类新药证书。2009 年，屠呦呦编写的《青蒿及青蒿素类药物》出版。

2011 年，屠呦呦接受媒体采访时说："总结这四十年来的工作，我觉得科学要实事求是，不是为了争名争利。"屠呦呦第一次走入公众视野是 81 岁。那年，她获得 2011 年拉斯克临床医学奖，这是当时中国生物医学界获得的世界级最高奖项。

2015 年 10 月 5 日，瑞典卡罗琳医学院在斯德哥尔摩宣布，中国女科学家屠呦呦获 2015 年诺贝尔生理学或医学奖，以表彰她在疟疾治疗研究中取得的成就。屠呦呦由此成为迄今为止第一位获得诺贝尔科学奖项的本土中国科学家，实现了中国人在自然科学领域诺贝尔奖零的突破。她为世界带来了一种从中医药里集成发掘出来的全新抗疟药——青蒿素，青蒿素是属于我们中国的发明成果，是中医药造福人类的体现，也是中医药给世界的一份厚礼。如今，以青蒿素为基础的联合疗法是世界卫生组织推荐的疟疾治疗的最佳疗法。

青蒿素的研制成功，为全世界饱受疟疾困扰的患者带来福音。据世界卫生组织统计，现在全球每年有 2 亿多疟疾患者受益于青蒿素联合疗法，疟疾死亡人数从 2000 年的 73.6 万人稳步下降到 2019 年的 40.9 万人，青蒿素的发现挽救了全球数百万人的生命。

2019 年 1 月，英国广播公司（BBC）发起"20 世纪最具标志性人物"票选活动，屠呦呦与居里夫人、爱因斯坦、图灵一道成为科学领域的候选人。她是入选的科学家中唯一的亚洲面孔，也是科学领域唯一在世的候选人。活动中这样评价她："如果要用拯救了多少人的生命来衡量一个人的伟大程度，那么毫无疑问，屠呦呦是人类历史上最伟大的科学家之一。她研制的药物，挽救了数百万人的生命，包括全世界最穷困地区的人民，以及数百万儿童。"

2019年屠呦呦被颁授中华人民共和国国家最高荣誉"共和国勋章"。屠呦呦说，中医药是我国具有原创优势的科技资源，是提升我国原始创新能力的宝库之一。我们要发扬创新精神，始终坚持以创新驱动为核心，深入挖掘中医药宝库中蕴含的精髓，努力实现其创造性、创新性的发展，使之与现代健康理念相融相通，服务人类健康，促进人类健康。

2020年12月30日是屠呦呦90岁生日，她收到一份特别的生日礼物：屠呦呦研究工作室在中国中医科学院中药研究所揭牌。她毕生只致力于一件事——青蒿素及其衍生物的研发，如今依然潜心于此。

这样一位为人类健康做出巨大贡献的科学家，不仅是全民榜样、巾帼楷模，更是中国科学家精神的符号。蕴含爱国、创新、求实、奉献、协作、育人的高尚品格汇聚成的科学家精神，鼓励中国的青少年们继承敢于创新、爱国奉献的优良传统和爱国之心，为祖国的文化传承和科技发展努力学习、拼搏奋进。

第33节　袁隆平与杂交水稻

中国是世界人口大国，吃饭的问题是头等大事，过去中国人一日三餐能吃饱都是个问题。袁隆平（图4-54）为解决中国人的吃饭问题，培育出杂交水稻，为农业化学做出了巨大贡献。

袁隆平1930年9月7日生于北京，江西德安县人。袁隆平小学一年级春游时看到田野里金灿灿的稻谷、沉甸甸的果实，

图4-54　袁隆平

觉得十分兴奋，对农业产生了极大的兴趣。

他上大学时报考了西南农学院，父母都是知识分子不希望他去受面朝黄土背朝天的苦，可他不怕吃苦坚持要学习农业，父母只好尊重他的选择。他从学校毕业正准备大展身手实现自己的理想时，遇上60年代初的自然天灾，很多人都因为吃不上饭瘦得皮包骨，袁隆平也被饿得双腿无力。他觉得自己作为一个学农业的人，没有谁比自己更应该站出来，于是他1964年带着拯救苍生的心态下到学校试验田里做研究。

袁隆平每天吃过早饭带着水壶和中午的干粮去到地里找他心目中的完美稻株，6、7月份的天气是一年当中最热的时候，一天下来又热又渴，不仅长时间饮食不规律，还要承受胃病的折磨，中午别人都去吃饭了，他直接在地里吃完，然后接着干，就这么一直劳作到下午4点多才回家，附近务农的农民都佩服他。

袁隆平的付出有了收获，1973年他带领团队成功培育出世界上第一个实用高产杂交水稻品种"南优2号"，之后又与团队开展超级杂交水稻计划，2014年提前5年实现大面积亩产1000公斤的目标！

中国有十几亿人口，袁隆平让我们吃得起饭就已经帮世界很大的忙了，可他还在帮助全世界，2018年帮迪拜研发出可以在沙漠里种植的"海水稻"，这项技术在迪拜推广之后可以养活当地100万人。

袁隆平谈及成功的秘诀，他用"知识、汗水、灵感、机遇"八个字概括。他说：知识就是力量，是创新的基础，要打好基础，开阔视野，掌握最新发展动态；汗水就是要能吃苦，任何一个科研成果都来自深入细致的实干和苦干；灵感就是思想火花，是知识、经验、思索和追求等的升华产物；机遇就是要学会用哲学的思维看问题，透过偶然性的表面现象，找出隐藏在其背后的必然性。

全球第一大人口的中国，把饭碗掌握在自己手中，袁隆平及其团队的贡献是不可磨灭的。袁隆平也得到了他应该得到的荣誉，他曾经登上中央电视台《感动中国》的荣誉领奖台，组委会给袁隆平的颁奖词曾写道：

"他是一位真正的耕耘者。当他还是一个乡村教师的时候，已经具有颠覆世界权威的胆识；当他名满天下的时候，却仍然只是专注于田畴，淡泊名利，一介农夫，播撒智慧，收获富足。他毕生的梦想，就是让所有的人远离饥饿。"

袁隆平是亿万中国人心目中敬仰的时代英雄；是亿万国人敬佩的民族先锋、社会楷模；是为全人类吃饱肚子做出杰出贡献的耕耘者；是至高荣誉"共和国勋章"的获得者！是"世界杂交稻之父"！

2021 年 5 月 22 日袁隆平在湖南长沙逝世，享年 91 岁。举国悲痛，为他送行！对于无数中国农民而言，当他们望着田里那一排排的青葱禾苗，秋收之后满满的谷仓时，会想到袁隆平；对于无数普通中国百姓而言，看着超市里变化不大的米价，眼前那一碗热气腾腾的白米饭，会想到袁隆平；我们知道，如今的温饱，如今的丰收，都有着袁隆平的功劳，有着这位科学家大半辈子的奉献。

老人家曾有个梦，稻子长得比高粱还高，稻穗有扫把那么长，籽粒有花生那么大，自己在禾下乘凉。为了实现这样的梦，袁隆平将一生献给了老百姓的"饭碗"。如今，他带着梦的"种子"去了远方，却将粮食的种子、创新与奋斗的"种子"留给了后来人。

他的离开并不意味着遗忘，反而是铭记，他的精神风骨将由后人接棒传承，生生不息。我们要学习他的高贵品质和崇高风范，学习他胸怀祖国，服务人民，学习他立足本职，脚踏实地，共同去实现伟大的"中国梦"。

不朽功勋，镌刻国家发展史册；

光辉榜样，照亮民族复兴征程。

向"共和国勋章"荣誉获得者袁隆平致敬！

第34节 化学与未来

生活中，处处离不开化学。只要细心观察身边的事物，就会发现其实化学就在我们身边。人从出生起，就离不开化学，每时每刻都与化学打着交道，比如我们最为熟悉的衣、食、住、行，都与化学密切相连。

穿衣，每一种衣料的制成几乎都与化学有关。麻、纱、人造丝、涤纶、尼龙、莱卡等丰富多彩的合成纤维更是化学的一大贡献，甚至是纯棉、纯毛的衣物也需在原料上进行化学加工才得以制成。还有布的印染技术、颜料的制成都与化学有关，色泽鲜艳的衣料需要经过化学处理和印染。

饮食，人们吃的五谷杂粮，从地里种出来就离不开营养液和肥料。要装满粮袋子，丰富菜篮子，关键是发展化肥和农药的生产。加工制造色香味俱佳的食品，离不开各种食品添加剂，如甜味剂、防腐剂、香料、调味剂和色素等等，它们大多是用化学合成方法制取或用化学分离方法从天然产物中提取的。各种氮肥、磷肥、钾肥和复合肥的合理使用，使粮食的产量和质量都显著提升。在虫害季节，农药必不可少。加上人们治病的药品，这些都是化学为人类带来的益处。

住方面，从钢筋水泥、油漆、涂料和黏合剂，每种材料都是经过多种化学变化制成的。现代建筑所用的水泥、石灰、油漆、玻璃和塑料等材料都是化工产品。此外，人们日常生活使用的洗涤剂、美容品和化妆品等也都是化学制剂。在煤炭、石油和天然气的开发、炼制和综合利用中包含着极为丰富的化学知识，并已形成煤化学、石油化学等专门领域。

最后是行，修桥铺路，需要沥青、水泥、钢筋、炸药；汽车的装备中，各种金属的外壳是经过化学加工而成，轮胎用的橡胶也是从石油中提炼而来的。各种交通工具中，发动机所用的燃料，汽油、柴油、天然气、氢能等，都是经过化学加工提炼制成。用以代步的各种现代交通工具，不仅需要汽油、柴油作动力，还需要各种汽油添加剂、防冻剂，以及机械部分的润滑剂，这些无一不是石油化工产品。导弹的生产、人造卫星的发射，需要很多具有特殊性能的化学产品，如高能燃料、高能电池、高敏胶片及耐高温、耐辐射的材料等。随着科学技术和生产水平的提高以及新的实验手段和计算机的广泛应用，不仅化学科学本身有了突飞猛进的发展，而且由于化学与其他科学的相互渗透，相互交叉，也大大促进了其他基础科学的发展和形成。

目前国际上最关心的几个重大问题——环境的保护、能源的开发利用、功能材料的研制、生命过程奥秘的探索——都与化学密切相关。随着工业生产的发展，工业废气、废水和废渣越来越多，处理不当就会污染环境。全球气候变暖、臭氧层破坏和酸雨是三大环境问题，正威胁着人类的生存和发展，因此，寻找净化环境的方法和对污染情况的监测，都是现今化学工作者的重要任务。生命过程中充满着各种生物化学反应，当今化学家和生物学家正在通力合作，探索生命现象的奥秘。总之，化学与人类的衣、食、住、行以及能源、信息、材料、国防、环境保护、医药卫生、资源利用等方面都有密切的联系，它是一门重要的基础科学，是一门中心科学，与社会发展各方面都有密切关系。

进入 20 世纪，人类开始遇到人口增长、资源匮乏、环境恶化等问题的威胁。化学在解决这些问题时具有核心科学作用。化学不但大量制造各种自然界已有的物质，而且能够根据人类需要创造出自然界本不存在的物质；化学能够提供组成分析和结构分析手段，使我们能在分子层次上认识天然以及合成材料的组成及结构，掌握和解释结构—性质—功能的关系，从而能够预测、设计和裁剪分子；化学掌握了决定化学过程的热力学、动力学理论，而且能从理论上指导新物质和反应新条件的设计及创造，因而能够达到自然过程不能达到的目标。

化学的历史与人类进步和社会发展有着密切联系，它是赋予人们能力的学科，打开了物质世界的钥匙。化学支撑了人类社会的可持续发展，引领了相关科学与技术的进步。面向未来，化学在解决战略性、全局性、前瞻性重大问题中将发挥更大作用，化学学科发展有如下趋势：

第一，化学将向更广度、更深层次的方向延伸，原子与分子层次的认识将更为深入，多层次分子间相互作用、复杂化学体系的研究更为系统，在创造新分子、新材料的基础上，将更加注重功能性。使科学家不仅能在原子、分子甚至电子层次观察并研究微观世界的性质，而且能够对其物质结构和能量过程进行操控。

第二，绿色化学将引起化学及化工生产方式的变革。科学角度看：绿色化学是对传统化学思维方式的更新和发展；环境角度看：它是从源头上消除污染、与生态环境协调发展的更高层次的化学；经济角度看：它要求合理利用资源和能源，降低生产成本，符合经济可持续发展的要求。

第三，社会发展不断对化学提出新需求。能源危机方面，如何像光合作用那样高效利用太阳能；环保方面，如何控制降解、去除污染过程；材料创新方面，要求绿色、智能、可再生循环利用；生命奥秘方面，如何在分子和细胞水平上认识和研究生命过程；化学信息学方面，化学信息学如何与生物学衔接，化学信息学如何与化学反应过程衔接。

第四，当今国际上科学研究的领先权，在很大程度上取决于研究方法和研究手段的先进程度。化学研究首先要发展先进的研究思路、研究方法以及相关技术，以便从各个层次研究分子的结构和性质的改变。为适应各种复杂混合物成分分析的需要，必须研究分离-活性检测联机技术，以实现高效、高选择性的分离技术。分析化学在科学发展中的地位逐渐显得至关重要，化学分析仪器的小型化、微型化及智能化也是研究的方向。

在过去的 100 多年里，合成化学为人类社会的进步做出了巨大贡献，为现代农业的发展、解决 60 亿人生存问题发挥了不可替代的作用，合成化学制造的药物使人类的健康水平得到空前提高，创造的各种新材料彻底改变了人类的生活方式，还为探索生命科学的奥秘提供了重要方法和物质基础。合成化学家不断创造出的合成新方法、对于化学机理的不断明晰使人类可以"驰骋"在整个元素周期系中，不断创造出新的物质，这一过程大大增加了人类在认识自然和改造自然界中的能动性，并创造出了新的生产、生活方式。我们现在已经可以很好地利用自然界诸如石油和煤这样简单、丰富的天然资源，创造出一系列复杂的、更具价值的物质。在不久的未来，我们将能设计、制造出更多具备各种性能、满足人类需求的物质。

当今，人们在享受化学为社会带来的物质财富和丰富多彩的生活时，很少会想到化学所发挥的重要作用，甚至在公众的心目中，化学反而似乎站在了"绿色""环保"的对立面，传媒所注重的也常常是一些化学所产生的危害。对此，一方面要加强科普，消除公众对化学科学的误解；另一方面，也要极大地关注科学发展的"双刃剑"效应，将化学发展与社会效益紧密地联系起来。

　　绿色化学已经成为未来合成化学的核心理念，其宗旨在于从根本和源头上最大限度地减少对人类造成的危害，这种"绿色化学"的理念在为经济带来繁荣的同时也承担了社会责任。绿色化学并不应该是一个单纯的口号，它是化学研究不可或缺的原则。基于这样的目标，需要科学界、政府、工业界等社会各界的共同努力，不断完善相关法律、法规，加大宣传和执法力度，提高全社会的环保意识外，同时化学家承担着更大的责任，由化学产生的问题应该由化学来解决。要解决这些问题，既要重视技术的改良与进步，更要重视解决基本科学问题，发现新方法，并灵活运用其基本原理。我们必须认识到化学在未来世界中的重要作用，重视化学这一基础学科。要创造一个洁净的世界、一个可持续发展的社会，在很大程度上要靠全社会共同努力来实现。

　　回望文明的历程，是科技之光扫荡了人类历史上的愚昧与黑暗，是科学之火点燃了人类心灵中的熊熊希望。面对未来化学的发展，我们充满信心，化学是无限的，化学是至关重要的，化学将创造更美好的未来，它将帮助我们解决21世纪所面临的一系列问题。让我们成为未来化学的探索者吧！在未知的道路上漫游，用我们的创造力将我们居住的世界变得更加美好！

参 考 文 献

［1］郭保章．中国化学史．江西：江西教育出版社，2006.

［2］袁翰青，应礼文．化学重要史实．北京：人民教育出版社，1988.

［3］周益明，姚天扬，朱仁．中国化学史概论．南京：南京大学出版社，2004.

［4］汪朝阳，肖信．化学史人文教程．北京：科学出版社，2010.

［5］王彦广．化学与人类文明．杭州：浙江大学出版社，2001.

［6］胡亚东．世界著名科学家传记．北京：科学出版社，1995.

［7］张家治．化学史教程．太原：山西教育出版社，1999.

［8］化学发展简史编写组．化学发展简史．北京：科学出版社，1980.

［9］【美】R. 布里斯罗．化学的今天和明天．北京：科学出版社，1998.

［10］张胜义，陈祥迎，杨捷．化学与社会发展．合肥：中国科学技术大学出版社，2009.

［11］王明华．化学与现代文明．杭州：浙江大学出版社，1998.

［12］赵匡华．化学通史．北京：高等教育出版社，1990.

［13］赵匡华．中国古代化学．北京：中国国际广播出版社，2010.

［14］凌永乐．世界化学史简编．沈阳：辽宁教育出版社，1989.

［15］王佛松，王菱，陈新滋，彭旭明．展望 21 世纪的化学．北京：化学工业出版社，2000.

［16］姚子鹏，金若水．百年诺贝尔奖——化学卷．上海：上海科学技术出版社，2001.

［17］【英】柏廷顿．化学简史．北京：中国人民大学出版社，2010.

［18］张德生，徐汪华．化学史简明教程(第 2 版)．合肥：中国科学技术大学出版社，2017.